建筑与市政工程施工现场专业人员职业标准培训教材

# 安全员岗位知识与专业技能

建筑与市政工程施工现场专业人员职业标准培训教材编审委员会
中国建设教育协会    组织编写
李 平  张鲁风  主编

中国建筑工业出版社

图书在版编目（CIP）数据

安全员岗位知识与专业技能/李平，张鲁风主编．—北京：中国建筑工业出版社，2013.9
建筑与市政工程施工现场专业人员职业标准培训教材
ISBN 978-7-112-15881-2

Ⅰ．①安… Ⅱ．①李… ②张… Ⅲ．①建筑工程-安全管理-职业培训-教材 Ⅳ．①TU714

中国版本图书馆 CIP 数据核字（2013）第 222860 号

本书是建筑与市政工程施工现场专业人员职业标准培训教材之一，分为上下两篇。上篇为岗位知识，内容包括安全管理相关规定和标准、施工现场安全管理知识、施工项目安全生产管理计划、安全专项施工方案、施工现场安全事故防范知识、安全事故救援处理知识六部分。下篇为专业技能，内容包括编制项目安全生产管理计划，编制安全事故应急救援预案，施工现场安全检查，组织实施项目作业人员的安全教育培训，编制安全专项施工方案，安全技术交底文件的编制与实施，施工现场危险源的辨识与安全隐患的处置意见，项目文明工地绿色施工管理，安全事故的救援及处理，编制、收集、整理施工安全资料等。本书主要用于建筑业企业、安全监管机构施工安全管理人员的业务培训和指导参加职业考核，也可作为专业院校的施工安全教学用书。

责任编辑：朱首明 李 明
责任设计：李志立
责任校对：肖 剑 关 健

建筑与市政工程施工现场专业人员职业标准培训教材
## 安全员岗位知识与专业技能
建筑与市政工程施工现场专业人员职业标准培训教材编审委员会
中国建设教育协会  组织编写

李 平 张鲁风 主编

\*

中国建筑工业出版社出版、发行（北京西郊百万庄）
各地新华书店、建筑书店经销
北京科地亚盟排版公司制版
北京市密东印刷有限公司印刷

\*

开本：787×1092 毫米 1/16 印张：14¼ 字数：356 千字
2013 年 10 月第一版 2016 年 12 月第十次印刷
定价：**38.00** 元
ISBN 978-7-112-15881-2
（24646）

**版权所有 翻印必究**
如有印装质量问题，可寄本社退换
（邮政编码 100037）

# 建筑与市政工程施工现场专业人员职业标准培训教材编审委员会

主　任：赵　琦　李竹成

副主任：沈元勤　张鲁风　何志方　胡兴福　危道军
　　　　尤　完　赵　研　邵　华

委　员：（按姓氏笔画为序）

王兰英　王国梁　孔庆璐　邓明胜　艾永祥
艾伟杰　吕国辉　朱吉顶　刘尧增　刘哲生
孙沛平　李　平　李　光　李　奇　李　健
李大伟　杨　苗　时　炜　余　萍　沈　汛
宋岩丽　张　晶　张　颖　张亚庆　张燕娜
张晓艳　张悠荣　陈　曦　陈再捷　金　虹
郑华孚　胡晓光　侯洪涛　贾宏俊　钱大志
徐家华　郭庆阳　韩丙甲　鲁　麟　魏鸿汉

# 出 版 说 明

建筑与市政工程施工现场专业人员队伍素质是影响工程质量和安全生产的关键因素。我国从20世纪80年代开始,在建设行业开展关键岗位培训考核和持证上岗工作,对于提高建设行业从业人员的素质起到了积极的作用。进入21世纪,在改革行政审批制度和转变政府职能的背景下,建设行业教育主管部门转变行业人才工作思路,积极规划和组织职业标准的研发。在住房和城乡建设部人事司的主持下,由中国建设教育协会、苏州二建建筑集团有限公司等单位主编了建设行业的第一部职业标准——《建筑与市政工程施工现场专业人员职业标准》,已由住房和城乡建设部发布,作为行业标准于2012年1月1日起实施。为推动该标准的贯彻落实,进一步编写了配套的14个考核评价大纲。

该职业标准及考核评价大纲有以下特点:(1)系统分析各类建筑施工企业现场专业人员岗位设置情况,总结归纳了8个岗位专业人员核心工作职责,这些职业分类和岗位职责具有普遍性、通用性。(2)突出职业能力本位原则,工作岗位职责与专业技能相互对应,通过技能训练能够提高专业人员的岗位履职能力。(3)注重专业知识的完整性、系统性,基本覆盖各岗位专业人员的知识要求,通用知识具有各岗位的一致性,基础知识、岗位知识能够体现本岗位的知识结构要求。(4)适应行业发展和行业管理的现实需要,岗位设置、专业技能和专业知识要求具有一定的前瞻性、引导性,能够满足专业人员提高综合素质和适应岗位变化的需要。

为落实职业标准,规范建设行业现场专业人员岗位培训工作,我们依据与职业标准相配套的考核评价大纲,组织编写了《建筑与市政工程施工现场专业人员职业标准培训教材》。

本套教材覆盖《建筑与市政工程施工现场专业人员职业标准》涉及的施工员、质量员、安全员、标准员、材料员、机械员、劳务员、资料员8个岗位14个考核评价大纲。每个岗位、专业,根据其职业工作的需要,注意精选教学内容、优化知识结构、突出能力要求,对知识、技能经过合理归纳,编写为《通用与基础知识》和《岗位知识与专业技能》两本,供培训配套使用。本套教材共29本,作者基本都参与了《建筑与市政工程施工现场专业人员职业标准》的编写,使本套教材的内容能充分体现《建筑与市政工程施工现场专业人员职业标准》,促进现场专业人员专业学习和能力提高的要求。

作为行业现场专业人员第一个职业标准贯彻实施的配套教材,我们的编写工作难免存在不足,因此,我们恳请使用本套教材的培训机构、教师和广大学员多提宝贵意见,以便进一步的修订,使其不断完善。

建筑与市政工程施工现场专业人员职业标准培训教材编审委员会

# 前 言

《建筑与市政工程施工现场专业人员职业标准培训教材》《安全员岗位知识与专业技能》是根据住房和城乡建设部批准发布的《建筑与市政工程施工现场专业人员职业标准》(JGJ/T 250—2011)及其配套考核评价大纲,由中国建筑业协会建筑安全分会、山西省建筑工程技术学校、鹏达建设安全与工程技术研究所共同编写。本书主要用于建筑业企业、安全监管机构施工安全管理人员的业务培训和指导参加职业考核,也可作为专业院校的施工安全教学用书。

本书分为上下两篇。上篇为岗位知识,共分安全管理规定和标准、施工现场安全管理知识、施工项目安全生产管理计划编制、安全专项施工方案编制、施工现场安全事故防范知识、安全事故救援处理知识等六部分,由王兰英、杜秀龙、张鲁风、张颖、赵子萱、崔旭旺、蒋成龙、路悦、廖永编写,张鲁风负责审改和统稿。下篇为专业技能,共分项目安全生产管理计划编制、安全事故应急救援预案编制,施工机械、临时用电、消防设施安全检查,防护用品与劳保用品符合性判断,项目作业人员安全教育培训,安全专项施工方案编制,安全技术交底编制和实施,施工现场危险源识别和处置,施工安全资料收集、整理和编制,安全事故救援和处置,文明工地和绿色施工管理等十部分,由马子夜、王志刚、刘继军、任雁飞、李平、赵成刚、姚璧、聂康生、董经民、赵艳青编写,李平负责审改和统稿。

本书由李平、张鲁风担任主编,由陕西建工集团时炜担任主审。

因编写时间较紧,难免会有疏漏或不足之处,敬请读者予以指正。

# 目 录

## 上篇 岗位知识

一、安全管理相关规定和标准 ……………………………………………… 1
 （一）施工安全生产责任制的管理规定 ……………………………… 1
 （二）施工安全生产组织保障和安全许可的管理规定 ……………… 3
 （三）施工现场安全生产的管理规定 ………………………………… 11
 （四）施工现场临时设施和防护措施的管理规定 …………………… 23
 （五）施工安全生产事故应急预案和事故报告的管理规定 ………… 30
 （六）施工安全技术标准知识 ………………………………………… 35

二、施工现场安全管理知识 ………………………………………………… 95
 （一）施工现场安全管理的基本要求 ………………………………… 95
 （二）施工现场安全管理的主要内容 ………………………………… 95
 （三）施工现场安全管理的主要方式 ………………………………… 96

三、施工项目安全生产管理计划 …………………………………………… 97
 （一）施工项目安全生产管理计划的主要内容 ……………………… 97
 （二）施工项目安全生产管理计划的基本编制办法 ………………… 97

四、安全专项施工方案 ……………………………………………………… 99
 （一）安全专项施工方案的主要内容 ………………………………… 99
 （二）安全专项施工方案的基本编制办法 …………………………… 99

五、施工现场安全事故防范知识 …………………………………………… 101
 （一）施工现场安全事故的主要类型 ………………………………… 101
 （二）施工现场安全生产重大隐患及多发性事故 …………………… 101
 （三）施工现场安全事故的主要防范措施 …………………………… 101

六、安全事故救援处理知识 ………………………………………………… 102
 （一）安全事故的主要救援方法 ……………………………………… 102
 （二）安全事故的处理程序及要求 …………………………………… 103

# 下篇 专业技能

- 七、编制项目安全生产管理计划 ……………………………………………… 104
  - (一) 安全生产检查的类型 ……………………………………………… 104
  - (二) 安全生产检查的内容 ……………………………………………… 105
  - (三) 安全生产检查的方法 ……………………………………………… 106
  - (四) 安全生产检查的工作程序 ………………………………………… 106
  - (五) 安全生产检查发现问题的整改与落实 …………………………… 107
- 八、编制安全事故应急救援预案 …………………………………………… 108
  - (一) 编制安全事故应急救援预案有关应急响应程序的内容 ………… 108
  - (二) 多发性安全事故应急救援预案 …………………………………… 108
- 九、施工现场安全检查 ……………………………………………………… 124
  - (一) 安全检查的内容 …………………………………………………… 124
  - (二) 安全检查的方法 …………………………………………………… 126
  - (三) 安全检查的评分办法 ……………………………………………… 126
  - (四) 施工机械的安全检查和评价 ……………………………………… 129
  - (五) 临时用电的安全检查和评价 ……………………………………… 137
  - (六) 消防设施的安全检查和评价 ……………………………………… 145
  - (七) 施工现场临边、洞口的安全防护 ………………………………… 148
  - (八) 危险性较大的分部分项工程的安全管理 ………………………… 149
  - (九) 劳动防护用品的安全管理 ………………………………………… 153
- 十、组织实施项目作业人员的安全教育培训 ……………………………… 162
  - (一) 根据施工项目安全教育管理规定制定工程项目安全培训计划 … 162
  - (二) 组织施工现场安全教育培训 ……………………………………… 163
  - (三) 组织各种形式的安全教育活动 …………………………………… 165
- 十一、编制安全专项施工方案 ……………………………………………… 168
- 十二、安全技术交底文件的编制与实施 …………………………………… 176
  - (一) 编制分项工程安全技术交底文件 ………………………………… 176
  - (二) 监督实施安全技术交底 …………………………………………… 181
- 十三、施工现场危险源的辨识与安全隐患的处置意见 …………………… 183
  - (一) 基本知识和概念 …………………………………………………… 183
  - (二) 危险源的控制和监控管理 ………………………………………… 184
  - (三) 危险源事故、违章作业的防范和处置 …………………………… 187
  - (四) 事故与事故隐患 …………………………………………………… 189

十四、项目文明工地绿色施工管理 ················································· 194
 （一）理解"文明施工"和"绿色施工"的概念与重要性 ················ 194
 （二）对施工现场文明施工和绿色施工进行评价 ······················· 197
十五、安全事故的救援及处理 ··············································· 208
 （一）建筑安全事故的分类 ··············································· 208
 （二）事故应急救援预案 ················································· 209
 （三）事故报告 ···························································· 210
 （四）事故现场的保护 ···················································· 210
 （五）组织事故调查组 ···················································· 211
 （六）事故的调查处理 ···················································· 211
十六、编制、收集、整理施工安全资料 ······································ 215
 （一）对项目安全资料进行搜集、分类和归档 ························· 215
 （二）编写安全检查报告和总结 ········································· 219

# 上篇　岗位知识

# 一、安全管理相关规定和标准

## （一）施工安全生产责任制的管理规定

安全生产事关人民群众生命财产安全，事关改革开放、经济发展和社会稳定大局，事关党和政府形象和声誉。《中华人民共和国建筑法》（以下简称《建筑法》）规定，建筑施工企业必须依法加强对建筑安全生产的管理，执行安全生产责任制度，采取有效措施，防止伤亡和其他安全生产事故的发生。

**1. 施工单位主要负责人、项目负责人、总分包单位等安全生产责任制的规定**

《国务院关于坚持科学发展安全发展促进安全生产形势持续稳定好转的意见》（国发〔2011〕40号）中指出，认真落实企业安全生产主体责任。企业必须严格遵守和执行安全生产法律法规、规章制度与技术标准，依法依规加强安全生产，加大安全投入，健全安全管理机构，加强班组安全建设，保持安全设备设施完好有效。

施工单位主要负责人对安全生产工作全面负责。《建筑法》规定，建筑施工企业的法定代表人对本企业的安全生产负责。《建设工程安全生产管理条例》也规定，施工单位主要负责人依法对本单位的安全生产工作全面负责。对于主要负责人的理解，应当从实际情况出发。总的原则是，对施工单位全面负责并有生产经营决策权的人，即为主要负责人。就是说，施工单位主要负责人可以是董事长，也可以是总经理或总裁等。此外，要保证本单位安全生产条件所需资金的投入。《建设工程安全生产管理条例》规定，施工单位对列入建设工程概算的安全作业环境及安全施工措施所需费用，应当用于施工安全防护用具及设施的采购和更新、安全施工措施的落实、安全生产条件的改善，不得挪作他用。

施工单位安全生产管理机构和专职安全生产管理人员负专责。《建设工程安全生产管理条例》规定，施工单位应当设立安全生产管理机构，配备专职安全生产管理人员。专职安全生产管理人员负责对安全生产进行现场监督检查。发现安全事故隐患，应当及时向项目负责人和安全生产管理机构报告；对违章指挥、违章操作的，应当立即制止。

项目负责人对建设工程项目的安全施工负责。《建设工程安全生产管理条例》规定，施工单位的项目负责人应当由取得相应执业资格的人员担任，对建设工程项目的安全施工负责，落实安全生产责任制度、安全生产规章制度和操作规程，确保安全生产费用的有效使用，并根据工程的特点组织制定安全施工措施，消除安全事故隐患，及时、如实报告生产安全事故。建设工程施工前，施工单位负责项目管理的技术人员应当对有关安全施工的技术要求向施工作业班组、作业人员作出详细说明，并由双方签字确认。

施工总承包单位和分包单位的安全生产责任。《建筑法》规定，施工现场安全由建筑施工企业负责。实行施工总承包的，由总承包单位负责。分包单位向总承包单位负责，服从总承包单位对施工现场的安全生产管理。

《建设工程安全生产管理条例》进一步规定，总承包单位依法将建设工程分包给其他单位的，分包合同中应当明确各自在安全生产方面的权利、义务。实行施工总承包的，由总承包单位统一组织编制建设工程生产安全事故应急救援预案，工程总承包单位和分包单位按照应急救援预案，各自建立应急救援组织或者配备应急救援人员，配备救援器材、设备，并定期组织演练。实行施工总承包的建设工程，由总承包单位负责上报事故。总承包单位和分包单位对分包工程的安全生产承担连带责任。分包单位应当服从总承包单位的安全生产管理，分包单位不服从管理导致生产安全事故的，由分包单位承担主要责任。

**2. 施工现场领导带班制度的规定**

《国务院关于进一步加强企业安全生产工作的通知》（国发〔2010〕23号）中规定，强化生产过程管理的领导责任。企业主要负责人和领导班子成员要轮流现场带班。发生事故而没有领导现场带班的，对企业给予规定上限的经济处罚，并依法从重追究企业主要负责人的责任。《国务院关于坚持科学发展安全发展促进安全生产形势持续稳定好转的意见》中则规定，企业主要负责人、实际控制人要切实承担安全生产第一责任人的责任，带头执行现场带班制度，加强现场安全管理。

住房和城乡建设部《建筑施工企业负责人及项目负责人施工现场带班暂行办法》（建质〔2011〕111号）进一步规定，建筑施工企业应当建立企业负责人及项目负责人施工现场带班制度，并严格考核。施工现场带班包括企业负责人带班检查和项目负责人带班生产。企业负责人带班检查是指由建筑施工企业负责人带队实施对工程项目质量安全生产状况及项目负责人带班生产情况的检查。项目负责人带班生产是指项目负责人在施工现场组织协调工程项目的质量安全生产活动。

建筑施工企业负责人，是指企业的法定代表人、总经理、主管质量安全和生产工作的副总经理、总工程师和副总工程师。项目负责人，是指工程项目的项目经理。施工现场，是指进行房屋建筑和市政工程施工作业活动的场所。

建筑施工企业负责人要定期带班检查，每月检查时间不少于其工作日的25%。建筑施工企业负责人带班检查时，应认真做好检查记录，并分别在企业和工程项目存档备查。工程项目进行超过一定规模的危险性较大的分部分项工程施工时，建筑施工企业负责人应到施工现场进行带班检查。对于有分公司（非独立法人）的企业集团，集团负责人因故不能到现场的，可书面委托工程所在地的分公司负责人对施工现场进行带班检查。工程项目出现险情或发现重大隐患时，建筑施工企业负责人应到施工现场带班检查，督促工程项目进行整改，及时消除险情和隐患。

项目负责人在同一时期只能承担一个工程项目的管理工作。项目负责人带班生产时，要全面掌握工程项目质量安全生产状况，加强对重点部位、关键环节的控制，及时消除隐患。要认真做好带班生产记录并签字存档备查。项目负责人每月带班生产时间不得少于本月施工时间的80%。因其他事务需离开施工现场时，应向工程项目的建设单位请假，经批准后方可离开。离开期间应委托项目相关负责人负责其外出时的日常工作。

## （二）施工安全生产组织保障和安全许可的管理规定

### 1. 施工企业安全生产管理机构、专职安全生产管理人员配备及其职责的规定

安全生产管理机构是指建筑施工企业设置的负责安全生产管理工作的独立职能部门。专职安全生产管理人员是指经建设主管部门或者其他有关部门安全生产考核合格取得安全生产考核合格证书，并在建筑施工企业及其项目从事安全生产管理工作的专职人员。

（1）建筑施工企业安全生产管理机构的设置及职责

住房和城乡建设部《建筑施工企业安全生产管理机构设置及专职安全生产管理人员配备办法》（建质〔2008〕91号）规定，建筑施工企业应当依法设置安全生产管理机构，在企业主要负责人的领导下开展本企业的安全生产管理工作。

建筑施工企业安全生产管理机构具有以下职责：1) 宣传和贯彻国家有关安全生产法律法规和标准；2) 编制并适时更新安全生产管理制度并监督实施；3) 组织或参与企业生产安全事故应急救援预案的编制及演练；4) 组织开展安全教育培训与交流；5) 协调配备项目专职安全生产管理人员；6) 制订企业安全生产检查计划并组织实施；7) 监督在建项目安全生产费用的使用；8) 参与危险性较大工程安全专项施工方案专家论证会；9) 通报在建项目违规违章查处情况；10) 组织开展安全生产评优评先表彰工作；11) 建立企业在建项目安全生产管理档案；12) 考核评价分包企业安全生产业绩及项目安全生产管理情况；13) 参加生产安全事故的调查和处理工作；14) 企业明确的其他安全生产管理职责。

（2）建筑施工企业安全生产管理机构专职安全生产管理人员的配备及职责

建筑施工企业安全生产管理机构专职安全生产管理人员的配备应满足下列要求，并应根据企业经营规模、设备管理和生产需要予以增加：1) 建筑施工总承包资质序列企业：特级资质不少于6人；一级资质不少于4人；二级和二级以下资质企业不少于3人。2) 建筑施工专业承包资质序列企业：一级资质不少于3人；二级和二级以下资质企业不少于2人。3) 建筑施工劳务分包资质序列企业：不少于2人。4) 建筑施工企业的分公司、区域公司等较大的分支机构（以下简称分支机构）应依据实际生产情况配备不少于2人的专职安全生产管理人员。

建筑施工企业安全生产管理机构专职安全生产管理人员在施工现场检查过程中具有以下职责：1) 查阅在建项目安全生产有关资料、核实有关情况；2) 检查危险性较大工程安全专项施工方案落实情况；3) 监督项目专职安全生产管理人员履责情况；4) 监督作业人员安全防护用品的配备及使用情况；5) 对发现的安全生产违章违规行为或安全隐患，有权当场予以纠正或作出处理决定；6) 对不符合安全生产条件的设施、设备、器材，有权

当场作出查封的处理决定；7）对施工现场存在的重大安全隐患有权越级报告或直接向建设主管部门报告；8）企业明确的其他安全生产管理职责。

（3）建设工程项目安全生产领导小组和专职安全生产管理人员的设立及职责

建筑施工企业应当在建设工程项目组建安全生产领导小组。建设工程实行施工总承包的，安全生产领导小组由总承包企业、专业承包企业和劳务分包企业项目经理、技术负责人和专职安全生产管理人员组成。安全生产领导小组的主要职责：1）贯彻落实国家有关安全生产法律法规和标准；2）组织制定项目安全生产管理制度并监督实施；3）编制项目生产安全事故应急救援预案并组织演练；4）保证项目安全生产费用的有效使用；5）组织编制危险性较大工程安全专项施工方案；6）开展项目安全教育培训；7）组织实施项目安全检查和隐患排查；8）建立项目安全生产管理档案；9）及时、如实报告安全生产事故。

建筑施工企业应当实行建设工程项目专职安全生产管理人员委派制度。建设工程项目的专职安全生产管理人员应当定期将项目安全生产管理情况报告企业安全生产管理机构。

总承包单位配备项目专职安全生产管理人员应当满足下列要求：1）建筑工程、装修工程按照建筑面积配备：①1万平方米以下的工程不少于1人；②1~5万平方米的工程不少于2人；③5万平方米及以上的工程不少于3人，且按专业配备专职安全生产管理人员。2）土木工程、线路管道、设备安装工程按照工程合同价配备：①5000万元以下的工程不少于1人；②5000万~1亿元的工程不少于2人；③1亿元及以上的工程不少于3人，且按专业配备专职安全生产管理人员。

分包单位配备项目专职安全生产管理人员应当满足下列要求：1）专业承包单位应当配置至少1人，并根据所承担的分部分项工程的工程量和施工危险程度增加。2）劳务分包单位施工人员在50人以下的，应当配备1名专职安全生产管理人员；50~200人的，应当配备2名专职安全生产管理人员；200人及以上的，应当配备3名及以上专职安全生产管理人员，并根据所承担的分部分项工程施工危险实际情况增加，不得少于工程施工人员总人数的5‰。

项目专职安全生产管理人员具有以下主要职责：1）负责施工现场安全生产日常检查并做好检查记录；2）现场监督危险性较大工程安全专项施工方案实施情况；3）对作业人员违规违章行为有权予以纠正或查处；4）对施工现场存在的安全隐患有权责令立即整改；5）对于发现的重大安全隐患，有权向企业安全生产管理机构报告；6）依法报告生产安全事故情况。

施工作业班组可以设置兼职安全巡查员，对本班组的作业场所进行安全监督检查。建筑施工企业应当定期对兼职安全巡查员进行安全教育培训。

**2. 施工安全生产许可证管理的规定**

《安全生产许可证条例》规定，国家对矿山企业、建筑施工企业和危险化学品、烟花爆竹、民用爆破器材生产企业（以下统称企业）实行安全生产许可制度。企业未取得安全生产许可证的，不得从事生产活动。《国务院关于坚持科学发展安全发展促进安全生产形势持续稳定好转的意见》中规定，严格安全生产准入条件。要认真执行安全生产许可制度和产业政策，严格技术和安全质量标准，严把行业安全准入关。

(1) 建筑施工企业申办安全生产许可证应具备的条件

原建设部《建筑施工企业安全生产许可证管理规定》（建设部令第128号）中规定，建筑施工企业取得安全生产许可证应当具备的安全生产条件为：1) 建立、健全安全生产责任制，制定完备的安全生产规章制度和操作规程；2) 保证本单位安全生产条件所需资金的投入；3) 设置安全生产管理机构，按照国家有关规定配备专职安全生产管理人员；4) 主要负责人、项目负责人、专职安全生产管理人员经建设主管部门或者其他有关部门考核合格；5) 特种作业人员经有关业务主管部门考核合格，取得特种作业操作资格证书；6) 管理人员和作业人员每年至少进行1次安全生产教育培训并考核合格；7) 依法参加工伤保险，依法为施工现场从事危险作业的人员办理意外伤害保险，为从业人员交纳保险费；8) 施工现场的办公、生活区及作业场所和安全防护用具、机械设备、施工机具及配件符合有关安全生产法律、法规、标准和规程的要求；9) 有职业危害防治措施，并为作业人员配备符合国家标准或者行业标准的安全防护用具和安全防护服装；10) 有对危险性较大的分部分项工程及施工现场易发生重大事故的部位、环节的预防、监控措施和应急预案；11) 有生产安全事故应急救援预案、应急救援组织或者应急救援人员，配备必要的应急救援器材、设备；12) 法律、法规规定的其他条件。

中央管理的建筑施工企业（集团公司、总公司）向国务院建设主管部门申请领取安全生产许可证；其他建筑施工企业，包括中央管理的建筑施工企业（集团公司、总公司）下属的建筑施工企业，向企业注册所在地省、自治区、直辖市人民政府建设主管部门申请领取安全生产许可证。

建筑施工企业申请安全生产许可证时，应当向建设主管部门提供下列材料：1) 建筑施工企业安全生产许可证申请表；2) 企业法人营业执照；3) 与申请安全生产许可证应当具备的安全生产条件相关的文件、材料。

(2) 安全生产许可证的有效期和暂扣安全生产许可证的规定

《建筑施工企业安全生产许可证管理规定》中规定，安全生产许可证的有效期为3年。安全生产许可证有效期满需要延期的，企业应当于期满前3个月向原安全生产许可证颁发管理机关办理延期手续。企业在安全生产许可证有效期内，严格遵守有关安全生产的法律法规，未发生死亡事故的，安全生产许可证有效期届满时，经原安全生产许可证颁发管理机关同意，不再审查，安全生产许可证有效期延期3年。

住房和城乡建设部《建筑施工企业安全生产许可证动态监管暂行办法》（建质〔2008〕121号）规定，暂扣安全生产许可证处罚视事故发生级别和安全生产条件降低情况，按下列标准执行：1) 发生一般事故的，暂扣安全生产许可证30至60日。2) 发生较大事故的，暂扣安全生产许可证60至90日。3) 发生重大事故的，暂扣安全生产许可证90至120日。

建筑施工企业在12个月内第二次发生生产安全事故的，视事故级别和安全生产条件降低情况，分别按下列标准进行处罚：1) 发生一般事故的，暂扣时限为在上一次暂扣时限的基础上再增加30日。2) 发生较大事故的，暂扣时限为在上一次暂扣时限的基础上再增加60日。3) 发生重大事故的，或按以上1)、2) 处罚暂扣时限超过120日的，吊销安全生产许可证。12个月内同一企业连续发生三次生产安全事故的，吊销安全生产许可证。

建筑施工企业瞒报、谎报、迟报或漏报事故的，在以上处罚的基础上，再处延长暂扣期30日至60日的处罚。暂扣时限超过120日的，吊销安全生产许可证。建筑施工企业在安全生产许可证暂扣期内，拒不整改的，吊销其安全生产许可证。

建筑施工企业安全生产许可证被暂扣期间，企业在全国范围内不得承揽新的工程项目。发生问题或事故的工程项目停工整改，经工程所在地有关建设主管部门核查合格后方可继续施工。建筑施工企业安全生产许可证被吊销后，自吊销决定作出之日起一年内不得重新申请安全生产许可证。

建筑施工企业安全生产许可证暂扣期满前10个工作日，企业需向颁发管理机关提出发还安全生产许可证申请。颁发管理机关接到申请后，应当对被暂扣企业安全生产条件进行复查，复查合格的，应当在暂扣期满时发还安全生产许可证；复查不合格的，增加暂扣期限直至吊销安全生产许可证。

(3) 违法行为应承担的主要法律责任

对于未取得安全生产许可证擅自从事施工活动的违法行为，《安全生产许可证条例》规定，未取得安全生产许可证擅自进行生产的，责令停止生产，没收违法所得，并处10万元以上50万元以下的罚款；造成重大事故或者其他严重后果，构成犯罪的，依法追究刑事责任。

《建筑施工企业安全生产许可证管理规定》进一步规定，建筑施工企业未取得安全生产许可证擅自从事建筑施工活动的，责令其在建项目停止施工，没收违法所得，并处10万元以上50万元以下的罚款；造成重大安全事故或者其他严重后果，构成犯罪的，依法追究刑事责任。

对于安全生产许可证有效期满未办理延期手续继续从事施工活动的违法行为，《安全生产许可证条例》规定，安全生产许可证有效期满未办理延期手续，继续进行生产的，责令停止生产，限期补办延期手续，没收违法所得，并处5万元以上10万元以下的罚款；逾期仍不办理延期手续，继续进行生产的，依照未取得安全生产许可证擅自进行生产的规定处罚。

《建筑施工企业安全生产许可证管理规定》进一步规定，安全生产许可证有效期满未办理延期手续，继续从事建筑施工活动的，责令其在建项目停止施工，限期补办延期手续，没收违法所得，并处5万元以上10万元以下的罚款；逾期仍不办理延期手续，继续从事建筑施工活动的，依照未取得安全生产许可证擅自从事建筑施工活动的规定处罚。

对于转让安全生产许可证等的违法行为，《安全生产许可证条例》规定，转让安全生产许可证的，没收违法所得，处10万元以上50万元以下的罚款，并吊销其安全生产许可证；构成犯罪的，依法追究刑事责任；接受转让的，依照未取得安全生产许可证擅自进行生产的规定处罚。冒用安全生产许可证或者使用伪造的安全生产许可证的，依照未取得安全生产许可证擅自进行生产的规定处罚。

《建筑施工企业安全生产许可证管理规定》进一步规定，建筑施工企业转让安全生产许可证的，没收违法所得，处10万元以上50万元以下的罚款，并吊销安全生产许可证；构成犯罪的，依法追究刑事责任；接受转让的，依照未取得安全生产许可证擅自从事建筑施工活动的规定处罚。冒用安全生产许可证或者使用伪造的安全生产许可证的，依照未取得安全生产许可证擅自从事建筑施工活动的规定处罚。

## 3. 施工企业主要负责人、项目负责人、专职安全生产管理人员安全生产考核的规定

《建设工程安全生产管理条例》规定，施工单位的主要负责人、项目负责人、专职安全生产管理人员应当经建设行政主管部门或者其他部门考核合格后方可任职。

原建设部《建筑施工企业主要负责人、项目负责人和专职安全生产管理人员安全生产考核管理暂行规定》（建质〔2004〕59号）中规定，建筑施工企业主要负责人，是指对本企业日常生产经营活动和安全生产工作全面负责、有生产经营决策权的人员，包括企业法定代表人、经理、企业分管安全生产工作的副经理等。建筑施工企业项目负责人，是指由企业法定代表人授权，负责建设工程项目管理的负责人等。建筑施工企业专职安全生产管理人员，是指在企业专职从事安全生产管理工作的人员，包括企业安全生产管理机构的负责人及其工作人员和施工现场专职安全生产管理人员。

《建筑施工企业主要负责人、项目负责人和专职安全生产管理人员安全生产考核管理暂行规定》中，将建筑施工企业主要负责人、项目负责人和专职安全生产管理人员简称为建筑施工企业管理人员。

国务院建设行政主管部门负责全国建筑施工企业管理人员安全生产的考核工作，并负责中央管理的建筑施工企业管理人员安全生产考核和发证工作。省、自治区、直辖市人民政府建设行政主管部门负责本行政区域内中央管理以外的建筑施工企业管理人员安全生产考核和发证工作。

（1）安全生产考核的基本要求

建筑施工企业管理人员应当具备相应文化程度、专业技术职称和一定安全生产工作经历，并经企业年度安全生产教育培训合格后，方可参加建设行政主管部门组织的安全生产考核。

建设行政主管部门对建筑施工企业管理人员进行安全生产考核，不得收取考核费用，不得组织强制培训。安全生产考核合格的，由建设行政主管部门在20日内核发建筑施工企业管理人员安全生产考核合格证书；对不合格的，应通知本人并说明理由，限期重新考核。

建筑施工企业管理人员变更姓名和所在法人单位等的，应在一个月内到原安全生产考核合格证书发证机关办理变更手续。任何单位和个人不得伪造、转让、冒用建筑施工企业管理人员安全生产考核合格证书。建筑施工企业管理人员遗失安全生产考核合格证书，应在公共媒体上声明作废，并在一个月内到原安全生产考核合格证书发证机关办理补证手续。

建筑施工企业管理人员安全生产考核合格证书有效期为三年。有效期满需要延期的，应当于期满前3个月内向原发证机关申请办理延期手续。建筑施工企业管理人员在安全生产考核合格证书有效期内，严格遵守安全生产法律法规，认真履行安全生产职责，按规定接受企业年度安全生产教育培训，未发生死亡事故的，安全生产考核合格证书有效期届满

时，经原安全生产考核合格证书发证机关同意，不再考核，安全生产考核合格证书有效期延期3年。

(2) 安全生产考核的要点

安全生产考核内容包括安全生产知识和管理能力。

建筑施工企业主要负责人的安全生产知识考核要点：1）国家有关安全生产的方针政策、法律法规、部门规章、标准及有关规范性文件，本地区有关安全生产的法规、规章、标准及规范性文件；2）建筑施工企业安全生产管理的基本知识和相关专业知识；3）重、特大事故防范、应急救援措施，报告制度及调查处理方法；4）企业安全生产责任制和安全生产规章制度的内容、制定方法；5）国内外安全生产管理经验；6）典型事故案例分析。

安全生产管理能力考核要点：1）能认真贯彻执行国家安全生产方针、政策、法规和标准；2）能有效组织和督促本单位安全生产工作，建立健全本单位安全生产责任制；3）能组织制定本单位安全生产规章制度和操作规程；4）能采取有效措施保证本单位安全生产所需资金的投入；5）能有效开展安全检查，及时消除生产安全事故隐患；6）能组织制定本单位生产安全事故应急救援预案，正确组织、指挥本单位事故应急救援工作；7）能及时、如实报告生产安全事故；8）安全生产业绩：自考核之日起，所在企业一年内未发生由其承担主要责任的死亡10人以上（含10人）的重大事故。

建筑施工企业项目负责人的安全生产知识考核要点：1）国家有关安全生产的方针政策、法律法规、部门规章、标准及有关规范性文件，本地区有关安全生产的法规、规章、标准及规范性文件；2）工程项目安全生产管理的基本知识和相关专业知识；3）重大事故防范、应急救援措施，报告制度及调查处理方法；4）企业和项目安全生产责任制和安全生产规章制度内容、制定方法；5）施工现场安全生产监督检查的内容和方法；6）国内外安全生产管理经验；7）典型事故案例分析。

安全生产管理能力考核要点：1）能认真贯彻执行国家安全生产方针、政策、法规和标准；2）能有效组织和督促本工程项目安全生产工作，落实安全生产责任制；3）能保证安全生产费用的有效使用；4）能根据工程的特点组织制定安全施工措施；5）能有效开展安全检查，及时消除生产安全事故隐患；6）能及时、如实报告生产安全事故；7）安全生产业绩：自考核之日起，所管理的项目一年内未发生由其承担主要责任的死亡事故。

建筑施工企业专职安全生产管理人员的安全生产知识考核要点：1）国家有关安全生产的方针政策、法律法规、部门规章、标准及有关规范性文件，本地区有关安全生产的法规、规章、标准及规范性文件；2）重大事故防范、应急救援措施，报告制度、调查处理方法以及防护救护方法；3）企业和项目安全生产责任制和安全生产规章制度；4）施工现场安全监督检查的内容和方法；5）典型事故案例分析。

安全生产管理能力考核要点：1）能认真贯彻执行国家安全生产方针、政策、法规和标准；2）能有效对安全生产进行现场监督检查；3）发现生产安全事故隐患，能及时向项目负责人和安全生产管理机构报告，及时消除生产安全事故隐患；4）能及时制止现场违章指挥、违章操作行为；5）能及时、如实报告生产安全事故；6）安全生产业绩：自考核之日起，所在企业或项目一年内未发生由其承担主要责任的死亡事故。

## 4. 建筑施工特种作业人员管理的规定

《建设工程安全生产管理条例》规定，垂直运输机械作业人员、安装拆卸工、爆破作业人员、起重信号工、登高架设作业人员等特种作业人员，必须按照国家有关规定经过专门的安全作业培训，并取得特种作业操作资格证书后，方可上岗作业。

住房和城乡建设部《建筑施工特种作业人员管理规定》（建质〔2008〕75号）中进一步规定，建筑施工特种作业人员是指在房屋建筑和市政工程施工活动中，从事可能对本人、他人及周围设备设施的安全造成重大危害作业的人员。

建筑施工特种作业包括：1）建筑电工；2）建筑架子工；3）建筑起重信号司索工；4）建筑起重机械司机；5）建筑起重机械安装拆卸工；6）高处作业吊篮安装拆卸工；7）经省级以上人民政府建设主管部门认定的其他特种作业。

建筑施工特种作业人员必须经建设主管部门考核合格，取得建筑施工特种作业人员操作资格证书（以下简称"资格证书"），方可上岗从事相应作业。

（1）特种作业人员的考核发证

建筑施工特种作业人员的考核发证工作，由省、自治区、直辖市人民政府建设主管部门或其委托的考核发证机构（以下简称"考核发证机关"）负责组织实施。

考核发证机关应当在办公场所公布建筑施工特种作业人员申请条件、申请程序、工作时限、收费依据和标准等事项。考核发证机关应当在考核前在机关网站或新闻媒体上公布考核科目、考核地点、考核时间和监督电话等事项。

申请从事建筑施工特种作业的人员，应当具备下列基本条件：1）年满18周岁且符合相关工种规定的年龄要求；2）经医院体检合格且无妨碍从事相应特种作业的疾病和生理缺陷；3）初中及以上学历；4）符合相应特种作业需要的其他条件。

建筑施工特种作业人员的考核内容应当包括安全技术理论和实际操作。考核大纲由国务院建设主管部门制定。

考核发证机关应当自考核结束之日起10个工作日内公布考核成绩。考核发证机关对于考核合格的，应当自考核结果公布之日起10个工作日内颁发资格证书；对于考核不合格的，应当通知申请人并说明理由。资格证书应当采用国务院建设主管部门规定的统一样式，由考核发证机关编号后签发。资格证书在全国通用。

住房和城乡建设部《关于建筑施工特种作业人员考核工作的实施意见》（建办质〔2008〕41号）规定，安全技术理论考核不合格的，不得参加安全操作技能考核。安全技术理论考试和实际操作技能考核均合格的，为考核合格。

首次取得《建筑施工特种作业操作资格证书》的人员实习操作不得少于三个月。实习操作期间，用人单位应当指定专人指导和监督作业。指导人员应当从取得相应特种作业资格证书并从事相关工作3年以上、无不良记录的熟练工中选择。实习操作期满，经用人单位考核合格，方可独立作业。

建筑施工特种作业操作范围：1）建筑电工：在建筑工程施工现场从事临时用电作业；2）建筑架子工（普通脚手架）：在建筑工程施工现场从事落地式脚手架、悬挑式脚手架、模板支架、外电防护架、卸料平台、洞口临边防护等登高架设、维护、拆除作业；3）建筑架子工（附着升降脚手架）：在建筑工程施工现场从事附着式升降脚手架的安装、升降、维护和拆卸作业；4）建筑起重司索信号工：在建筑工程施工现场从事对起吊物体进行绑扎、挂钩等司索作业和起重指挥作业；5）建筑起重机械司机（塔式起重机）：在建筑工程施工现场从事固定式、轨道式和内爬升式塔式起重机的驾驶操作；6）建筑起重机械司机（施工升降机）：在建筑工程施工现场从事施工升降机的驾驶操作；7）建筑起重机械司机（物料提升机）：在建筑工程施工现场从事物料提升机的驾驶操作；8）建筑起重机械安装拆卸工（塔式起重机）：在建筑工程施工现场从事固定式、轨道式和内爬升式塔式起重机的安装、附着、顶升和拆卸作业；9）建筑起重机械安装拆卸工（施工升降机）：在建筑工程施工现场从事施工升降机的安装和拆卸作业；10）建筑起重机械安装拆卸工（物料提升机）：在建筑工程施工现场从事物料提升机的安装和拆卸作业；11）高处作业吊篮安装拆卸工：在建筑工程施工现场从事高处作业吊篮的安装和拆卸作业。

（2）特种作业人员的从业要求

住房和城乡建设部《建筑施工特种作业人员管理规定》中规定，持有资格证书的人员，应当受聘于建筑施工企业或者建筑起重机械出租单位（以下简称用人单位），方可从事相应的特种作业。

用人单位对于首次取得资格证书的人员，应当在其正式上岗前安排不少于3个月的实习操作。建筑施工特种作业人员应当严格按照安全技术标准、规范和规程进行作业，正确佩戴和使用安全防护用品，并按规定对作业工具和设备进行维护保养。建筑施工特种作业人员应当参加年度安全教育培训或者继续教育，每年不得少于24小时。

在施工中发生危及人身安全的紧急情况时，建筑施工特种作业人员有权立即停止作业或者撤离危险区域，并向施工现场专职安全生产管理人员和项目负责人报告。

用人单位应当履行下列职责：1）与持有效资格证书的特种作业人员订立劳动合同；2）制定并落实本单位特种作业安全操作规程和有关安全管理制度；3）书面告知特种作业人员违章操作的危害；4）向特种作业人员提供齐全、合格的安全防护用品和安全的作业条件；5）按规定组织特种作业人员参加年度安全教育培训或者继续教育，培训时间不少于24小时；6）建立本单位特种作业人员管理档案；7）查处特种作业人员违章行为并记录在档；8）法律法规及有关规定明确的其他职责。

任何单位和个人不得非法涂改、倒卖、出租、出借或者以其他形式转让资格证书。建筑施工特种作业人员变动工作单位，任何单位和个人不得以任何理由非法扣押其资格证书。

（3）特种作业人员的延期复核

资格证书有效期为两年。有效期满需要延期的，建筑施工特种作业人员应当于期满前3个月内向原考核发证机关申请办理延期复核手续。延期复核合格的，资格证书有效期延期2年。

建筑施工特种作业人员在资格证书有效期内，有下列情形之一的，延期复核结果为不合格：1）超过相关工种规定年龄要求的；2）身体健康状况不再适应相应特种作业岗位的；3）对生产安全事故负有责任的；4）2年内违章操作记录达3次（含3次）以上的；5）未按规定参加年度安全教育培训或者继续教育的；6）考核发证机关规定的其他情形。

考核发证机关在收到建筑施工特种作业人员提交的延期复核资料后，应当根据以下情况分别作出处理：1) 对于属于上述情形之一的，自收到延期复核资料之日起 5 个工作日内作出不予延期决定，并说明理由；2) 对于提交资料齐全且无上述情形的，自受理之日起 10 个工作日内办理准予延期复核手续，并在证书上注明延期复核合格，并加盖延期复核专用章。考核发证机关逾期未作出决定的，视为延期复核合格。

（4）特种作业人员资格证书的撤销与注销

《建筑施工特种作业人员管理规定》中规定，有下列情形之一的，考核发证机关应当撤销资格证书：1) 持证人弄虚作假骗取资格证书或者办理延期复核手续的；2) 考核发证机关工作人员违法核发资格证书的；3) 考核发证机关规定应当撤销资格证书的其他情形。

有下列情形之一的，考核发证机关应当注销资格证书：1) 依法不予延期的；2) 持证人逾期未申请办理延期复核手续的；3) 持证人死亡或者不具有完全民事行为能力的；4) 考核发证机关规定应当注销的其他情形。

## （三）施工现场安全生产的管理规定

### 1. 施工作业人员安全生产权利和义务的规定

《建筑法》规定，建筑施工企业和作业人员在施工过程中，应当遵守有关安全生产的法律、法规和建筑行业安全规章、规程，不得违背指挥或者违章作业。作业人员有权对影响人身健康的作业程序和作业条件提出改进意见，有权获得安全生产所需的防护用品。作业人员对危及生命安全和人身健康的行为有权提出批评、检举和控告。《国务院关于坚持科学发展安全发展促进安全生产形势持续稳定好转的意见》中规定，企业用工要严格依照劳动合同法与职工签订劳动合同，职工必须全部经培训合格后上岗。

《建设工程安全生产管理条例》进一步规定，作业人员应当遵守安全施工的强制性标准、规章制度和操作规程，正确使用安全防护用具、机械设备等。施工单位应当向作业人员提供安全防护用具和安全防护服装，并书面告知危险岗位的操作规程和违章操作的危害。作业人员有权对施工现场的作业条件、作业程序和作业方式中存在的安全问题提出批评、检举和控告，有权拒绝违章指挥和强令冒险作业。在施工中发生危及人身安全的紧急情况时，作业人员有权立即停止作业或者在采取必要的应急措施后撤离危险区域。

施工单位应当对管理人员和作业人员每年至少进行一次安全生产教育培训，其教育培训情况记入个人工作档案。安全生产教育培训考核不合格的人员，不得上岗。作业人员进入新的岗位或者新的施工现场前，应当接受安全生产教育培训。未经教育培训或者教育培训考核不合格的人员，不得上岗作业。施工单位在采用新技术、新工艺、新设备、新材料时，应当对作业人员进行相应的安全生产教育培训。

2011 年 7 月 1 日起施行的新修改的《建筑法》第 48 条规定，建筑施工企业应当依法为职工参加工伤保险缴纳工伤保险费。鼓励企业为从事危险作业的职工办理意外伤害保险，支付保险费。

工伤保险与意外伤害保险有所不同。按照新修改的《建筑法》规定，前者属强制性的社会保险，面向企业全体员工；后者属非强制性的商业保险，是针对施工现场从事危险作业的特殊人群。施工现场从事危险作业的人员，是指在施工现场从事如高处作业、深基坑作业、爆破作业等危险性较大的岗位的作业人员。由于其工作岗位的特殊性，这些职工所面临的意外伤害要比其他人员大得多，给予他们更多一些的保障，减少其后顾之忧，是非常必要的。所以，对于在企业所在地已参加工伤保险的人员，当他们从事施工现场危险作业时，鼓励企业为其再办理意外伤害保险。

## 2. 安全技术措施、专项施工方案和安全技术交底的规定

（1）制定安全技术措施

《建筑法》规定，建筑施工企业在编制施工组织设计时，应当根据建筑工程的特点制定相应的安全技术措施；对专业性较强的工程项目，应当编制专项安全施工组织设计，并采取安全技术措施。《建设工程安全生产管理条例》进一步规定，施工单位应当在施工组织设计中编制安全技术措施和施工现场临时用电方案。

安全技术措施可分为防止事故发生的安全技术措施和减少事故损失的安全技术措施，通常包括：根据基坑、地下室深度和地质资料，保证土石方边坡稳定的措施；脚手架、吊篮、安全网、各类洞口防止人员坠落的技术措施；外用电梯、井架以及塔吊等垂直运输机具的拉结要求及防倒塌的措施；安全用电和机电防短路、防触电的措施；有毒有害、易燃易爆作业的技术措施；施工现场周围通行道路及居民防护隔离等措施。

施工现场临时用电方案，用以防止施工现场人员触电和电气火灾事故发生。《施工现场临时用电安全技术规范》JGJ 46—2005规定，施工现场临时用电设备在5台及以上或设备总容量在50kW及以上者，应编制用电组织设计。施工现场临时用电组织设计应包括下列内容：1）现场勘测；2）确定电源进线、变电所或配电室、配电装置、用电设备位置及线路走向；3）进行负荷计算；4）选择变压器；5）设计配电系统；6）设计防雷装置；7）确定防护措施；8）制定安全用电措施和电气防火措施。施工现场临时用电设备在5台以下或设备总容量在50kW以下者，应制定安全用电和电气防火措施。

（2）编制专项施工方案

《建设工程安全生产管理条例》规定，对下列达到一定规模的危险性较大的分部分项工程编制专项施工方案，并附具安全验算结果，经施工单位技术负责人、总监理工程师签字后实施，由专职安全生产管理人员进行现场监督：1）基坑支护与降水工程；2）土方开挖工程；3）模板工程；4）起重吊装工程；5）脚手架工程；6）拆除、爆破工程；7）国务院建设行政主管部门或者其他有关部门规定的其他危险性较大的工程。对以上所列工程中涉及深基坑、地下暗挖工程、高大模板工程的专项施工方案，施工单位还应当组织专家进行论证、审查。

原建设部《危险性较大工程安全专项施工方案编制及专家论证审查办法》（建质〔2004〕213号）进一步规定，危险性较大工程是指依据《建设工程安全生产管理条例》所指的七项分部分项工程，并应当在施工前单独编制安全专项施工方案。

基坑支护工程是指开挖深度超过5m（含5m）的基坑（槽）并采用支护结构施工的工程；或基坑虽未超过5m，但地质条件和周围环境复杂、地下水位在坑底以上等工程。

土方开挖工程是指开挖深度超过5m（含5m）的基坑、槽的土方开挖。

模板工程是指各类工具式模板工程，包括滑模、爬模、大模板等；水平混凝土构件模板支撑系统及特殊结构模板工程。

脚手架工程是指：1）高度超过24m的落地式钢管脚手架；2）附着式升降脚手架，包括整体提升与分片式提升；3）悬挑式脚手架；4）门型脚手架；5）挂脚手架；6）吊篮脚手架；7）卸料平台。

拆除、爆破工程是指采用人工、机械拆除或爆破拆除的工程。

其他危险性较大的工程是指：1）建筑幕墙的安装施工；2）预应力结构张拉施工；3）隧道工程施工；4）桥梁工程施工（含架桥）；5）特种设备施工；6）网架和索膜结构施工；7）6m以上的边坡施工；8）大江、大河的导流、截流施工；9）港口工程、航道工程；10）采用新技术、新工艺、新材料，可能影响建设工程质量安全，已经行政许可，尚无技术标准的施工。

建筑施工企业专业工程技术人员编制的安全专项施工方案，由施工企业技术部门的专业技术人员及监理单位专业监理工程师进行审核，审核合格，由施工企业技术负责人、监理单位总监理工程师签字。

建筑施工企业应当组织专家组进行论证审查的工程：1）深基坑工程。开挖深度超过5m（含5m）或地下室三层以上（含三层），或深度虽未超过5m（含5m），但地质条件和周围环境及地下管线极其复杂的工程。2）地下暗挖工程。地下暗挖及遇有溶洞、暗河、瓦斯、岩爆、涌泥、断层等地质复杂的隧道工程。3）高大模板工程。水平混凝土构件模板支撑系统高度超过8m，或跨度超过18m，施工总荷载大于10kN/㎡，或集中线荷载大于15kN/m的模板支撑系统。4）30m及以上高空作业的工程。5）大江、大河中深水作业的工程。6）城市房屋拆除爆破和其他土石大爆破工程

专家论证审查：1）建筑施工企业应当组织不少于5人的专家组，对已编制的安全专项施工方案进行论证审查。2）安全专项施工方案专家组必须提出书面论证审查报告，施工企业应根据论证审查报告进行完善，施工企业技术负责人、总监理工程师签字后，方可实施。3）专家组书面论证审查报告应作为安全专项施工方案的附件，在实施过程中，施工企业应严格按照安全专项方案组织施工。

（3）安全技术交底

《建设工程安全生产管理条例》规定，建设工程施工前，施工单位负责项目管理的技术人员应当对有关安全施工的技术要求向施工作业班组、作业人员作出详细说明，并由双方签字确认。

## 3. 危险性较大的分部分项工程安全管理的规定

住房和城乡建设部《危险性较大的分部分项工程安全管理办法》（建质〔2009〕87号）规定，危险性较大的分部分项工程是指建筑工程在施工过程中存在的、可能导致作业人员群死群伤或造成重大不良社会影响的分部分项工程。

危险性较大的分部分项工程安全专项施工方案（以下简称"专项方案"），是指施工单位在编制施工组织（总）设计的基础上，针对危险性较大的分部分项工程单独编制的安全技术措施文件。

(1) 危险性较大的分部分项工程范围

危险性较大的分部分项工程范围：1）基坑支护、降水工程。开挖深度超过3m（含3m）或虽未超过3m但地质条件和周边环境复杂的基坑（槽）支护、降水工程。2）土方开挖工程。开挖深度超过3m（含3m）的基坑（槽）的土方开挖工程。3）模板工程及支撑体系。①各类工具式模板工程：包括大模板、滑模、爬模、飞模等工程。②混凝土模板支撑工程：搭设高度5m及以上；搭设跨度10m及以上；施工总荷载10kN/m²及以上；集中线荷载15kN/m及以上；高度大于支撑水平投影宽度且相对独立无联系构件的混凝土模板支撑工程。③承重支撑体系：用于钢结构安装等满堂支撑体系。4）起重吊装及安装拆卸工程。①采用非常规起重设备、方法，且单件起吊重量在10kN及以上的起重吊装工程。②采用起重机械进行安装的工程。③起重机械设备自身的安装、拆卸。5）脚手架工程。①搭设高度24m及以上的落地式钢管脚手架工程。②附着式整体和分片提升脚手架工程。③悬挑式脚手架工程。④吊篮脚手架工程。⑤自制卸料平台、移动操作平台工程。⑥新型及异型脚手架工程。6）拆除、爆破工程。①建筑物、构筑物拆除工程。②采用爆破拆除的工程。7）其他。①建筑幕墙安装工程。②钢结构、网架和索膜结构安装工程。③人工挖扩孔桩工程。④地下暗挖、顶管及水下作业工程。⑤预应力工程。⑥采用新技术、新工艺、新材料、新设备及尚无相关技术标准的危险性较大的分部分项工程。

超过一定规模的危险性较大的分部分项工程范围：1）深基坑工程。①开挖深度超过5m（含5m）的基坑（槽）的土方开挖、支护、降水工程。②开挖深度虽未超过5m，但地质条件、周围环境和地下管线复杂，或影响毗邻建筑（构筑）物安全的基坑（槽）的土方开挖、支护、降水工程。2）模板工程及支撑体系。①工具式模板工程：包括滑模、爬模、飞模工程。②混凝土模板支撑工程：搭设高度8m及以上；搭设跨度18m及以上；施工总荷载15kN/m²及以上；集中线荷载20kN/m及以上。③承重支撑体系：用于钢结构安装等满堂支撑体系，承受单点集中荷载700kg以上。3）起重吊装及安装拆卸工程。①采用非常规起重设备、方法，且单件起吊重量在100kN及以上的起重吊装工程。②起重量300kN及以上的起重设备安装工程；高度200m及以上内爬起重设备的拆除工程。4）脚手架工程。①搭设高度50m及以上落地式钢管脚手架工程。②提升高度150m及以上附着式整体和分片提升脚手架工程。③架体高度20m及以上悬挑式脚手架工程。5）拆除、爆破工程。①采用爆破拆除的工程。②码头、桥梁、高架、烟囱、水塔或拆除中容易引起有毒有害气（液）体或粉尘扩散、易燃易爆事故发生的特殊建、构筑物的拆除工程。③可能影响行人、交通、电力设施、通信设施或其他建、构筑物安全的拆除工程。④文物保护建筑、优秀历史建筑或历史文化风貌区控制范围的拆除工程。6）其他。①施工高度50m及以上的建筑幕墙安装工程。②跨度大于36m及以上的钢结构安装工程；跨度大于60m及以上的网架和索膜结构安装工程。③开挖深度超过16m的人工挖孔桩工程。④地下暗挖工程、顶管工程、水下作业工程。⑤采用新技术、新工艺、新材料、新设备及尚无相关技术标准的危险性较大的分部分项工程。

(2) 安全专项施工方案的编制

建设单位在申请领取施工许可证或办理安全监督手续时，应当提供危险性较大的分部分项工程清单和安全管理措施。施工单位、监理单位应当建立危险性较大的分部分项工程安全管理制度。

施工单位应当在危险性较大的分部分项工程施工前编制专项方案；对于超过一定规模的危险性较大的分部分项工程，施工单位应当组织专家对专项方案进行论证。建筑工程实行施工总承包的，专项方案应当由施工总承包单位组织编制。其中，起重机械安装拆卸工程、深基坑工程、附着式升降脚手架等专业工程实行分包的，其专项方案可由专业承包单位组织编制。

专项方案编制应当包括以下内容：1）工程概况：危险性较大的分部分项工程概况、施工平面布置、施工要求和技术保证条件。2）编制依据：相关法律、法规、规范性文件、标准、规范及图纸（国标图集）、施工组织设计等。3）施工计划：包括施工进度计划、材料与设备计划。4）施工工艺技术：技术参数、工艺流程、施工方法、检查验收等。5）施工安全保证措施：组织保障、技术措施、应急预案、监测监控等。6）劳动力计划：专职安全生产管理人员、特种作业人员等。7）计算书及相关图纸。

(3) 安全专项施工方案的审核和论证

专项方案应当由施工单位技术部门组织本单位施工技术、安全、质量等部门的专业技术人员进行审核。经审核合格的，由施工单位技术负责人签字。实行施工总承包的，专项方案应当由总承包单位技术负责人及相关专业承包单位技术负责人签字。不需专家论证的专项方案，经施工单位审核合格后报监理单位，由项目总监理工程师审核签字。

超过一定规模的危险性较大的分部分项工程专项方案应当由施工单位组织召开专家论证会。实行施工总承包的，由施工总承包单位组织召开专家论证会。下列人员应当参加专家论证会：1）专家组成员；2）建设单位项目负责人或技术负责人；3）监理单位项目总监理工程师及相关人员；4）施工单位分管安全的负责人、技术负责人、项目负责人、项目技术负责人、专项方案编制人员、项目专职安全生产管理人员；5）勘察、设计单位项目技术负责人及相关人员。专家组成员应当由5名及以上符合相关专业要求的专家组成。本项目参建各方的人员不得以专家身份参加专家论证会。

专家论证的主要内容：1）专项方案内容是否完整、可行；2）专项方案计算书和验算依据是否符合有关标准规范；3）安全施工的基本条件是否满足现场实际情况。专项方案经论证后，专家组应当提交论证报告，对论证的内容提出明确的意见，并在论证报告上签字。该报告作为专项方案修改完善的指导意见。

施工单位应当根据论证报告修改完善专项方案，并经施工单位技术负责人、项目总监理工程师、建设单位项目负责人签字后，方可组织实施。实行施工总承包的，应当由施工总承包单位、相关专业承包单位技术负责人签字。专项方案经论证后需做重大修改的，施工单位应当按照论证报告修改，并重新组织专家进行论证。

施工单位应当严格按照专项方案组织施工，不得擅自修改、调整专项方案。如因设计、结构、外部环境等因素发生变化确需修改的，修改后的专项方案应当按规定重新审核。对于超过一定规模的危险性较大工程的专项方案，施工单位应当重新组织专家进行论证。

(4) 安全专项施工方案的实施

专项方案实施前，编制人员或项目技术负责人应当向现场管理人员和作业人员进行安全技术交底。

施工单位应当指定专人对专项方案实施情况进行现场监督和按规定进行监测。发现不按照专项方案施工的，应当要求其立即整改；发现有危及人身安全紧急情况的，应当立即组织作业人员撤离危险区域。施工单位技术负责人应当定期巡查专项方案实施情况。

对于按规定需要验收的危险性较大的分部分项工程，施工单位、监理单位应当组织有关人员进行验收。验收合格的，经施工单位项目技术负责人及项目总监理工程师签字后，方可进入下一道工序。

监理单位应当将危险性较大的分部分项工程列入监理规划和监理实施细则，应当针对工程特点、周边环境和施工工艺等，制定安全监理工作流程、方法和措施。监理单位应当对专项方案实施情况进行现场监理；对不按专项方案实施的，应当责令整改，施工单位拒不整改的，应当及时向建设单位报告；建设单位接到监理单位报告后，应当立即责令施工单位停工整改；施工单位仍不停工整改的，建设单位应当及时向住房城乡建设主管部门报告。

建设单位未按规定提供危险性较大的分部分项工程清单和安全管理措施，未责令施工单位停工整改的，未向住房城乡建设主管部门报告的；施工单位未按规定编制、实施专项方案的；监理单位未按规定审核专项方案或未对危险性较大的分部分项工程实施监理的；住房城乡建设主管部门应当依据有关法律法规予以处罚。

**4. 建筑起重机械安全监督管理的规定**

《建设工程安全生产管理条例》规定，施工单位采购、租赁的安全防护用具、机械设备、施工机具及配件，应当具有生产（制造）许可证、产品合格证，并在进入施工现场前进行查验。施工现场的安全防护用具、机械设备、施工机具及配件必须由专人管理，定期进行检查、维修和保养，建立相应的资料档案，并按照国家有关规定及时报废。

施工单位在使用施工起重机械和整体提升脚手架、模板等自升式架设设施前，应当组织有关单位进行验收，也可以委托具有相应资质的检验检测机构进行验收；使用承租的机械设备和施工机具及配件的，由施工总承包单位、分包单位、出租单位和安装单位共同进行验收。验收合格的方可使用。

（1）建筑起重机械的出租和使用

原建设部《建筑起重机械安全监督管理规定》（建设部令第166号）规定，建筑起重机械，是指纳入特种设备目录，在房屋建筑工地和市政工程工地安装、拆卸、使用的起重机械。

出租单位出租的建筑起重机械和使用单位购置、租赁、使用的建筑起重机械应当具有特种设备制造许可证、产品合格证、制造监督检验证明。出租单位应当在签订的建筑起重机械租赁合同中，明确租赁双方的安全责任，并出具建筑起重机械特种设备制造许可证、产品合格证、制造监督检验证明、备案证明和自检合格证明，提交安装使用说明书。

有下列情形之一的建筑起重机械，不得出租、使用：1）属国家明令淘汰或者禁止使用的；2）超过安全技术标准或者制造厂家规定的使用年限的；3）经检验达不到安全技术标准规定的；4）没有完整安全技术档案的；5）没有齐全有效的安全保护装置的。建筑起重机械有以上第1)~3)项情形之一的，出租单位或者自购建筑起重机械的使用单位应当予以报废，并向原备案机关办理注销手续。

(2) 建筑起重机械的安全技术档案

出租单位、自购建筑起重机械的使用单位，应当建立建筑起重机械安全技术档案。

建筑起重机械安全技术档案应当包括以下资料：1) 购销合同、制造许可证、产品合格证、制造监督检验证明、安装使用说明书、备案证明等原始资料；2) 定期检验报告、定期自行检查记录、定期维护保养记录、维修和技术改造记录、运行故障和生产安全事故记录、累计运转记录等运行资料；3) 历次安装验收资料。

(3) 建筑起重机械的安装与拆卸

从事建筑起重机械安装、拆卸活动的单位（以下简称安装单位）应当依法取得建设主管部门颁发的相应资质和建筑施工企业安全生产许可证，并在其资质许可范围内承揽建筑起重机械安装、拆卸工程。

建筑起重机械使用单位和安装单位应当在签订的建筑起重机械安装、拆卸合同中明确双方的安全生产责任。实行施工总承包的，施工总承包单位应当与安装单位签订建筑起重机械安装、拆卸工程安全协议书。

安装单位应当履行下列安全职责：1) 按照安全技术标准及建筑起重机械性能要求，编制建筑起重机械安装、拆卸工程专项施工方案，并由本单位技术负责人签字；2) 按照安全技术标准及安装使用说明书等检查建筑起重机械及现场施工条件；3) 组织安全施工技术交底并签字确认；4) 制定建筑起重机械安装、拆卸工程生产安全事故应急救援预案；5) 将建筑起重机械安装、拆卸工程专项施工方案，安装、拆卸人员名单，安装、拆卸时间等材料报施工总承包单位和监理单位审核后，告知工程所在地县级以上地方人民政府建设主管部门。

安装单位应当按照建筑起重机械安装、拆卸工程专项施工方案及安全操作规程组织安装、拆卸作业。安装单位的专业技术人员、专职安全生产管理人员应当进行现场监督，技术负责人应当定期巡查。建筑起重机械安装完毕后，安装单位应当按照安全技术标准及安装使用说明书的有关要求对建筑起重机械进行自检、调试和试运转。自检合格的，应当出具自检合格证明，并向使用单位进行安全使用说明。

安装单位应当建立建筑起重机械安装、拆卸工程档案，包括以下资料：1) 安装、拆卸合同及安全协议书；2) 安装、拆卸工程专项施工方案；3) 安全施工技术交底的有关资料；4) 安装工程验收资料；5) 安装、拆卸工程生产安全事故应急救援预案。

(4) 建筑起重机械安装的验收

建筑起重机械安装完毕后，使用单位应当组织出租、安装、监理等有关单位进行验收，或者委托具有相应资质的检验检测机构进行验收。建筑起重机械经验收合格后方可投入使用，未经验收或者验收不合格的不得使用。实行施工总承包的，由施工总承包单位组织验收。建筑起重机械在验收前应当经有相应资质的检验检测机构监督检验合格。

使用单位应当自建筑起重机械安装验收合格之日起30日内，将建筑起重机械安装验收资料、建筑起重机械安全管理制度、特种作业人员名单等，向工程所在地县级以上地方人民政府建设主管部门办理建筑起重机械使用登记。登记标志置于或者附着于该设备的显著位置。

(5) 建筑起重机械使用单位的职责

使用单位应当履行下列安全职责：1) 根据不同施工阶段、周围环境以及季节、气候的变化，对建筑起重机械采取相应的安全防护措施；2) 制定建筑起重机械生产安全事故应急救援预案；3) 在建筑起重机械活动范围内设置明显的安全警示标志，对集中作业区做好安全防护；4) 设置相应的设备管理机构或者配备专职的设备管理人员；5) 指定专职设备管理人员、专职安全生产管理人员进行现场监督检查；6) 建筑起重机械出现故障或者发生异常情况的，立即停止使用，消除故障和事故隐患后，方可重新投入使用。

使用单位应当对在用的建筑起重机械及其安全保护装置、吊具、索具等进行经常性和定期的检查、维护和保养，并做好记录。使用单位在建筑起重机械租期结束后，应当将定期检查、维护和保养记录移交出租单位。建筑起重机械租赁合同对建筑起重机械的检查、维护、保养另有约定的，从其约定。

建筑起重机械在使用过程中需要附着的，使用单位应当委托原安装单位或者具有相应资质的安装单位按照专项施工方案实施，并按照规定组织验收。验收合格后方可投入使用。建筑起重机械在使用过程中需要顶升的，使用单位委托原安装单位或者具有相应资质的安装单位按照专项施工方案实施后，即可投入使用。禁止擅自在建筑起重机械上安装非原制造厂制造的标准节和附着装置。

施工总承包单位应当履行下列安全职责：1) 向安装单位提供拟安装设备位置的基础施工资料，确保建筑起重机械进场安装、拆卸所需的施工条件；2) 审核建筑起重机械的特种设备制造许可证、产品合格证、制造监督检验证明、备案证明等文件；3) 审核安装单位、使用单位的资质证书、安全生产许可证和特种作业人员的特种作业操作资格证书；4) 审核安装单位制定的建筑起重机械安装、拆卸工程专项施工方案和生产安全事故应急救援预案；5) 审核使用单位制定的建筑起重机械生产安全事故应急救援预案；6) 指定专职安全生产管理人员监督检查建筑起重机械安装、拆卸、使用情况；7) 施工现场有多台塔式起重机作业时，应当组织制定并实施防止塔式起重机相互碰撞的安全措施。

依法发包给两个及两个以上施工单位的工程，不同施工单位在同一施工现场使用多台塔式起重机作业时，建设单位应当协调组织制定防止塔式起重机相互碰撞的安全措施。安装单位、使用单位拒不整改生产安全事故隐患的，建设单位接到监理单位报告后，应当责令安装单位、使用单位立即停工整改。

建筑起重机械特种作业人员应当遵守建筑起重机械安全操作规程和安全管理制度，在作业中有权拒绝违章指挥和强令冒险作业，有权在发生危及人身安全的紧急情况时立即停止作业或者采取必要的应急措施后撤离危险区域。

建筑起重机械安装拆卸工、起重信号工、起重司机、司索工等特种作业人员应当经建设主管部门考核合格，并取得特种作业操作资格证书后，方可上岗作业。

(6) 建筑起重机械的备案登记

住房和城乡建设部《建筑起重机械备案登记办法》（建质〔2008〕76号）规定，建筑起重机械出租单位或者自购建筑起重机械使用单位（以下简称"产权单位"）在建筑起重机械首次出租或安装前，应当向本单位工商注册所在地县级以上地方人民政府建设主管部门（以下简称"设备备案机关"）办理备案。

产权单位在办理备案手续时，应当向设备备案机关提交以下资料：1）产权单位法人营业执照副本；2）特种设备制造许可证；3）产品合格证；4）制造监督检验证明；5）建筑起重机械设备购销合同、发票或相应有效凭证；6）设备备案机关规定的其他资料。所有资料复印件应当加盖产权单位公章。

设备备案机关应当自收到产权单位提交的备案资料之日起 7 个工作日内，对符合备案条件且资料齐全的建筑起重机械进行编号，向产权单位核发建筑起重机械备案证明。有下列情形之一的建筑起重机械，设备备案机关不予备案，并通知产权单位：1）属国家和地方明令淘汰或者禁止使用的；2）超过制造厂家或者安全技术标准规定的使用年限的；3）经检验达不到安全技术标准规定的。

起重机械产权单位变更时，原产权单位应当持建筑起重机械备案证明到设备备案机关办理备案注销手续。设备备案机关应当收回其建筑起重机械备案证明。原产权单位应当将建筑起重机械的安全技术档案移交给现产权单位。现产权单位应当按照本办法办理建筑起重机械备案手续。

从事建筑起重机械安装、拆卸活动的单位（以下简称"安装单位"）办理建筑起重机械安装（拆卸）告知手续前，应当将以下资料报送施工总承包单位、监理单位审核：1）建筑起重机械备案证明；2）安装单位资质证书、安全生产许可证副本；3）安装单位特种作业人员证书；4）建筑起重机械安装（拆卸）工程专项施工方案；5）安装单位与使用单位签订的安装（拆卸）合同及安装单位与施工总承包单位签订的安全协议书；6）安装单位负责建筑起重机械安装（拆卸）工程专职安全生产管理人员、专业技术人员名单；7）建筑起重机械安装（拆卸）工程生产安全事故应急救援预案；8）辅助起重机械资料及其特种作业人员证书；9）施工总承包单位、监理单位要求的其他资料。施工总承包单位、监理单位应当在收到安装单位提交的齐全有效的资料之日起 2 个工作日内审核完毕并签署意见。

安装单位应当在建筑起重机械安装（拆卸）前 2 个工作日内通过书面形式、传真或者计算机信息系统告知工程所在地县级以上地方人民政府建设主管部门，同时按规定提交经施工总承包单位、监理单位审核合格的有关资料。

建筑起重机械使用单位在建筑起重机械安装验收合格之日起 30 日内，向工程所在地县级以上地方人民政府建设主管部门（以下简称"使用登记机关"）办理使用登记。使用单位在办理建筑起重机械使用登记时，应当向使用登记机关提交下列资料：1）建筑起重机械备案证明；2）建筑起重机械租赁合同；3）建筑起重机械检验检测报告和安装验收资料；4）使用单位特种作业人员资格证书；5）建筑起重机械维护保养等管理制度；6）建筑起重机械生产安全事故应急救援预案；7）使用登记机关规定的其他资料。

使用登记机关应当自收到使用单位提交的资料之日起 7 个工作日内，对于符合登记条件且资料齐全的建筑起重机械核发建筑起重机械使用登记证明。有下列情形之一的建筑起重机械，使用登记机关不予使用登记并有权责令使用单位立即停止使用或者拆除：1）属于不予备案情形之一的；2）未经检验检测或者经检验检测不合格的；3）未经安装验收或者经安装验收不合格的。

(7) 违法行为应承担的主要法律责任

《建设工程安全生产管理条例》规定，施工单位有下列行为之一的，责令限期改正；逾期未改正的，责令停业整顿，并处 10 万元以上 30 万元以下的罚款；情节严重的，降低资质等级，直至吊销资质证书；造成重大安全事故，构成犯罪的，对直接责任人员，依照刑法有关规定追究刑事责任；造成损失的，依法承担赔偿责任：1）安全防护用具、机械设备、施工机具及配件在进入施工现场前未经查验或者查验不合格即投入使用的；2）使用未经验收或者验收不合格的施工起重机械和整体提升脚手架、模板等自升式架设设施的；3）委托不具有相应资质的单位承担施工现场安装、拆卸施工起重机械和整体提升脚手架、模板等自升式架设设施的；4）在施工组织设计中未编制安全技术措施、施工现场临时用电方案或者专项施工方案的。

《建筑起重机械安全监督管理规定》规定，出租单位、自购建筑起重机械的使用单位，有下列行为之一的，由县级以上地方人民政府建设主管部门责令限期改正，予以警告，并处以 5000 元以上 1 万元以下罚款：1）未按照规定办理备案的；2）未按照规定办理注销手续的；3）未按照规定建立建筑起重机械安全技术档案的。

安装单位有下列行为之一的，由县级以上地方人民政府建设主管部门责令限期改正，予以警告，并处以 5000 元以上 3 万元以下罚款：1）未履行安装单位第 2、4、5 项安全职责的；2）未按照规定建立建筑起重机械安装、拆卸工程档案的；3）未按照建筑起重机械安装、拆卸工程专项施工方案及安全操作规程组织安装、拆卸作业的。

使用单位有下列行为之一的，由县级以上地方人民政府建设主管部门责令限期改正，予以警告，并处以 5000 元以上 3 万元以下罚款：1）未履行使用单位第 1、2、4、6 项安全职责的；2）未指定专职设备管理人员进行现场监督检查的；3）擅自在建筑起重机械上安装非原制造厂制造的标准节和附着装置的。

施工总承包单位未履行施工总承包单位第 1、3、4、5、7 项安全职责的，由县级以上地方人民政府建设主管部门责令限期改正，予以警告，并处以 5000 元以上 3 万元以下罚款。

## 5. 高大模板支撑系统施工安全监督管理的规定

住房和城乡建设部《建设工程高大模板支撑系统施工安全监督管理导则》（建质〔2009〕254 号）规定，高大模板支撑系统是指建设工程施工现场混凝土构件模板支撑高度超过 8m，或搭设跨度超过 18m，或施工总荷载大于 15kN/㎡，或集中线荷载大于 20kN/m 的模板支撑系统。

高大模板支撑系统施工应严格遵循安全技术规范和专项方案规定，严密组织，责任落实，确保施工过程的安全。

（1）专项施工方案

施工单位应依据国家现行相关标准规范，由项目技术负责人组织相关专业技术人员，结合工程实际，编制高大模板支撑系统的专项施工方案。专项施工方案应当包括以下内容：1）编制说明及依据：相关法律、法规、规范性文件、标准、规范及图纸（国标图集）、施工组织设计等。2）工程概况：高大模板工程特点、施工平面及立面布置、施工要求和技术保证条件，具体明确支模区域、支模标高、高度、支模范围内的梁截面尺寸、跨度、板厚、支撑的地基情况等。3）施工计划：施工进度计划、材料与设备计划等。4）施工工艺技术：高大模板支撑系统的基础处理、主要搭设方法、工艺要求、材料的力学性能指标、构造设置以及检查、验收要求等。5）施工安全保证措施：模板支撑体系搭设及混凝土浇筑区域管理人员组织机构、施工技术措施、模板安装和拆除的安全技术措施、施工应急救援预案，模板支撑系统在搭设、钢筋安装、混凝土浇捣过程中及混凝土终凝前后模板支撑体系位移的监测监控措施等。6）劳动力计划：包括专职安全生产管理人员、特种作业人员的配置等。7）计算书及相关图纸：验算项目及计算内容包括模板、模板支撑系统的主要结构强度和截面特征及各项荷载设计值及荷载组合，梁、板模板支撑系统的强度和刚度计算，梁板下立杆稳定性计算，立杆基础承载力验算，支撑系统支撑层承载力验算，转换层下支撑层承载力验算等。每项计算列出计算简图和截面构造大样图，注明材料尺寸、规格、纵横支撑间距。

附图包括支模区域立杆、纵横水平杆平面布置图，支撑系统立面图、剖面图，水平剪刀撑布置平面图及竖向剪刀撑布置投影图，梁板支模大样图，支撑体系监测平面布置图及连墙件布设位置及节点大样图等。

高大模板支撑系统专项施工方案，应先由施工单位技术部门组织本单位施工技术、安全、质量等部门的专业技术人员进行审核，经施工单位技术负责人签字后，再按照相关规定组织专家论证。下列人员应参加专家论证会：1）专家组成员；2）建设单位项目负责人或技术负责人；3）监理单位项目总监理工程师及相关人员；4）施工单位分管安全的负责人、技术负责人、项目负责人、项目技术负责人、专项方案编制人员、项目专职安全管理人员；5）勘察、设计单位项目技术负责人及相关人员。

专家组成员应当由5名及以上符合相关专业要求的专家组成。本项目参建各方的人员不得以专家身份参加专家论证会。专家论证的主要内容包括：1）方案是否依据施工现场的实际施工条件编制；方案、构造、计算是否完整、可行；2）方案计算书、验算依据是否符合有关标准规范；3）安全施工的基本条件是否符合现场实际情况。

施工单位根据专家组的论证报告，对专项施工方案进行修改完善，并经施工单位技术负责人、项目总监理工程师、建设单位项目负责人批准签字后，方可组织实施。

（2）验收管理

高大模板支撑系统搭设前，应由项目技术负责人组织对需要处理或加固的地基、基础进行验收，并留存记录。

高大模板支撑系统的结构材料应按以下要求进行验收、抽检和检测，并留存记录、资料：1）施工单位应对进场的承重杆件、连接件等材料的产品合格证、生产许可证、检测报告进行复核，并对其表面观感、重量等物理指标进行抽检。2）对承重杆件的外观抽检数量不得低于搭设用量的30%，发现质量不符合标准、情况严重的，要进行100%的检验，并随机抽取外观检验不合格的材料（由监理见证取样）送法定专业检测机构进行检测。3）采用钢管扣件搭设高大模板支撑系统时，还应对扣件螺栓的紧固力矩进行抽查，抽查数量应符合《建筑施工扣件式钢管脚手架安全技术规范》JGJ 130—2011的规定，对梁底扣件应进行100%检查。

高大模板支撑系统应在搭设完成后,由项目负责人组织验收,验收人员应包括施工单位和项目两级技术人员、项目安全、质量、施工人员,监理单位的总监和专业监理工程师。验收合格,经施工单位项目技术负责人及项目总监理工程师签字后,方可进入后续工序的施工。

(3) 施工管理

高大模板支撑系统应优先选用技术成熟的定型化、工具式支撑体系。搭设高大模板支撑架体的作业人员必须经过培训,取得建筑施工脚手架特种作业操作资格证书后方可上岗。其他相关施工人员应掌握相应的专业知识和技能。

高大模板支撑系统搭设前,项目工程技术负责人或方案编制人员应当根据专项施工方案和有关规范、标准的要求,对现场管理人员、操作班组、作业人员进行安全技术交底,并履行签字手续。安全技术交底的内容应包括模板支撑工程工艺、工序、作业要点和搭设安全技术要求等内容,并保留记录。作业人员应严格按规范、专项施工方案和安全技术交底书的要求进行操作,并正确佩戴相应的劳动防护用品。

高大模板支撑系统的地基承载力、沉降等应能满足方案设计要求。如遇松软土、回填土,应根据设计要求进行平整、夯实,并采取防水、排水措施,按规定在模板支撑立柱底部采用具有足够强度和刚度的垫板。对于高大模板支撑体系,其高度与宽度相比大于两倍的独立支撑系统,应加设保证整体稳定的构造措施。高大模板工程搭设的构造要求应当符合相关技术规范要求,支撑系统立柱接长严禁搭接;应设置扫地杆、纵横向支撑及水平垂直剪刀撑,并与主体结构的墙、柱牢固拉接。搭设高度2m以上的支撑架体应设置作业人员登高措施。作业面应按有关规定设置安全防护设施。

模板支撑系统应为独立的系统,禁止与物料提升机、施工升降机、塔吊等起重设备钢结构架体机身及其附着设施相连接;禁止与施工脚手架、物料周转料平台等架体相连接。模板、钢筋及其他材料等施工荷载应均匀堆置,放平放稳。施工总荷载不得超过模板支撑系统设计荷载要求。模板支撑系统在使用过程中,立柱底部不得松动悬空,不得任意拆除任何杆件,不得松动扣件,也不得用作缆风绳的拉接。

施工过程中检查项目应符合下列要求:1)立柱底部基础应回填夯实;2)垫木应满足设计要求;3)底座位置应正确,顶托螺杆伸出长度应符合规定;4)立柱的规格尺寸和垂直度应符合要求,不得出现偏心荷载;5)扫地杆、水平拉杆、剪刀撑等设置应符合规定,固定可靠;6)安全网和各种安全防护设施符合要求。

混凝土浇筑前,施工单位项目技术负责人、项目总监确认具备混凝土浇筑的安全生产条件后,签署混凝土浇筑令,方可浇筑混凝土。框架结构中,柱和梁板的混凝土浇筑顺序,应按先浇筑柱混凝土,后浇筑梁板混凝土的顺序进行。浇筑过程应符合专项施工方案要求,并确保支撑系统受力均匀,避免引起高大模板支撑系统的失稳倾斜。浇筑过程应有专人对高大模板支撑系统进行观测,发现有松动、变形等情况,必须立即停止浇筑,撤离作业人员,并采取相应的加固措施。

高大模板支撑系统拆除前,项目技术负责人、项目总监应核查混凝土同条件试块强度报告,浇筑混凝土达到拆模强度后方可拆除,并履行拆模审批签字手续。高大模板支撑系统的拆除作业必须自上而下逐层进行,严禁上下层同时拆除作业,分段拆除的高度不应大于两层。设有附墙连接的模板支撑系统,附墙连接必须随支撑架体逐层拆除,严禁先将附墙连接全部或数层拆除后再拆支撑架体。高大模板支撑系统拆除时,严禁将拆卸的杆件向地面抛掷,应有专人传递至地面,并按规格分类均匀堆放。

高大模板支撑系统搭设和拆除过程中,地面应设置围栏和警戒标志,并派专人看守,严禁非操作人员进入作业范围。

施工单位应严格按照专项施工方案组织施工。高大模板支撑系统搭设、拆除及混凝土浇筑过程中,应有专业技术人员进行现场指导,设专人负责安全检查,发现险情,立即停止施工并采取应急措施,排除险情后,方可继续施工。

## (四) 施工现场临时设施和防护措施的管理规定

### 1. 施工现场临时设施和封闭管理的规定

《建筑法》规定,建筑施工企业应当在施工现场采取维护安全、防范危险、预防火灾等措施;有条件的,应当对施工现场实行封闭管理。施工现场对毗邻的建筑物、构筑物和特殊作业环境可能造成损害的,建筑施工企业应当采取安全防护措施。

《建设工程安全生产管理条例》进一步规定,施工单位应当在施工现场入口处、施工起重机械、临时用电设施、脚手架、出入通道口、楼梯口、电梯井口、孔洞口、桥梁口、隧道口、基坑边沿、爆破物及有害危险气体和液体存放处等危险部位,设置明显的安全警示标志。安全警示标志必须符合国家标准。

施工单位应当根据不同施工阶段和周围环境及季节、气候的变化,在施工现场采取相应的安全施工措施。施工现场暂时停止施工的,施工单位应当做好现场防护,所需费用由责任方承担,或者按照合同约定执行。

施工单位应当将施工现场的办公、生活区与作业区分开设置,并保持安全距离;办公、生活区的选址应当符合安全性要求。职工的膳食、饮水、休息场所等应当符合卫生标准。施工单位不得在尚未竣工的建筑物内设置员工集体宿舍。施工现场临时搭建的建筑物应当符合安全使用要求。施工现场使用的装配式活动房屋应当具有产品合格证。

施工单位对因建设工程施工可能造成损害的毗邻建筑物、构筑物和地下管线等,应当采取专项防护措施。在城市市区内的建设工程,施工单位应当对施工现场实行封闭围挡。

建设部安全生产管理委员会办公室《关于加强建筑施工现场临建宿舍及办公用房管理的通知》(建安办函〔2006〕23号)中规定,各级建设行政主管部门、建设单位和建筑业企业要加强对临建房屋的管理。严禁购买和使用不符合地方临建标准或无生产厂家、无产品合格证书的装配式活动房屋。生产厂家制造生产的装配式活动房屋必须有设计构造图、计算书、安装拆卸使用说明书等并符合有关节能、安全技术标准。

施工单位应严格按照《建设工程安全生产管理条例》规定要求,将施工现场的办公、生活区与作业区分开设置,并保持安全距离;办公、生活区的选址应当符合安全、消防要求。临建宿舍、办公用房、食堂、厕所应按《施工现场环境与卫生标准》JGJ 146—2004搭设,并设置符合安全、卫生规定的其他设施,如淋浴室、娱乐室、医务室、宣传栏等,以保证农民工物质、文化生活的基本需要。现场要建立专项检查制度进行定期和不定期的检查，确保上述设施的安全使用。

各施工单位应采取有效措施，以保证临建宿舍及办公用房的使用安全。特别是北方使用煤炭采暖的地区，要严密注意气象变化，切实防止农民工宿舍取暖或施工工程保温时发生一氧化碳中毒的事故。同时要严防工地生活区火灾事故的发生。

对于施工现场安全防护的违法行为，《建设工程安全生产管理条例》规定，施工单位有下列行为之一的，责令限期改正；逾期未改正的，责令停业整顿，并处5万元以上10万元以下的罚款；造成重大安全事故，构成犯罪的，对直接责任人员，依照刑法有关规定追究刑事责任：(1) 施工前未对有关安全施工的技术要求作出详细说明的；(2) 未根据不同施工阶段和周围环境及季节、气候的变化，在施工现场采取相应的安全施工措施，或者在城市市区内的建设工程的施工现场未实行封闭围挡的；(3) 在尚未竣工的建筑物内设置员工集体宿舍的；(4) 施工现场临时搭建的建筑物不符合安全使用要求的；(5) 未对因建设工程施工可能造成损害的毗邻建筑物、构筑物和地下管线等采取专项防护措施的。施工单位有以上规定第(4)项、第(5)项行为，造成损失的，依法承担赔偿责任。

## 2. 建筑施工消防安全的规定

(1) 施工现场消防安全职责

《中华人民共和国消防法》(以下简称《消防法》) 规定，机关、团体、企业、事业等单位应当履行下列消防安全职责：1) 落实消防安全责任制，制定本单位的消防安全制度、消防安全操作规程，制定灭火和应急疏散预案；2) 按照国家标准、行业标准配置消防设施、器材，设置消防安全标志，并定期组织检验、维修，确保完好有效；3) 对建筑消防设施每年至少进行一次全面检测，确保完好有效，检测记录应当完整准确，存档备查；4) 保障疏散通道、安全出口、消防车通道畅通，保证防火防烟分区、防火间距符合消防技术标准；5) 组织防火检查，及时消除火灾隐患；6) 组织进行有针对性的消防演练；7) 法律、法规规定的其他消防安全职责。单位的主要负责人是本单位的消防安全责任人。

《建设工程安全生产管理条例》进一步规定，施工单位应当在施工现场建立消防安全责任制度，确定消防安全责任人，制定用火、用电、使用易燃易爆材料等各项消防安全管理制度和操作规程，设置消防通道、消防水源，配备消防设施和灭火器材，并在施工现场入口处设置明显标志。

施工单位的主要负责人是本单位的消防安全责任人；项目负责人则应是本项目施工现场的消防安全责任人。同时，要在施工现场实行和落实逐级防火责任制、岗位防火责任制。各部门、各班组负责人以及每个岗位人员都应当对自己管辖工作范围内的消防安全负责，切实做到"谁主管，谁负责；谁在岗，谁负责"。消防安全标志应当按照《消防安全标志设置要求》GB 15630—1995、《消防安全标志》GB 13495—1992设置。

(2) 施工现场消防安全管理

公安部、住房城乡建设部《关于进一步加强建设工程施工现场消防安全工作的通知》(公消 [2009] 131号) 规定，施工现场要设置消防通道并确保畅通。建筑工地要满足消防车通行、停靠和作业要求。在建筑内应设置标明楼梯间和出入口的临时醒目标志，视情况安装楼梯间和出入口的临时照明，及时清理建筑垃圾和障碍物，规范材料堆放，保证发生火灾时，现场施工人员疏散和消防人员扑救快捷畅通。

施工现场要按有关规定设置消防水源。应当在建设工程平地阶段按照总平面设计设置室外消火栓系统，并保持充足的管网压力和流量。根据在建工程施工进度，同步安装室内消火栓系统或设置临时消火栓，配备水枪水带，消防干管设置水泵接合器，满足施工现场火灾扑救的消防供水要求。施工现场应当配备必要的消防设施和灭火器材。施工现场的重点防火部位和在建高层建筑的各个楼层，应在明显和方便取用的地方配置适当数量的手提式灭火器、消防沙袋等消防器材。

施工单位应当在施工组织设计中编制消防安全技术措施和专项施工方案，并由专职安全管理人员进行现场监督。动用明火必须实行严格的消防安全管理，禁止在具有火灾、爆炸危险的场所使用明火；需要进行明火作业的，动火部门和人员应当按照用火管理制度办理审批手续，落实现场监护人，在确认无火灾、爆炸危险后方可动火施工；动火施工人员应当遵守消防安全规定，并落实相应的消防安全措施；易燃易爆危险物品和场所应有具体防火防爆措施；电焊、气焊、电工等特殊工种人员必须持证上岗；将容易发生火灾、一旦发生火灾后果严重的部位确定为重点防火部位，实行严格管理。

施工单位应及时纠正违章操作行为，及时发现火灾隐患并采取防范、整改措施。国家、省级等重点工程的施工现场应当进行每日防火巡查，其他施工现场也应根据需要组织防火巡查。施工单位防火检查的内容应当包括：火灾隐患的整改情况以及防范措施的落实情况，疏散通道、消防车通道、消防水源情况，灭火器材配置及有效情况，用火、用电有无违章情况，重点工种人员及其他施工人员消防知识掌握情况，消防安全重点部位管理情况，易燃易爆危险物品和场所防火防爆措施落实情况，防火巡查落实情况等。

（3）施工现场消防安全培训教育

《关于进一步加强建设工程施工现场消防安全工作的通知》中规定，施工人员上岗前的安全培训应当包括以下消防内容：有关消防法规、消防安全制度和保障消防安全的操作规程，本岗位的火灾危险性和防火措施，有关消防设施的性能、灭火器材的使用方法，报火警、扑救初起火灾以及自救逃生的知识和技能等，保障施工现场人员具有相应的消防常识和逃生自救能力。

施工单位应当根据国家有关消防法规和建设工程安全生产法规的规定，建立施工现场消防组织，制定灭火和应急疏散预案，并至少每半年组织一次演练，提高施工人员及时报警、扑灭初期火灾和自救逃生能力。

公安部、住房和城乡建设部等9部委联合颁布的《社会消防安全教育培训规定》（公安部令第109号）中规定，在建工程的施工单位应当开展下列消防安全教育工作：1）建设工程施工前应当对施工人员进行消防安全教育；2）在建设工地醒目位置、施工人员集中住宿场所设置消防安全宣传栏，悬挂消防安全挂图和消防安全警示标识；3）对明火作业人员进行经常性的消防安全教育；4）组织灭火和应急疏散演练。

（4）违法行为应承担的主要法律责任

对于施工现场消防安全的违法行为，《消防法》规定，违反本法规定，有下列行为之一的，责令改正或者停止施工，并处1万元以上10万元以下罚款：……建筑施工企业不按照消防设计文件和消防技术标准施工,降低消防施工质量的;……。

单位违反本法规定,有下列行为之一的,责令改正,处5000元以上5万元以下罚款:1)消防设施、器材或者消防安全标志的配置、设置不符合国家标准、行业标准,或者未保持完好有效的;2)损坏、挪用或者擅自拆除、停用消防设施、器材的;3)占用、堵塞、封闭疏散通道、安全出口或者有其他妨碍安全疏散行为的;4)埋压、圈占、遮挡消火栓或者占用防火间距的;5)占用、堵塞、封闭消防车通道,妨碍消防车通行的;6)人员密集场所在门窗上设置影响逃生和灭火救援的障碍物的;7)对火灾隐患经公安机关消防机构通知后不及时采取措施消除的。

有下列行为之一,尚不构成犯罪的,处10日以上15日以下拘留,可以并处500元以下罚款;情节较轻的,处警告或者500元以下罚款:1)指使或者强令他人违反消防安全规定,冒险作业的;2)过失引起火灾的;3)在火灾发生后阻拦报警,或者负有报告职责的人员不及时报警的;4)扰乱火灾现场秩序,或者拒不执行火灾现场指挥员指挥,影响灭火救援的;5)故意破坏或者伪造火灾现场的;6)擅自拆封或者使用被公安机关消防机构查封的场所、部位的。

## 3. 工地食堂食品卫生管理的规定

国家食品药品监督管理局、住房和城乡建设部《关于进一步加强建筑工地食堂食品安全工作的意见》(国食药监食〔2010〕172号)规定,各地食品药品监管部门要加强建筑工地食堂餐饮服务许可管理,按照《餐饮服务许可管理办法》规定的许可条件和程序,审查核发《餐饮服务许可证》。对于申请开办食堂的建筑工地,应当要求其提供符合规定的用房、科学合理的流程布局,配备加工制作和消毒等设施设备,健全食品安全管理制度,配备食品安全管理人员和取得健康合格证明的从业人员。不符合法定要求的,一律不发许可证。对未办理许可证经营的,要严格依法进行处理。

要督促建筑工地食堂落实食品原料进货查验和采购索证索票制度,不得采购和使用《食品安全法》禁止生产经营的食品,减少加工制作高风险食品;要按照食品安全操作规范加工制作食品,严防食品交叉污染;要加强对建筑工地食堂关键环节的控制和监管,加强厨房设施、设备的检查;要针对建筑工地食堂加工制作的重点食品品种进行抽样检验,及时了解食品安全状况,认真解决存在的突出问题,防止不安全食品流入工地食堂。

建筑施工企业是建筑工地食堂食品安全的责任主体。建筑工地应当建立健全以项目负责人为第一责任人的食品安全责任制,建筑工地食堂要配备专职或者兼职食品安全管理人员,明确相关人员的责任,建立相应的考核奖惩制度,确保食品安全责任落实到位。要建立健全食品安全管理制度,建立从业人员健康管理档案,食堂从业人员取得健康证明后方可持证上岗。对于从事接触直接入口食品工作的人员患有痢疾、伤寒、甲型病毒性肝炎、戊型病毒性肝炎等消化道传染病,以及患有活动性肺结核、化脓性或者渗出性皮肤病等有碍食品安全的疾病的,应当将其调整到其他不影响食品安全的工作岗位。

建筑工地食堂要依据食品安全事故处理的有关规定,制定食品安全事故应急预案,提高防控食品安全事故能力和水平。发生食品安全事故时,要迅速采取措施控制事态的发展并及时报告,积极做好相关处置工作,防止事故危害的扩大。

## 4. 建筑工程安全防护、文明施工措施费用的规定

安全防护、文明施工措施费用,是指按照国家现行的建筑施工安全、施工现场环境与卫生标准和有关规定,购置和更新施工安全防护用具及设施、改善安全生产条件和作业环境所需要的费用。建设单位对建筑工程安全防护、文明施工措施有其他要求的,所发生费用一并计入安全防护、文明施工措施费。

(1) 建筑工程安全防护、文明施工措施费用的计提

财政部、国家安全生产监督管理总局《企业安全生产费用提取和使用管理办法》(财企〔2012〕16号)中规定,安全生产费用(以下简称安全费用)是指企业按照规定标准提取在成本中列支,专门用于完善和改进企业或者项目安全生产条件的资金。安全费用按照"企业提取、政府监管、确保需要、规范使用"的原则进行管理。

建设工程施工企业以建筑安装工程造价为计提依据。各建设工程类别安全费用提取标准如下:1) 矿山工程为2.5%;2) 房屋建筑工程、水利水电工程、电力工程、铁路工程、城市轨道交通工程为2.0%;3) 市政公用工程、冶炼工程、机电安装工程、化工石油工程、港口与航道工程、公路工程、通信工程为1.5%。建设工程施工企业提取的安全费用列入工程造价,在竞标时,不得删减,列入标外管理。国家对基本建设投资概算另有规定的,从其规定。总包单位应当将安全费用按比例直接支付分包单位并监督使用,分包单位不再重复提取。

企业在上述标准的基础上,根据安全生产实际需要,可适当提高安全费用提取标准。本办法公布前,各省级政府已制定下发企业安全费用提取使用办法的,其提取标准如果低于本办法规定的标准,应当按照本办法进行调整;如果高于本办法规定的标准,按照原标准执行。

原建设部《建筑工程安全防护、文明施工措施费用及使用管理规定》(建办〔2005〕89号)中规定,建筑工程安全防护、文明施工措施费用是由《建筑安装工程费用项目组成》(建标〔2003〕206号)中措施费所含的文明施工费、环境保护费、临时设施费、安全施工费组成。其中,安全施工费由临边、洞口、交叉、高处作业安全防护费,危险性较大工程安全措施费及其他费用组成。危险性较大工程安全措施费及其他费用项目组成由各地建设行政主管部门结合本地区实际自行确定。

建设单位、设计单位在编制工程概(预)算时,应当依据工程所在地工程造价管理机构测定的相应费率,合理确定工程安全防护、文明施工措施费。

依法进行工程招投标的项目,招标方或具有资质的中介机构编制招标文件时,应当按照有关规定并结合工程实际单独列出安全防护、文明施工措施项目清单。投标方应当根据现行标准规范,结合工程特点、工期进度和作业环境要求,在施工组织设计文件中制定相应的安全防护、文明施工措施,并按照招标文件要求结合自身的施工技术水平、管理水平对工程安全防护、文明施工措施项目单独报价。投标方安全防护、文明施工措施的报价,不得低于依据工程所在地工程造价管理机构测定费率计算所需费用总额的90%。

建设单位与施工单位应当在施工合同中明确安全防护、文明施工措施项目总费用,以及费用预付、支付计划、使用要求、调整方式等条款。建设单位与施工单位在施工合同中

对安全防护、文明施工措施费用预付、支付计划未作约定或约定不明的,合同工期在一年以内的,建设单位预付安全防护、文明施工措施项目费用不得低于该费用总额的50%;合同工期在一年以上的(含一年),预付安全防护、文明施工措施费用不得低于该费用总额的30%,其余费用应当按照施工进度支付。

建设单位申请领取建筑工程施工许可证时,应当将施工合同中约定的安全防护、文明施工措施费用支付计划作为保证工程安全的具体措施提交建设行政主管部门。未提交的,建设行政主管部门不予核发施工许可证。建设单位应当按照规定及合同约定及时向施工单位支付安全防护、文明施工措施费,并督促施工企业落实安全防护、文明施工措施。

(2) 建筑工程安全防护、文明施工措施费用的使用管理

财政部、国家安全生产监督管理总局《企业安全生产费用提取和使用管理办法》中规定,建设工程施工企业安全费用应当按照以下范围使用:1) 完善、改造和维护安全防护设施设备支出(不含"三同时"要求初期投入的安全设施),包括施工现场临时用电系统、洞口、临边、机械设备、高处作业防护、交叉作业防护、防火、防爆、防尘、防毒、防雷、防台风、防地质灾害、地下工程有害气体监测、通风、临时安全防护等设施设备支出;2) 配备、维护、保养应急救援器材、设备支出和应急演练支出;3) 开展重大危险源和事故隐患评估、监控和整改支出;4) 安全生产检查、评价(不包括新建、改建、扩建项目安全评价)、咨询和标准化建设支出;5) 配备和更新现场作业人员安全防护用品支出;6) 安全生产宣传、教育、培训支出;7) 安全生产适用的新技术、新标准、新工艺、新装备的推广应用支出;8) 安全设施及特种设备检测检验支出;9) 其他与安全生产直接相关的支出。

在规定的使用范围内,企业应当将安全费用优先用于满足安全生产监督管理部门、煤矿安全监察机构以及行业主管部门对企业安全生产提出的整改措施或者达到安全生产标准所需的支出。企业提取的安全费用应当专户核算,按规定范围安排使用,不得挤占、挪用。年度结余资金结转下年度使用,当年计提安全费用不足的,超出部分按正常成本费用渠道列支。主要承担安全管理责任的集团公司经过履行内部决策程序,可以对所属企业提取的安全费用按照一定比例集中管理,统筹使用。

企业应当建立健全内部安全费用管理制度,明确安全费用提取和使用的程序、职责及权限,按规定提取和使用安全费用。企业应当加强安全费用管理,编制年度安全费用提取和使用计划,纳入企业财务预算。企业年度安全费用使用计划和上一年安全费用的提取、使用情况按照管理权限报同级财政部门、安全生产监督管理部门、煤矿安全监察机构和行业主管部门备案。企业安全费用的会计处理,应当符合国家统一的会计制度的规定。企业提取的安全费用属于企业自提自用资金,其他单位和部门不得采取收取、代管等形式对其进行集中管理和使用,国家法律、法规另有规定的除外。

原建设部《建筑工程安全防护、文明施工措施费用及使用管理规定》中规定,实行工程总承包的,总承包单位依法将建筑工程分包给其他单位的,总承包单位与分包单位应当在分包合同中明确安全防护、文明施工措施费用由总承包单位统一管理。安全防护、文明施工措施由分包单位实施的,由分包单位提出专项安全防护措施及施工方案,经总承包单位批准后及时支付所需费用。

工程监理单位应当对施工单位落实安全防护、文明施工措施情况进行现场监理。对施工单位已经落实的安全防护、文明施工措施，总监理工程师或者造价工程师应当及时审查并签认所发生的费用。监理单位发现施工单位未落实施工组织设计及专项施工方案中安全防护和文明施工措施的，有权责令其立即整改；对施工单位拒不整改或未按期限要求完成整改的，工程监理单位应当及时向建设单位和建设行政主管部门报告，必要时责令其暂停施工。

施工单位应当确保安全防护、文明施工措施费专款专用，在财务管理中单独列出安全防护、文明施工措施项目费用清单备查。施工单位安全生产管理机构和专职安全生产管理人员负责对建筑工程安全防护、文明施工措施的组织实施进行现场监督检查，并有权向建设主管部门反映情况。

（3）违法行为应承担的主要法律责任

财政部、国家安全生产监督管理总局《企业安全生产费用提取和使用管理办法》中规定，各级财政部门、安全生产监督管理部门、煤矿安全监察机构和有关行业主管部门依法对企业安全费用提取、使用和管理进行监督检查。

企业未按本办法提取和使用安全费用的，安全生产监督管理部门、煤矿安全监察机构和行业主管部门会同财政部门责令其限期改正，并依照相关法律法规进行处理、处罚。建设工程施工总承包单位未向分包单位支付必要的安全费用以及承包单位挪用安全费用的，由建设、交通运输、铁路、水利、安全生产监督管理、煤矿安全监察等主管部门依照相关法规、规章进行处理、处罚。

原建设部《建筑工程安全防护、文明施工措施费用及使用管理规定》中规定，工程总承包单位对建筑工程安全防护、文明施工措施费用的使用负总责。总承包单位应当按照本规定及合同约定及时向分包单位支付安全防护、文明施工措施费用。总承包单位不按本规定和合同约定支付费用，造成分包单位不能及时落实安全防护措施导致发生事故的，由总承包单位负主要责任。

建设单位未按本规定支付安全防护、文明施工措施费用的，由县级以上建设行政主管部门依据《建设工程安全生产管理条例》第54条规定，责令限期整改；逾期未改正的，责令该建设工程停止施工。

施工单位挪用安全防护、文明施工措施费用的，由县级以上建设主管部门依据《建设工程安全生产管理条例》第63条规定，责令限期整改，处挪用费用20%以上50%以下的罚款；造成损失的，依法承担赔偿责任。

## 5. 施工人员劳动保护用品的规定

施工人员劳动保护用品，是指在建筑施工现场从事建筑施工活动的人员使用的安全帽、安全带以及安全（绝缘）鞋、防护眼镜、防护手套、防尘（毒）口罩等个人劳动保护用品。

原建设部《建筑施工人员个人劳动保护用品使用管理暂行规定》（建质〔2007〕255号）中规定，建设单位应当及时、足额向施工企业支付安全措施专项经费，并督促施工企业落实安全防护措施，使用符合相关国家产品质量要求的劳动保护用品。

施工作业人员所在企业（包括总承包企业、专业承包企业、劳务企业等，下同）必须按国家规定免费发放劳动保护用品，更换已损坏或已到使用期限的劳动保护用品，不得收取或变相收取任何费用。劳动保护用品必须以实物形式发放，不得以货币或其他物品替代。

施工企业应建立完善劳动保护用品的采购、验收、保管、发放、使用、更换、报废等规章制度。同时，应建立相应的管理台账，管理台账保存期限不得少于两年，以保证劳动保护用品的质量具有可追溯性。企业采购、个人使用的安全帽、安全带及其他劳动防护用品等，必须符合《安全帽》GB 2811、《安全带》GB 6095 及其他劳动保护用品相关国家标准的要求。企业、施工作业人员不得采购和使用无安全标记或不符合国家相关标准要求的劳动保护用品。

施工企业应当按照劳动保护用品采购管理制度的要求，明确企业内部有关部门、人员的采购管理职责。企业在一个地区组织施工的，可以集中统一采购；对企业工程项目分布在多个地区，集中统一采购有困难的，可由各地区或项目部集中采购。企业采购劳动保护用品时，应查验劳动保护用品生产厂家或供货商的生产、经营资格，验明商品合格证明和商品标识，以确保采购劳动保护用品的质量符合安全使用要求。企业应当向劳动保护用品生产厂家或供货商索要法定检验机构出具的检验报告或由供货商签字盖章的检验报告复印件，不能提供检验报告或检验报告复印件的劳动保护用品不得采购。

施工企业应加强对施工作业人员的教育培训，保证施工作业人员能正确使用劳动保护用品。工程项目部应有教育培训的记录，有培训人员和被培训人员的签名和时间。企业应加强对施工作业人员劳动保护用品使用情况的检查，并对施工作业人员劳动保护用品的质量和正确使用负责。实行施工总承包的工程项目，施工总承包企业应加强对施工现场内所有施工作业人员劳动保护用品的监督检查。督促相关分包企业和人员正确使用劳动保护用品。

施工作业人员有接受安全教育培训的权利，有按照工作岗位规定使用合格的劳动保护用品的权利；有拒绝违章指挥、拒绝使用不合格劳动保护用品的权利。同时，也负有正确使用劳动保护用品的义务。

各级建设行政主管部门应当加强对施工现场劳动保护用品使用情况的监督管理。发现有不使用或使用不符合要求的劳动保护用品的违法违规行为的，应当责令改正；对因不使用或使用不符合要求的劳动保护用品造成事故或伤害的，应当依据《建设工程安全生产管理条例》和《安全生产许可证条例》等法律法规，对有关责任方给予行政处罚。各级建设行政主管部门应将企业劳动保护用品的发放、管理情况列入建筑施工企业《安全生产许可证》条件的审查内容之一；施工现场劳动保护用品的质量情况作为认定企业是否降低安全生产条件的内容之一；施工作业人员是否正确使用劳动保护用品情况作为考核企业安全生产教育培训是否到位的依据之一。

## （五）施工安全生产事故应急预案和事故报告的管理规定

### 1. 施工生产安全事故应急救援预案的规定

《中华人民共和国突发事件应对法》规定，建筑施工单位应当制定具体应急预案，并对生产经营场所、有危险物品的建筑物、构筑物及周边环境开展隐患排查，及时采取措施消除隐患，防止发生突发事件。

应急预案应当根据本法和其他有关法律、法规的规定，针对突发事件的性质、特点和可能造成的社会危害，具体规定突发事件应急管理工作的组织指挥体系与职责和突发事件的预防与预警机制、处置程序、应急保障措施以及事后恢复与重建措施等内容。

《建设工程安全生产管理条例》进一步规定，施工单位应当制定本单位生产安全事故应急救援预案，建立应急救援组织或者配备应急救援人员，配备必要的应急救援器材、设备，并定期组织演练。

施工单位应当根据建设工程施工的特点、范围，对施工现场易发生重大事故的部位、环节进行监控，制定施工现场生产安全事故应急救援预案。实行施工总承包的，由总承包单位统一组织编制建设工程生产安全事故应急救援预案，工程总承包单位和分包单位按照应急救援预案，各自建立应急救援组织或者配备应急救援人员，配备救援器材、设备，并定期组织演练。

《国务院关于坚持科学发展安全发展促进安全生产形势持续稳定好转的意见》规定，加强预案管理和应急演练。建立健全安全生产应急预案体系，加强动态修订完善。落实省、市、县三级安全生产预案报备制度，加强企业预案与政府相关应急预案的衔接。定期开展应急预案演练，切实提高事故救援实战能力。企业生产现场带班人员、班组长和调度人员在遇到险情时，要按照预案规定，立即组织停产撤人。

国家安全生产监督管理总局《生产安全事故应急预案管理办法》（国家安全生产监督管理总局令第17号）规定，建筑施工单位应当组织专家对本单位编制的应急预案进行评审。评审应当形成书面纪要并附有专家名单。应急预案的评审应当注重应急预案的实用性、基本要素的完整性、预防措施的针对性、组织体系的科学性、响应程序的操作性、应急保障措施的可行性、应急预案的衔接性等内容。施工单位的应急预案经评审后，由施工单位主要负责人签署公布。

生产经营单位应当制定本单位的应急预案演练计划，根据本单位的事故预防重点，每年至少组织一次综合应急预案演练或者专项应急预案演练，每半年至少组织一次现场处置方案演练。生产经营单位应当按照应急预案的要求配备相应的应急物资及装备，建立使用状况档案，定期检测和维护，使其处于良好状态。

## 2. 房屋市政工程生产安全重大隐患排查治理挂牌督办的规定

重大隐患是指在房屋建筑和市政工程施工过程中，存在的危害程度较大、可能导致群死群伤或造成重大经济损失的生产安全隐患。挂牌督办是指住房城乡建设主管部门以下达督办通知书以及信息公开等方式，督促企业按照法律法规和技术标准，做好房屋市政工程生产安全重大隐患排查治理的工作。

《国务院关于坚持科学发展安全发展促进安全生产形势持续稳定好转的意见》规定，加强安全生产风险监控管理。充分运用科技和信息手段，建立健全安全生产隐患排查治理体系，强化监测监控、预报预警，及时发现和消除安全隐患。企业要定期进行安全风险评估分析，重大隐患要及时报安全监管监察和行业主管部门备案。住房和城乡建设部《房屋市政工程生产安全重大隐患排查治理挂牌督办暂行办法》（建质〔2011〕158号）进一步规定，建筑施工企业是房屋市政工程生产安全重大隐患排查治理的责任主体，应当建立健全重大隐患排查治理工作制度，并落实到每一个工程项目。企业及工程项目的主要负责人对重大隐患排查治理工作全面负责。

建筑施工企业应当定期组织安全生产管理人员、工程技术人员和其他相关人员排查每一个工程项目的重大隐患，特别是对深基坑、高支模、地铁隧道等技术难度大、风险大的重要工程应重点定期排查。对排查出的重大隐患，应及时实施治理消除，并将相关情况进行登记存档。建筑施工企业应及时将工程项目重大隐患排查治理的有关情况向建设单位报告。建设单位应积极协调勘察、设计、施工、监理、监测等单位，并在资金、人员等方面积极配合做好重大隐患排查治理工作。

房屋市政工程生产安全重大隐患治理挂牌督办按照属地管理原则，由工程所在地住房城乡建设主管部门组织实施。省级住房城乡建设主管部门进行指导和监督。住房城乡建设主管部门接到工程项目重大隐患举报，应立即组织核实，属实的由工程所在地住房城乡建设主管部门及时向承建工程的建筑施工企业下达《房屋市政工程生产安全重大隐患治理挂牌督办通知书》，并公开有关信息，接受社会监督。

《房屋市政工程生产安全重大隐患治理挂牌督办通知书》包括下列内容：(1) 工程项目的名称；(2) 重大隐患的具体内容；(3) 治理要求及期限；(4) 督办解除的程序；(5) 其他有关的要求。

承建工程的建筑施工企业接到《房屋市政工程生产安全重大隐患治理挂牌督办通知书》后，应立即组织进行治理。确认重大隐患消除后，向工程所在地住房城乡建设主管部门报送治理报告，并提请解除督办。工程所在地住房城乡建设主管部门收到建筑施工企业提出的重大隐患解除督办申请后，应当立即进行现场审查。审查合格的，依照规定解除督办。审查不合格的，继续实施挂牌督办。

建筑施工企业不认真执行《房屋市政工程生产安全重大隐患治理挂牌督办通知书》的，应依法责令整改；情节严重的要依法责令停工整改；不认真整改导致生产安全事故发生的，依法从重追究企业和相关负责人的责任。

**3. 施工生产安全事故报告和应采取措施的规定**

(1) 生产安全事故的等级划分

《生产安全事故报告和调查处理条例》规定，根据生产安全事故（以下简称事故）造成的人员伤亡或者直接经济损失，事故一般分为以下等级：1) 特别重大事故，是指造成30人以上死亡，或者100人以上重伤（包括急性工业中毒，下同），或者1亿元以上直接经济损失的事故；2) 重大事故，是指造成10人以上30人以下死亡，或者50人以上100人以下重伤，或者5000万元以上1亿元以下直接经济损失的事故；3) 较大事故，是指造成3人以上10人以下死亡，或者10人以上50人以下重伤，或者1000万元以上5000万元以下直接经济损失的事故；4) 一般事故，是指造成3人以下死亡，或者10人以下重伤，或者1000万元以下直接经济损失的事故。

按照《生产安全事故报告和调查处理条例》的规定，"以上"包括本数，"以下"不包括本数。

(2) 施工生产安全事故的报告

《建筑法》规定，施工中发生事故时，建筑施工企业应当采取紧急措施减少人员伤亡和事故损失，并按照国家有关规定及时向有关部门报告。《建设工程安全生产管理条例》进一步规定，施工单位发生生产安全事故，应当按照国家有关伤亡事故报告和调查处理的规定，及时、如实地向负责安全生产监督管理的部门、建设行政主管部门或者其他有关部门报告；特种设备发生事故的，还应当同时向特种设备安全监督管理部门报告。实行施工总承包的建设工程，由总承包单位负责上报事故。

原建设部《关于进一步规范房屋建筑和市政工程生产安全事故报告和调查处理工作的若干意见》（建质〔2007〕257号）规定，事故发生后，事故现场有关人员应当立即向施工单位负责人报告；施工单位负责人接到报告后，应当于1小时内向事故发生地县级以上人民政府建设主管部门和有关部门报告。情况紧急时，事故现场有关人员可以直接向事故发生地县级以上人民政府建设主管部门和有关部门报告。实行施工总承包的建设工程，由总承包单位负责上报事故。

事故报告内容：1) 事故发生的时间、地点和工程项目、有关单位名称；2) 事故的简要经过；3) 事故已经造成或者可能造成的伤亡人数（包括下落不明的人数）和初步估计的直接经济损失；4) 事故的初步原因；5) 事故发生后采取的措施及事故控制情况；6) 事故报告单位或报告人员；7) 其他应当报告的情况。

事故报告后出现新情况，以及事故发生之日起30日内伤亡人数发生变化的，应当及时补报。

(3) 发生施工生产安全事故后应采取的措施

《建设工程安全生产管理条例》规定，发生生产安全事故后，施工单位应当采取措施防止事故扩大，保护事故现场。需要移动现场物品时，应当做出标记和书面记录，妥善保管有关证物。

《生产安全事故报告和调查处理条例》规定，事故发生单位负责人接到事故报告后，应当立即启动事故相应应急预案，或者采取有效措施，组织抢救，防止事故扩大，减少人员伤亡和财产损失。

事故发生后，有关单位和人员应当妥善保护事故现场以及相关证据，任何单位和个人不得破坏事故现场、毁灭相关证据。因抢救人员、防止事故扩大以及疏通交通等原因，需要移动事故现场物件的，应当做出标志，绘制现场简图并做出书面记录，妥善保存现场重要痕迹、物证。事故发生单位应当认真吸取事故教训，落实防范和整改措施，防止事故再次发生。防范和整改措施的落实情况应当接受工会和职工的监督。

(4) 施工生产安全事故的查处督办

房屋市政工程生产安全事故查处督办，是指上级住房城乡建设行政主管部门督促下级住房城乡建设行政主管部门，依照有关法律法规做好房屋建筑和市政工程生产安全事故的调查处理工作。

住房和城乡建设部《房屋市政工程生产安全和质量事故查处督办暂行办法》（建质〔2011〕66号）规定，住房城乡建设部负责房屋市政工程生产安全和质量较大及以上事故的查处督办，省级住房城乡建设行政主管部门负责一般事故的查处督办。

房屋市政工程生产安全较大及以上事故的查处督办，按照以下程序办理：1）较大及以上事故发生后，住房城乡建设部质量安全司提出督办建议，并报部领导审定同意后，以住房城乡建设部安委会或办公厅名义向省级住房城乡建设行政主管部门下达《房屋市政工程生产安全和质量较大及以上事故查处督办通知书》；2）在住房城乡建设部网站上公布较大及以上事故的查处督办信息，接受社会监督。

《房屋市政工程生产安全和质量较大及以上事故查处督办通知书》包括下列内容：1）事故名称；2）事故概况；3）督办事项；4）办理期限；5）督办解除方式、程序。

省级住房城乡建设行政主管部门接到《房屋市政工程生产安全和质量较大及以上事故查处督办通知书》后，应当依据有关规定，组织本部门及督促下级住房城乡建设行政主管部门按照要求做好下列事项：1）在地方人民政府的领导下，积极组织或参与事故的调查工作，提出意见；2）依据事故事实和有关法律法规，对违法违规企业给予吊销资质证书或降低资质等级、吊销或暂扣安全生产许可证、责令停业整顿、罚款等处罚，对违法违规人员给予吊销执业资格注册证书或责令停止执业、吊销或暂扣安全生产考核合格证书、罚款等处罚；3）对违法违规企业和人员处罚权限不在本级或本地的，向有处罚权限的住房城乡建设行政主管部门及时上报或转送事故事实材料，并提出处罚建议；4）其他相关的工作。

省级住房城乡建设行政主管部门应当在房屋市政工程生产安全较大及以上事故发生之日起60日内，完成事故查处督办事项。有特殊情况不能完成的，要向住房城乡建设部作出书面说明。省级住房城乡建设行政主管部门完成房屋市政工程生产安全和质量较大及以上事故查处督办事项后，要向住房城乡建设部作出书面报告，并附送有关材料。住房城乡建设部审核后，依照规定解除督办。

各级住房城乡建设行政主管部门不得对房屋市政工程生产安全和质量事故查处督办事项无故拖延、敷衍塞责，或者在解除督办过程中弄虚作假。各级住房城乡建设行政主管部门要将房屋市政工程生产安全和质量事故查处情况，及时予以公告，接受社会监督。

（5）违法行为应承担的主要法律责任

《安全生产法》规定，生产经营单位主要负责人在本单位发生重大生产安全事故时，不立即组织抢救或者在事故调查处理期间擅离职守或者逃匿的，给予降职、撤职的处分，对逃匿的处15日以下拘留；构成犯罪的，依照刑法有关规定追究刑事责任。生产经营单位主要负责人对生产安全事故隐瞒不报、谎报或者拖延不报的，依照以上规定处罚。

生产经营单位发生生产安全事故造成人员伤亡、他人财产损失的，应当依法承担赔偿责任；拒不承担或者其负责人逃匿的，由人民法院依法强制执行。生产安全事故的责任人未依法承担赔偿责任，经人民法院依法采取执行措施后，仍不能对受害人给予足额赔偿的，应当继续履行赔偿义务；受害人发现责任人有其他财产的，可以随时请求人民法院执行。

《生产安全事故报告和调查处理条例》规定，事故发生单位主要负责人有下列行为之一的，处上一年年收入40%至80%的罚款；属于国家工作人员的，并依法给予处分；构成犯罪的，依法追究刑事责任：1）不立即组织事故抢救的；2）迟报或者漏报事故的；3）在事故调查处理期间擅离职守的。

事故发生单位及其有关人员有下列行为之一的，对事故发生单位处100万元以上500

万元以下的罚款；对主要负责人、直接负责的主管人员和其他直接责任人员处上一年年收入60%至100%的罚款；属于国家工作人员的，并依法给予处分；构成违反治安管理行为的，由公安机关依法给予治安管理处罚；构成犯罪的，依法追究刑事责任：1）谎报或者瞒报事故的；2）伪造或者故意破坏事故现场的；3）转移、隐匿资金、财产，或者销毁有关证据、资料的；4）拒绝接受调查或者拒绝提供有关情况和资料的；5）在事故调查中作伪证或者指使他人作伪证的；6）事故发生后逃匿的。

事故发生单位对事故发生负有责任的，依照下列规定处以罚款：1）发生一般事故的，处10万元以上20万元以下的罚款；2）发生较大事故的，处20万元以上50万元以下的罚款；3）发生重大事故的，处50万元以上200万元以下的罚款；4）发生特别重大事故的，处200万元以上500万元以下的罚款。

事故发生单位主要负责人未依法履行安全生产管理职责，导致事故发生的，依照下列规定处以罚款；属于国家工作人员的，并依法给予处分；构成犯罪的，依法追究刑事责任：1）发生一般事故的，处上一年年收入30%的罚款；2）发生较大事故的，处上一年年收入40%的罚款；3）发生重大事故的，处上一年年收入60%的罚款；4）发生特别重大事故的，处上一年年收入80%的罚款。

事故发生单位对事故发生负有责任的，由有关部门依法暂扣或者吊销其有关证照；对事故发生单位负有事故责任的有关人员，依法暂停或者撤销其与安全生产有关的执业资格、岗位证书；事故发生单位主要负责人受到刑事处罚或者撤职处分的，自刑罚执行完毕或者受处分之日起，5年内不得担任任何生产经营单位的主要负责人。

《特种设备安全监察条例》规定，发生特种设备事故，有下列情形之一的，对单位，由特种设备安全监督管理部门处5万元以上20万元以下罚款；对主要负责人，由特种设备安全监督管理部门处4000元以上2万元以下罚款；属于国家工作人员的，依法给予处分；触犯刑律的，依照刑法关于重大责任事故罪或者其他罪的规定，依法追究刑事责任：1）特种设备使用单位的主要负责人在本单位发生特种设备事故时，不立即组织抢救或者在事故调查处理期间擅离职守或者逃匿的；2）特种设备使用单位的主要负责人对特种设备事故隐瞒不报、谎报或者拖延不报的。

《中华人民共和国刑法》第139条第2款规定，在安全事故发生后，负有报告职责的人员不报或者谎报事故情况，贻误事故抢救，情节严重的，处3年以下有期徒刑或者拘役；情节特别严重的，处3年以上7年以下有期徒刑。（《刑法修正案（六）》）

## （六）施工安全技术标准知识

施工安全技术标准是指为获得最佳施工安全秩序，对建设工程施工及管理等活动需要协调统一的事项所制定的共同的、重复使用的技术依据和准则。

### 1. 施工安全技术标准的法定分类和施工安全标准化工作

（1）施工安全技术标准的法定分类

按照《中华人民共和国标准化法》（以下简称《标准化法》）的规定，我国的标准分为国家标准、行业标准、地方标准和企业标准。国家标准、行业标准又分为强制性标准和推荐性标准。保障人体健康，人身、财产安全的标准和法律、行政法规规定强制执行的标准是强制性标准，其他标准是推荐性标准。强制性标准一经颁布，必须贯彻执行，否则对造成恶劣后果和重大损失的单位和个人，要受到经济制裁或承担法律责任。

对需要在全国范围内统一的下列技术要求，应当制定国家标准：1）工程建设勘察、规划、设计、施工（包括安装）及验收等通用的质量要求；2）工程建设通用的有关安全、卫生和环境保护的技术要求；3）工程建设通用的术语、符号、代号、量与单位、建筑模数和制图方法；4）工程建设通用的试验、检验和评定等方法；5）工程建设通用的信息技术要求；6）国家需要控制的其他工程建设通用的技术要求。

对没有国家标准而需要在全国某个行业范围内统一的下列技术要求，可以制定行业标准：1）工程建设勘察、规划、设计、施工（包括安装）及验收等行业专用的质量要求；2）工程建设行业专用的有关安全、卫生和环境保护的技术要求；3）工程建设行业专用的术语、符号、代号、量与单位和制图方法；4）工程建设行业专用的试验、检验和评定等方法；5）工程建设行业专用的信息技术要求；6）其他工程建设行业专用的技术要求。行业标准不得与国家标准相抵触。行业标准的某些规定与国家标准不一致时，必须有充分的科学依据和理由，并经国家标准的审批部门批准。行业标准在相应的国家标准实施后，应当及时修订或废止。

对没有国家标准、行业标准或国家标准、行业标准规定不具体，且需要在本行政区域内作出统一规定的工程建设技术要求，可制定相应的工程建设地方标准。工程建设地方标准在省、自治区、直辖市范围内由省、自治区、直辖市建设行政主管部门统一计划、统一审批、统一发布、统一管理。工程建设地方标准不得与国家标准和行业标准相抵触。对与国家标准或行业标准相抵触的工程建设地方标准的规定，应当自行废止。工程建设地方标准应报国务院建设行政主管部门备案。未经备案的工程建设地方标准，不得在建设活动中使用。工程建设地方标准中，对直接涉及人民生命财产安全、人体健康、环境保护和公共利益的条文，经国务院建设行政主管部门确定后，可作为强制性条文。在不违反国家标准和行业标准的前提下，工程建设地方标准可以独立实施。

工程建设企业标准一般包括企业的技术标准、管理标准和工作标准。企业技术标准，是指对本企业范围内需要协调和统一的技术要求所制定的标准。对已有国家标准、行业标准或地方标准的，企业可以按照国家标准、行业标准或地方标准的规定执行，也可以根据本企业的技术特点和实际需要制定优于国家标准、行业标准或地方标准的企业标准；对没有国家标准、行业标准或地方标准的，企业应当制定企业标准。国家鼓励企业积极采用国际标准或国外先进标准。企业管理标准，是指对本企业范围内需要协调和统一的管理要求所制定的标准。如企业的组织管理、计划管理、技术管理、质量管理和财务管理等。企业工作标准，是指对本企业范围内需要协调和统一的工作事项要求所制定的标准。

标准、规范、规程均为标准的表现方式，习惯上统称为标准。当针对产品、方法、符号、概念等基础标准时，一般采用"标准"，如《施工企业安全生产评价标准》、《建筑施工安全检查标准》等；当针对工程勘察、规划、设计、施工等通用的技术事项作出规定时，一般采用"规范"，如《建筑施工扣件式钢管脚手架安全技术规范》、《建筑施工门式钢管脚手架安全技术规范》等；当针对操作、工艺、管理等专用技术要求时，一般采用"规程"，如《建筑施工塔式起重机安装拆除安全技术规程》、《建筑机械使用安全技术规程》等。

我国目前实行的强制性标准包含三部分：1) 批准发布时已明确为强制性标准的；2) 批准发布时虽未明确为强制性标准，但其编号中不带"/T"的，仍为强制性标准；3) 自2000年后批准发布的标准，批准时虽未明确为强制性标准，但其中有必须严格执行的强制性条文（黑体字），编号也不带"/T"的，也应视为强制性标准。

（2）建筑施工安全标准化工作

《国务院关于进一步加强企业安全生产工作的通知》中规定，全面开展安全达标。深入开展以岗位达标、专业达标和企业达标为内容的安全生产标准化建设，凡在规定时间内未实现达标的企业要依法暂扣其生产许可证、安全生产许可证，责令停产整顿；对整改逾期未达标的，地方政府要依法予以关闭。

住房和城乡建设部《关于贯彻落实〈国务院关于进一步加强企业安全生产工作的通知〉的实施意见》（建质〔2010〕164号）进一步规定，推进建筑施工安全标准化。企业要深入开展以施工现场安全防护标准化为主要内容的建筑施工安全标准化活动，提高施工安全管理的精细化、规范化程度。要健全建筑施工安全标准化的各项内容和制度，从工程项目涉及的脚手架、模板工程、施工用电和建筑起重机械设备等主要环节入手，作出详细的规定和要求，并细化和量化相应的检查标准。对建筑施工安全标准化不达标，不具备安全生产条件的企业，要依法暂扣其安全生产许可证。

原建设部《关于开展建筑施工安全质量标准化工作的指导意见》（建质〔2005〕232号）中规定，通过在建筑施工企业及其施工现场推行标准化管理，实现企业市场行为的规范化、安全管理流程的程序化、场容场貌的秩序化和施工现场安全防护的标准化，促进企业建立运转有效的自我保障体系。

建筑施工企业的安全生产工作按照《施工企业安全生产评价标准》及有关规定进行评定。建筑施工企业的施工现场按照《建筑施工安全检查标准》及有关规定进行评定。

坚持"四个结合"，使安全质量标准化工作与安全生产各项工作同步实施、整体推进。一是要与深入贯彻建筑安全法律法规相结合。要建立健全安全生产责任制，健全完善各项规章制度和操作规程，将建筑施工企业的安全质量行为纳入法律化、制度化、标准化管理的轨道。二是要与改善农民工作业、生活环境相结合。牢固树立"以人为本"的理念，将安全质量标准化工作转化为企业和项目管理人员的管理方式和管理行为，逐步改善农民工的生产作业、生活环境，不断增强农民工的安全生产意识。三是要与加大对安全科技创新和安全技术改造的投入相结合，把安全生产真正建立在依靠科技进步的基础之上。要积极推广应用先进的安全科学技术，在施工中积极采用新技术、新设备、新工艺和新材料，逐步淘汰落后的、危及安全的设施、设备和施工技术。四是要与提高农民工职业技能素质相结合。引导企业加强对农民工的安全技术知识培训，提高建筑业从业人员的整体素质，加强对作业人员特别是班组长等业务骨干的培训，通过知识讲座、技术比武、岗位练兵等多种形式，把对从业人员的职业技能、职业素养、行为规范等要求贯穿于标准化的全过程，促使农民工向现代产业工人过渡。

## 2. 脚手架安全技术规范的要求

脚手架安全技术规范主要有《建筑施工工具式脚手架安全技术规范》JGJ 202—2010、《建筑施工门式钢管脚手架安全技术规范》JGJ 128—2010、《建筑施工扣件式钢管脚手架安全技术规范》JGJ 130—2011、《建筑施工碗扣式脚手架安全技术规范》JGJ 166—2008、《液压升降整体脚手架安全技术规程》JGJ 183—2009、《建筑施工承插型盘扣式钢管支架安全技术规程》JGJ 231—2010、《建筑施工木脚手架安全技术规范》JGJ 164—2008 等。

（1）建筑施工工具式脚手架安全技术规范

工具式脚手架，是指为操作人员搭设或设立作业场所或平台，其主要架体构件为工厂制作的专用的钢结构产品，在现场按特定的程序组装后，附着在建筑物上自行或利用机械设备，沿建筑物可整体或部分升降的脚手架。

《建筑施工工具式脚手架安全技术规范》JGJ 202—2010 规定，本规范适用于建筑施工中使用的工具式脚手架，包括附着式升降脚手架、高处作业吊篮、外挂防护架的设计、制作、安装、拆除、使用及安全管理。

工具式脚手架安装前，应根据工程结构、施工环境等特点编制专项施工方案，并应经总承包单位技术负责人审批、项目总监理工程师审核后实施。

总承包单位必须将工具式脚手架专业工程发包给具有相应资质等级的专业队伍，并应签订专业承包合同，明确总包、分包或租赁等各方的安全生产责任。工具式脚手架专业施工单位应设置专业技术人员、安全管理人员及相应的特种作业人员。特种作业人员应经专门培训，并应经建设行政主管部门考核合格，取得特种作业操作资格证书后，方可上岗作业。

施工现场使用工具式脚手架应由总承包单位统一监督，并应符合下列规定：安装、升降、使用、拆除等作业前，应向有关作业人员进行安全教育，并应监督对作业人员的安全技术交底；应对专业承包人员的配备和特种作业人员的资格进行审查；安装、升降、拆卸等作业时，应派专人进行监督；应组织工具式脚手架的检查验收；应定期对工具式脚手架使用情况进行安全巡检。

临街搭设时，外侧应有防止坠物伤人的防护措施。安装、拆除时，在地面应设围栏和警戒标志，并应派专人看守，非操作人员不得入内。

在工具式脚手架使用期间，不得拆除下列杆件：架体上的杆件；与建筑物连接的各类杆件（如连墙件、附墙支座）等。作业层上的施工荷载应符合设计要求，不得超载。不得将模板支架、缆风绳、泵送混凝土和砂浆的输送管等固定在架体上；不得用其悬挂起重设备。遇 5 级以上大风和雨天，不得提升或下降工具式脚手架。

当施工中发现工具式脚手架故障和存在安全隐患时，应及时排除，对可能危及人身安全时，应停止作业。应由专业人员进行整改。整改后的工具式脚手架应重新进行验收检查，合格后方可使用。工具式脚手架作业人员在施工过程中应戴安全帽、系安全带、穿防滑鞋，酒后不得上岗作业。

1）附着式升降脚手架

附着式升降脚手架，是指仅需搭设一定高度并附着于工程结构上，依靠自身的升降设备和装置,可随工程结构施工逐层爬升,具有防倾覆、防坠落装置,并能实现下降作业的外脚手架。整体式附着升降脚手架,是指有三个以上提升装置的连跨升降的附着式升降脚手架。单跨式附着升降脚手架,是指仅有两个提升装置并独自升降的附着升降脚手架。

附着式升降脚手架可采用手动、电动或液压三种升降形式,并应符合下列规定:①单跨架体升降时,可采用手动、电动或液压;②当两跨以上的架体同时整体升降时,应采用电动或液压设备。

附着式升降脚手架的升降操作应符合下列规定:①升降作业程序和操作规程;②操作人员不得停留在架体上;③升降过程中不得有施工荷载;④所有妨碍升降的障碍物应已拆除;⑤所有影响升降作业的约束应已拆开;⑥各相邻提升点间的高差不得大于30mm,整体架最大升降差不得大于80mm。

升降过程中应实行统一指挥、统一指令。升降指令应由总指挥一人下达;当有异常情况出现时,任何人均可立即发出停止指令。架体升降到位后,应及时按使用状况要求进行附着固定;在没有完成架体固定工作前,施工人员不得擅自离岗或下班。

附着式升降脚手架应按设计性能指标进行使用,不得随意扩大使用范围;架体上的施工荷载应符合设计规定,不得超载,不得放置影响局部杆件安全的集中荷载。附着式升降脚手架在使用过程中不得进行下列作业:①利用架体吊运物料;②在架体上拉结吊装缆绳(或缆索);③在架体上推车;④任意拆除结构件或松动连接件;⑤拆除或移动架体上的安全防护设施;利用架体支撑模板或卸料平台;其他影响架体安全的作业。

当附着式升降脚手架停用超过3个月时,应提前采取加固措施。当附着式升降脚手架停用超过1个月或遇6级及以上大风后复工时,应进行检查,确认合格后方可使用。螺栓连接件、升降设备、防倾装置、防坠落装置、电控设备、同步控制装置等应每月进行维护保养。

附着式升降脚手架的拆除工作应按专项施工方案及安全操作规程的有关要求进行。应对拆除作业人员进行安全技术交底。拆除时应有可靠的防止人员与物料坠落的措施,拆除的材料及设备不得抛扔。拆除作业应在白天进行。遇5级及以上大风和大雨、大雪、浓雾和雷雨等恶劣天气时,不得进行拆除作业。

2)高处作业吊篮

高处作业吊篮,是指悬挑机构架设于建筑物或构筑物上,利用提升机构驱动悬吊平台通过钢丝绳沿建筑物或构筑物立面上下运行的施工设施,也是为操作人员设置的作业平台。

高处作业吊篮应由悬挂机构、吊篮平台、提升机构、防坠落机构、电气控制系统、钢丝绳和配套附件、连接件组成。吊篮平台应能通过提升机构沿动力钢丝绳升降。吊篮悬挂机构前后支架的间距,应能随建筑物外形变化进行调整。安装作业前,应划定安全区域,并应排除作业障碍。

在建筑物屋面上进行悬挂机构的组装时,作业人员应与屋面边缘保持2m以上的距离。组装场地狭小时应采取防坠落措施。悬挂机构前支架严禁支撑在女儿墙上、女儿墙外或建筑物挑檐边缘。配重件应稳定可靠地安放在配重架上,并应有防止随意移动的措施。严禁使用破损的配重件或其他替代物。配重件的重量应符合设计规定。安装时钢丝绳应沿建筑物立面缓慢下放至地面，不得抛掷。

安装任何形式的悬挑结构，其施加于建筑物或构筑物支承处的作用力，均应符合建筑结构的承载能力，不得对建筑物和其他设施造成破坏和不良影响。高处作业吊篮安装和使用时，在10m范围内如有高压输电线路，应按照现行行业标准《施工现场临时用电安全技术规范》JGJ 46—2005 的规定，采取隔离措施。

高处作业吊篮应设置作业人员专用的挂设安全带的安全绳及安全锁扣。安全绳应固定在建筑物可靠位置上不得与吊篮上任何部位有连接，并应符合下列规定：①安全绳应符合现行国家标准《安全带》GB 6095—2009 的要求，其直径应与安全锁扣的规格相一致；②安全绳不得有松散、断股、打结现象；③安全锁扣的配件应完好、齐全，规格和方向标识应清晰可辨。吊篮宜安装防护棚，防止高处坠物造成作业人员伤害。吊篮应安装上限位装置，宜安装下限位装置。

使用吊篮作业时，应排除影响吊篮正常运行的障碍。在吊篮下方可能造成坠落物伤害的范围，应设置安全隔离区和警告标志，人员或车辆不得停留、通行。在吊篮内从事安装、维修等作业时，操作人员应佩戴工具袋。不得将吊篮作为垂直运输设备，不得采用吊篮运送物料。

吊篮内的作业人员不应超过2个。吊篮正常工作时，人员应从地面进入吊篮内，不得从建筑物顶部、窗口等处或其他孔洞处出入吊篮。在吊篮内的作业人员应佩戴安全帽，系安全带，并应将安全锁扣正确挂置在独立设置的安全绳上。吊篮平台内应保持荷载均衡，不得超载运行。吊篮做升降运行时，工作平台两端高差不得超过150mm。在吊篮内进行电焊作业时，应对吊篮设备、钢丝绳、电缆采取保护措施。不得将电焊机放置在吊篮内；电焊缆线不得与吊篮任何部位接触；电焊钳不得搭挂在吊篮上。

当吊篮施工遇有雨雪、大雾、风沙及5级以上大风等恶劣天气时，应停止作业，并应将吊篮平台停放至地面，应对钢丝绳、电缆进行绑扎固定。下班后不得将吊篮停留在半空中，应将吊篮放至地面。人员离开吊篮、进行吊篮维修或每日收工后应将主电源切断，并应将电气柜中各开关置于断开位置并加锁。

高处作业吊篮拆除时应按照专项施工方案，并应在专业人员的指挥下实施。拆除前应将吊篮平台下落至地面，并应将钢丝绳从提升机、安全锁中退出，切断总电源。拆除支承悬挂机构时，应对作业人员和设备采取相应的安全措施。拆卸分解后的构配件不得放置在建筑物边缘，应采取防止坠落的措施。零散物品应放置在容器中。不得将吊篮任何部件从屋顶处抛下。

3）外挂防护架

外挂防护架，是指用于建筑主体施工时临边防护而分片设置的外防护架。每片防护架由架体、两套钢结构构件及预埋件组成。在使用过程中，利用起重设备为提升动力，每次向上提升一层并固定，建筑主体施工完毕后，用起重设备将防护架吊至地面并拆除。

安装防护架时，应先搭设操作平台。防护架应配合施工进度搭设，一次搭设的高度不应超过相邻连墙件以上两个步距。每搭完一步架后，应校正步距、纵距、横距及立杆的垂直度，确认合格后方可进行下道工序。

提升防护架的起重设备能力应满足要求，公称起重力矩值不得小于400kN·m，其额定起升重量的90%应大于架体重量。提升钢丝绳的长度应能保证提升平稳。提升速度不得大于3.5m/min。

在防护架从准备提升到提升到位交付使用前，除操作人员以外的其他人员不得从事临边防护等作业。操作人员应佩戴安全带。当防护架提升、下降时，操作人员必须站在建筑物内或相邻的架体上，严禁站在防护架上操作；架体安装完毕前，严禁上人。防护架在提升时，必须按照"提升一片、固定一片、封闭一片"的原则进行，严禁提前拆除两片以上的架体、分片处的连接杆、立面及底部封闭设施。

拆除防护架时，应符合下列规定：①应采用起重机械把防护架吊运到地面进行拆除；②拆除的构配件应按品种、规格随时码堆存放，不得抛掷。

(2) 建筑施工门式钢管脚手架安全技术规范

门式钢管脚手架，是指以门架、交叉支撑、连接棒、挂扣式脚手板、锁臂、底座等组成基本结构，再以水平加固杆、剪刀撑、扫地杆加固，并采用连墙件与建筑物主体结构相连的一种定型化钢管脚手架。

《建筑施工门式钢管脚手架安全技术规范》JGJ 128—2010规定，本规范适用于房屋建筑与市政工程施工中采用门式钢管脚手架搭设的落地式脚手架、悬挑脚手架、满堂脚手架与模板支架的设计、施工和使用。

搭拆门式脚手架或模板支架应由专业架子工担任，并应按住房和城乡建设部特种作业人员考核管理规定考核合格，持证上岗。上岗人员应定期进行体检，凡不适合登高作业者，不得上架操作。搭拆架体时，施工作业层应铺设脚手板，操作人员应站在临时设置的脚手板上进行作业，并应按规定使用安全防护用品，穿防滑鞋。

门式脚手架与模板支架作业层上严禁超载。严禁将模板支架、缆风绳、混凝土泵管、卸料平台等固定在门式脚手架上。六级及以上大风天气应停止架上作业；雨、雪、雾天应停止脚手架的搭拆作业；雨、雪、霜后上架作业应采取有效的防滑措施，并应扫除积雪。门式脚手架与模板支架在使用期间，当预见可能有强风天气所产生的风压值超出设计的基本风压值时，对架体应采取临时加固措施。

在门式脚手架使用期间，脚手架基础附近严禁进行挖掘作业。满堂脚手架与模板支架的交叉支撑和加固杆，在施工期间禁止拆除。门式脚手架在使用期间，不应拆除加固杆、连墙件、转角处连接杆、通道口斜撑杆等加固杆件。当施工需要，脚手架的交叉支撑可在门架一侧局部临时拆除，但在该门架单元上下应设置水平加固杆或挂扣式脚手板，在施工完成后应立即恢复安装交叉支撑。应避免装卸物料对门式脚手架或模板支架产生偏心、振动和冲击荷载。

门式脚手架外侧应设置密目式安全网，网间应严密，防止坠物伤人。门式脚手架与架空输电线路的安全距离、工地临时用电线路架设及脚手架接地、防雷措施，应按现行行业标准《施工现场临时用电安全技术规范》JGJ 46—2005的有关规定执行。在门式脚手架或模板支架上进行电、气焊作业时，必须有防火措施和专人看护。不得攀爬门式脚手架。

搭拆门式脚手架或模板支架作业时，必须设置警戒线、警戒标志，并应派专人看守，严禁非作业人员入内。对门式脚手架与模板支架应进行日常性的检查和维护，架体上的建筑垃圾或杂物应及时清理。

(3) 建筑施工扣件式钢管脚手架安全技术规范

扣件式钢管脚手架,是指为建筑施工而搭设的、承受荷载的由扣件和钢管等构成的脚手架与支撑架。扣件是指采用螺栓紧固的扣接连接件,包括直角扣件、旋转扣件、对接扣件。

《建筑施工扣件式钢管脚手架安全技术规范》JGJ 130—2011 规定,本规范适用于房屋建筑工程和市政工程等施工用落地式单、双排扣件式钢管脚手架、满堂扣件式钢管脚手架、型钢悬挑扣件式钢管脚手架、满堂扣件式钢管支撑架的设计、施工及验收。

扣件式钢管脚手架安装与拆除人员必须是经考核合格的专业架子工。架子工应持证上岗。搭拆脚手架人员必须戴安全帽、系安全带、穿防滑鞋。脚手架的构配件质量与搭设质量,应按本规范的规定进行检查验收,并应确认合格后使用。钢管上严禁打孔。

单、双排脚手架必须配合施工进度搭设,一次搭设高度不应超过相邻连墙件以上两步;如果超过相邻连墙件以上两步,无法设置连墙件时,应采取撑拉固定等措施与建筑结构拉结。每搭完一步脚手架后,应按规范的规定校正步距、纵距、横距及立杆的垂直度。脚手板应铺设牢靠、严实,并应用安全网双层兜底。施工层以下每隔 10m 应用安全网封闭。单、双排脚手架、悬挑式脚手架沿架体外围应用密目式安全网全封闭,密目式安全网宜设置在脚手架外立杆的内侧,并应与架体绑扎牢固。满堂脚手架与满堂支撑架在安装过程中,应采取防倾覆的临时固定措施。临街搭设脚手架时,外侧应有防止坠物伤人的防护措施。

作业层上的施工荷载应符合设计要求,不得超载。不得将模板支架、缆风绳、泵送混凝土和砂浆的输送管等固定在架体上;严禁悬挂起重设备,严禁拆除或移动架体上安全防护设施。满堂支撑架在使用过程中,应设有专人监护施工,当出现异常情况时,应立即停止施工,并应迅速撤离作业面上人员。应在采取确保安全的措施后,查明原因,做出判断和处理。满堂支撑架顶部的实际荷载不得超过设计规定。

在脚手架使用期间,严禁拆除下列杆件:1) 主节点处的纵、横向水平杆,纵、横向扫地杆;2) 连墙件。当在脚手架使用过程中开挖脚手架基础下的设备基础或管沟时,必须对脚手架采取加固措施。在脚手架上进行电、气焊作业时,应有防火措施和专人看守。工地临时用电线路的架设及脚手架接地、避雷措施等,应按现行行业标准《施工现场临时用电安全技术规范》JGJ 46—2005 的有关规定执行。

单、双排脚手架拆除作业必须由上而下逐层进行,严禁上下同时作业;连墙件必须随脚手架逐层拆除,严禁先将连墙件整层或数层拆除后再拆脚手架;分段拆除高差大于两步时,应增设连墙件加固。架体拆除作业应设专人指挥,当有多人同时操作时,应明确分工、统一行动,且应具有足够的操作面。卸料时各构配件严禁抛掷至地面。

当有六级强风及以上风、浓雾、雨或雪天气时应停止脚手架搭设与拆除作业。雨、雪后上架作业应有防滑措施,并应扫除积雪。夜间不宜进行脚手架搭设与拆除作业。搭拆脚手架时,地面应设围栏和警戒标志,并应派专人看守,严禁非操作人员入内。

(4) 建筑施工碗扣式脚手架安全技术规范

碗扣式钢管脚手架,是指采用碗扣方式连接的钢管脚手架和模板支撑架。

《建筑施工碗扣式脚手架安全技术规范》JGJ 166—2008 规定,本规范适用于房屋建筑、道路、桥梁、水坝等土木工程施工中的碗扣式钢管脚手架（双排脚手架及模板支撑架）的设计、施工、验收和使用。

双排脚手架首层立杆应采用不同的长度交错布置，底层纵、横向横杆作为扫地杆距地面高度应小于或等于350mm，严禁施工中拆除扫地杆，立杆应配置可调底座或固定底座。双排脚手架专用外斜杆设置应符合下列规定：1）斜杆应设置在有纵、横向横杆的碗扣节点上。2）在封圈的脚手架拐角处及一字形脚手架端部应设置竖向通高斜杆。3）当脚手架高度小于或等于24m时，每隔5跨应设置一组竖向通高斜杆；当脚手架高度大于24m时，每隔3跨应设置一组竖向通高斜杆；斜杆应对称设置。4）当斜杆临时拆除时，拆除前应在相邻立杆间设置相同数量的斜杆。

连墙件的设置应符合下列规定：1）连墙件应呈水平设置，当不能呈水平设置时，与脚手架连接的一端应下斜连接；2）每层连墙件应在同一平面，其位置应由建筑结构和风荷载计算确定，且水平间距不应大于4.5m；3）连墙件应设置在有横向横杆的碗扣节点处，当采用钢管扣件做连墙件时，连墙件应与立杆连接，连接点距碗扣节点距离不应大于150mm；4）连墙件应采用可承受拉、压荷载的刚性结构，连接应牢固可靠。当脚手架高度大于24m时，顶部24m以下所有的连墙件层必须设置水平斜杆，水平斜杆应设置在纵向横杆之下。

脚手板设置应符合下列规定：1）工具式钢脚手板必须有挂钩，并带有自锁装置与廊道横杆锁紧，严禁浮放；2）冲压钢脚手板、木脚手板、竹串片脚手板，两端应与横杆绑牢，作业层相邻两根廊道横杆间应加设间横杆，脚手板探头长度应小于或等于150mm。人行通道坡度宜小于或等于1：3，并应在通道脚手板下增设横杆，通道可折线上升。

脚手架内立杆与建筑物距离应小于或等于150mm；当脚手架内立杆与建筑物距离大于150mm时，应按需要分别选用窄挑梁或宽挑梁设置作业平台。挑梁应单层挑出，严禁增加层数。

模板支撑架应根据所承受的荷载选择立杆的间距和步距，底层纵、横向水平杆作为扫地杆，距地面高度应小于或等于350mm，立杆底部应设置可调底座或固定底座；立杆上端包括可调螺杆伸出顶层水平杆的长度不得大于0.7m。

模板支撑架斜杆设置应符合下列要求：1）当立杆间距大于1.5m时，应在拐角处设置通高专用斜杆，中间每排每列应设置通高八字形斜杆或剪刀撑。2）当立杆间距小于或等于1.5m时，模板支撑架四周从底到顶连续设置竖向剪刀撑；中间纵、横向由底至顶连续设置竖向剪刀撑，其间距应小于或等于4.5m。3）剪刀撑的斜杆与地面夹角应在45°～60°之间，斜杆应每步与立杆扣接。

当模板支撑架高度大于4.8m时，顶端和底部必须设置水平剪刀撑，中间水平剪刀撑设置间距应小于或等于4.8m。当模板支撑架周围有主体结构时，应设置连墙件。模板支撑架高宽比应小于或等于2；当高宽比大于2时可采取扩大下部架体尺寸或采取其他构造措施。模板下方应放置次楞（梁）与主楞（梁），次楞（梁）与主楞（梁）应按受弯杆件设计计算。支架立杆上端应采用U形托撑，支撑应在主楞（梁）底部。

当双排脚手架设置门洞时，应在门洞上部架设专用梁，门洞两侧立杆应加设斜杆。模板支撑架设置人行通道时，应符合下列规定：1）通道上部应架设专用横梁，横梁结构应经过设计计算确定；2）横梁下的立杆应加密，并应与架体连接牢固；3）通道宽度应小于或等于4.8m；4）门洞及通道顶部必须采用木板或其他硬质材料全封闭，两侧应设置安全网；5）通行机动车的洞口，必须设置防撞击设施。

双排脚手架及模板支撑架施工前必须编制专项施工方案，并经批准后，方可实施。双排脚手架搭设前，施工管理人员应按双排脚手架专项施工方案的要求对操作人员进行技术交底。对进入现场的脚手架构配件，使用前应对其质量进行复检。对经检验合格的构配件应按品种、规格分类放置在堆料区内或码放在专用架上，清点好数量备用；堆放场地排水应畅通，不得有积水。当连墙件采用预埋方式时，应提前与相关部门协商，按设计要求预埋。脚手架搭设场地必须平整、坚实、有排水措施。

脚手架基础必须按专项施工方案进行施工，按基础承载力要求进行验收。当地基高低差较大时，可利用立杆0.6m节点位差进行调整。土层地基上的立杆应采用可调底座和垫板。双排脚手架立杆基础验收合格后，应按专项施工方案的设计进行放线定位。

双排脚手架搭设，底座和垫板应准确地放置在定位线上；垫板宜采用长度不少于立杆两跨、厚度不小于50mm的木板；底座的轴心线应与地面垂直。双排脚手架搭设应按立杆、横杆、斜杆、连墙件的顺序逐层搭设，底层水平框架的纵向直线度偏差应小于1/200架体长度；横杆间水平度偏差小于1/400架体长度。双排脚手架的搭设应分阶段进行，每段搭设后必须经检查验收合格后，方可投入使用。双排脚手架的搭设应与建筑物的施工同步上升，并应高于作业面1.5m。

当双排脚手架高度$H$小于或等于30m时，垂直度偏差应小于或等于$H/500$；当高度$H$大于30m时，垂直度偏差应小于或等于$H/1000$。当双排脚手架内外侧加挑梁时，在一跨挑梁范围内不得超过一名施工人员操作，严禁堆放物料。连墙件必须随双排脚手架升高及时在规定的位置处设置，严禁任意拆除。作业层设置应符合下列规定：1）脚手板必须铺满、铺实，外侧应设180mm挡脚板及1200mm高两道防护栏杆；2）防护栏杆应在立杆0.6m和1.2m的碗扣接头处搭设两道；3）作业层下部的水平安全网设置应符合国家现行标准《建筑施工安全检查标准》JGJ 59—2011的规定。当采用钢管扣件作加固件、连墙件、斜撑时，应符合国家现行标准《建筑施工扣件式钢管脚手架安全技术规范》JGJ 130—2011的有关规定。

双排脚手架拆除时，必须按专项施工方案，在专人统一指挥下进行。拆除作业前，施工管理人员应对操作人员进行安全技术交底。双排脚手架拆除时必须划出安全区，并设置警戒标志，派专人看守。拆除前应清理脚手架上的器具及多余的材料和杂物。拆除作业应从顶层开始，逐层向下进行，严禁上下层同时拆除。连墙件必须在双排脚手架拆到该层时方可拆除，严禁提前拆除。拆除的构配件应采用起重设备吊运或人工传递到地面，严禁抛掷。当双排脚手架采取分段、分立面拆除时，必须事先确定分界处的技术处理方案。拆除的构配件应分类堆放，以便于运输、维护和保管。

模板支撑架的搭设应按专项施工方案，在专人指挥下，统一进行。应按施工方案弹线定位，放置底座后应分别按先立杆后横杆再斜杆的顺序搭设。在多层楼板上连续设置模板支撑架时，应保证上下层支撑立杆在同一轴线上。模板支撑架拆除应符合现行国家标准《混凝土结构工程施工质量验收规范》GB 50204—2002中混凝土强度的有关规定。架体拆除应按施工方案设计的顺序进行。模板支撑架浇筑混凝土时，应由专人全过程监督。

双排脚手架搭设应重点检查下列内容：1）保证架体几何不变性的斜杆、连墙件等设置情况；2）基础的沉降，立杆底座与基础面的接触情况；3）上碗扣锁紧情况；4）立杆连接销的安装、斜杆扣接点、扣件拧紧程度。

双排脚手架搭设质量应按下列情况进行检验：1）首段高度达到6m时，应进行检查与验收；2）架体随施工进度升高应按结构层进行检查；3）架体高度大于24m时，在24m处或在设计高度$H/2$处及达到设计高度后，进行全面检查与验收；4）遇6级及以上大风、大雨、大雪后施工前检查；5）停工超过一个月恢复使用前。双排脚手架搭设过程中，应随时进行检查，及时解决存在的结构缺陷。

双排脚手架验收时，应具备下列技术文件：1）专项施工方案及变更文件；2）安全技术交底文件；3）周转使用的脚手架构配件使用前的复验合格记录；4）搭设的施工记录和质量安全检查记录。

作业层上的施工荷载应符合设计要求，不得超载，不得在脚手架上集中堆放模板、钢筋等物料。混凝土输送管、布料杆、缆风绳等不得固定在脚手架上。遇6级及以上大风、雨雪、大雾天气时，应停止脚手架的搭设与拆除作业。脚手架使用期间，严禁擅自拆除架体结构杆件；如需拆除必须经修改施工方案并报请原方案审批人批准，确定补救措施后方可实施。严禁在脚手架基础及邻近处进行挖掘作业。脚手架应与输电线路保持安全距离，施工现场临时用电线路架设及脚手架接地防雷措施等应按国家现行标准《施工现场临时用电安全技术规范》JGJ 46—2005的有关规定执行。

搭设脚手架人员必须持证上岗。上岗人员应定期体检，合格者方可持证上岗。搭设脚手架人员必须戴安全帽、系安全带、穿防滑鞋。

（5）液压升降整体脚手架安全技术规程

液压升降整体脚手架，是指依靠液压升降装置，附着在建（构）筑物上，实现整体升降的脚手架。

《液压升降整体脚手架安全技术规程》JGJ 183—2009规定，本规程适用于高层、超高层建（构）筑物不带外模板的千斤顶式或油缸式液压升降整体脚手架的设计、制作、安装、检验、使用、拆除和管理。

液压升降整体脚手架架体及附着支承结构的强度、刚度和稳定性必须符合设计要求，防坠落装置必须灵敏、制动可靠，防倾覆装置必须稳固、安全可靠。安装和操作人员应经过专业培训合格后持证上岗，作业前应接受安全技术交底。

液压升降整体脚手架不得与物料平台相连接。当架体遇到塔吊、施工电梯、物料平台等需断开或开洞时，断开处应加设栏杆并封闭，开口处应有可靠的防止人员及物料坠落的措施。安全防护措施应符合下列要求：1）架体外侧必须采用密目式安全立网（≥2000目/100cm²）围挡，密目式安全立网必须可靠固定在架体上；2）架体底层的脚手板除应铺设严密外，还应具有可翻起的翻板构造；3）工作脚手架外侧应设置防护栏杆和挡脚板，挡脚板的高度不应小于180mm，顶层防护栏杆高度不应小于1.5m；4）工作脚手架应设置固定牢靠的脚手板，其与结构之间的间距应符合国家现行标准《建筑施工扣件式钢管脚手架安全技术规范》JGJ 130—2011的相关规定。

液压升降整体脚手架的每个机位必须设置防坠落装置。防坠落装置的制动距离不得大于80mm。防坠落装置应设置在竖向主框架或附着支承结构上。防坠落装置使用完一个单体工程或停止使用6个月后,应经检验合格后方可再次使用。防坠落装置受力杆件与建筑结构必须可靠连接。

液压升降整体脚手架在升降工况下,竖向主框架位置的最上附着支承和最下附着支承之间的最小间距不得小于2.8m或1/4架体高度;在使用工况下,竖向主框架位置的最上附着支承和最下附着支承之间的最小间距不得小于5.6m或1/2架体高度。

技术人员和专业操作人员应熟练掌握液压升降整体脚手架的技术性能及安全要求。遇到雷雨、6级及以上大风、大雾、大雪天气时,必须停止施工。架体上人员应对设备、工具、零散材料、可移动的铺板等进行整理、固定,并应作好防护,全部人员撤离后应立即切断电源。液压升降整体脚手架施工区域内应有防雷设施,并应设置相应的消防设施。

液压升降整体脚手架安装、升降、拆除过程中,应统一指挥,在操作区域应设置安全警戒。升降过程中作业人员必须撤离工作脚手架。

液压升降整体脚手架应由有资质的安装单位施工。安装单位应核对脚手架搭设构(配)件、设备及周转材料的数量、规格,查验产品质量合格证、材质检验报告等文件资料。应核实预留螺栓孔或预埋件的位置和尺寸。应查验竖向主框架、水平支承、附着支承、液压升降装置、液压控制台、油管、各液压元件、防坠落装置、防倾覆装置、导向部件的数量和质量。应设置安装平台,安装平台应能承受安装时的垂直荷载。高度偏差应小于20mm;水平支承底平面高差应小于20mm。架体的垂直度偏差应小于架体全高的0.5%,且不应大于60mm。

安装过程中竖向主框架与建筑结构间应采取可靠的临时固定措施,确保竖向主框架的稳定。架体底部应铺设脚手板,脚手板与墙体间隙不应大于50mm,操作层脚手板应满铺牢固,孔洞直径宜小于25mm。剪刀撑斜杆与地面的夹角应为45°~60°。

每个竖向主框架所覆盖的每一楼层处应设置一道附着支承及防倾覆装置。防坠落装置应设置在竖向主框架处,防坠吊杆应附着在建筑结构上,且必须与建筑结构可靠连接。每一升降点应设置一个防坠落装置,在使用和升降工况下应能起作用。架体的外侧防护应采用安全密目网,安全密目网应布设在外立杆内侧。

在液压升降整体脚手架升降过程中,应设立统一指挥,统一信号。参与的作业人员必须服从指挥,确保安全。升降时应进行检查,并应符合下列要求:1)液压控制台的压力表、指示灯、同步控制系统的工作情况应无异常现象;2)各个机位建筑结构受力点的混凝土墙体或预埋件应无异常变化;3)各个机位的竖向主框架、水平支承结构、附着支承结构、导向与防倾覆装置、受力构件应无异常现象;4)各个防坠落装置的开启情况和失力锁紧工作应正常。当发现异常现象时,应停止升降工作,查明原因、隐患排除后方可继续进行升降工作

在使用过程中严禁下列违章作业:1)架体上超载、集中堆载;2)利用架体作为吊装点和张拉点;3)利用架体作为施工外模板的支模架;4)拆除安全防护设施和消防设施;5)构件碰撞或扯动架体;6)其他影响架体安全的违章作业。

施工作业时,应有足够的照度。作业期间,应每天清理架体、设备、构配件上的混凝

土、尘土和建筑垃圾。每完成一个单体工程，应对液压升降整体脚手架部件、液压升降装置、控制设备、防坠落装置等进行保养和维修。

液压升降整体脚手架的部件及装置，出现下列情况之一时，应予以报废：1）焊接结构件严重变形或严重锈蚀；2）螺栓发生严重变形、严重磨损、严重锈蚀；3）液压升降装置主要部件损坏；4）防坠落装置的部件发生明显变形。

液压升降整体脚手架的拆除工作应按专项施工方案执行，并应对拆除人员进行安全技术交底。液压升降整体脚手架的拆除工作宜在低空进行。拆除后的材料应随拆随运，分类堆放，严禁抛掷。

（6）建筑施工承插型盘扣式钢管支架安全技术规程

承插型盘扣式钢管支架，是指立杆采用套管承插连接，水平杆和斜杆采用杆端扣接头卡入连接盘，用楔形插销连接，形成结构几何不变体系的钢管支架。承插型盘扣式钢管支架由立杆、水平杆、斜杆、可调底座及可调托座等构配件构成。根据其用途可分为模板支架和脚手架两类。

《建筑施工承插型盘扣式钢管支架安全技术规程》JGJ 231—2010规定，本规程适用于建筑工程和市政工程等施工中采用承插型盘扣式钢管支架搭设的模板支架和脚手架的设计、施工、验收和使用。承插型盘扣式钢管双排脚手架高度在24m以下时，可按本规程的构造要求搭设；模板支架和高度超过24m的双排脚手架应按本规程的规定对其结构构件及立杆地基承载力进行设计计算，并应根据本规程规定编制专项施工方案。

模板支架及脚手架施工前应根据施工对象情况、地基承载力、搭设高度，按本规程的基本要求编制专项施工方案，并应经审核批准后实施。搭设操作人员必须经过专业技术培训和专业考试合格后，持证上岗。模板支架及脚手架搭设前，施工管理人员应按专项施工方案的要求对操作人员进行技术和安全作业交底。

进入施工现场的钢管支架及构配件质量应在使用前进行复检。经验收合格的构配件应按品种、规格分类码放，并应标挂数量规格铭牌备用。构配件堆放场地应排水畅通、无积水。当采用预埋方式设置脚手架连墙件时，应提前与相关部门协商，并应按设计要求预埋。模板支架及脚手架搭设场地必须平整、坚实、有排水措施。

专项施工方案应包括下列内容：1）工程概况、设计依据、搭设条件、搭设方案设计。2）搭设施工图，包括下列内容：①架体的平面、立面、剖面图和节点构造详图；②脚手架连墙件的布置及构造图；③脚手架转角、门洞口的构造图；④脚手架斜梯布置及构造图，结构设计方案。3）基础做法及要求。4）架体搭设及拆除的程序和方法。5）季节性施工措施。6）质量保证措施。7）架体搭设、使用、拆除的安全措施。8）设计计算书。9）应急预案。

模板支架与脚手架基础应按专项施工方案进行施工，并应按基础承载力要求进行验收。土层地基上的立杆应采用可调底座和垫板，垫板的长度不宜少于两跨。当地基高差较大时，可利用立杆 0.5m 节点位差配合可调底座进行调整。模板支架及脚手架应在地基基础验收合格后搭设。

模板支架立杆搭设位置应按专项施工方案放线确定。模板支架搭设应根据立杆放置可调底座，应按先立杆后水平杆再斜杆的顺序搭设，形成基本的架体单元，应以此扩展搭设成整体支架体系。可调底座和土层基础上垫板应准确放置在定位线上，保持水平。垫板应平整、无翘曲，不得采用已开裂垫板。立杆应通过立杆连接套管连接，在同一水平高度内相邻立杆连接套管接头的位置宜错开，且错开高度不宜小于 75mm。模板支架高度大于 8m 时，错开高度不宜小于 500mm。水平杆扣接头与连接盘的插销应用铁锤击紧至规定插入深度的刻度线。

每搭完一步支模架后，应及时校正水平杆步距，立杆的纵、横距，立杆的垂直偏差和水平杆的水平偏差。在多层楼板上连续设置模板支架时，应保证上下层支撑立杆在同一轴线上。混凝土浇筑前施工管理人员应组织对搭设的支架进行验收，并应确认符合专项施工方案要求后浇筑混凝土。

拆除作业应按先搭后拆、后搭先拆的原则，从顶层开始，逐层向下进行，严禁上下层同时拆除，严禁抛掷。分段、分立面拆除时，应确定分界处的技术处理方案，并应保证分段后架体稳定。

双排外脚手架立杆应定位准确，并应配合施工进度搭设，一次搭设高度不应超过相邻连墙件以上两步。连墙件应随脚手架高度上升在规定位置处设置，不得任意拆除。作业层设置应符合下列要求：1）应满铺脚手板；2）外侧应设挡脚板和防护栏杆，防护栏杆可在每层作业面立杆的 0.5m 和 1.0m 的盘扣节点处布置上、中两道水平杆，并应在外侧满挂密目安全网；3）作业层与主体结构间的空隙应设置内侧防护网。当脚手架搭设至顶层时，外侧防护栏杆高出顶层作业层的高度不应小于 1500mm。脚手架拆除应按后装先拆、先装后拆的原则进行，严禁上下同时作业。连墙件应随脚手架逐层拆除，分段拆除的高度差不应大于两步。如因作业条件限制，出现高度差大于两步时，应增设连墙件加固。

对进入现场的钢管支架构配件的检查与验收应符合下列规定：1）应有钢管支架产品标识及产品质量合格证；2）应有钢管支架产品主要技术参数及产品使用说明书；3）当对支架质量有疑问时，应进行质量抽检和试验。

模板支架应根据下列情况按进度分阶段进行检查和验收：1）基础完工后及模板支架搭设前；2）超过 8m 的高支模架搭设至一半高度后；3）搭设高度达到设计高度后和混凝土浇筑前。脚手架应根据下列情况按进度分阶段进行检查和验收：1）基础完工后及脚手架搭设前；2）首段高度达到 6m 时；3）架体随施工进度逐层升高时；4）搭设高度达到设计高度后。

模板支架和脚手架的搭设人员应持证上岗。支架搭设作业人员应正确佩戴安全帽、安全带和防滑鞋。模板支架混凝土浇筑作业层上的施工荷载不应超过设计值。混凝土浇筑过程中，应派专人在安全区域内观测模板支架的工作状态，发生异常时观测人员应及时报告施工负责人，情况紧急时施工人员应迅速撤离，并应进行相应加固处理。模板支架及脚手架使用期间，不得擅自拆除架体结构杆件。如需拆除时，必须报请工程项目技术负责人以及总监理工程师同意，确定防控措施后方可实施。

严禁在模板支架及脚手架基础开挖深度影响范围内进行挖掘作业。拆除的支架构件应安全地传递至地面，严禁抛掷。

高支模区域内，应设置安全警戒线，不得上下交叉作业。在脚手架或模板支架上进行电气焊作业时，必须有防火措施和专人监护。模板支架及脚手架应与架空输电线路保持安全距离，工地临时用电线路架设及脚手架接地防雷击措施等应按现行行业标准《施工现场临时用电安全技术规范》JGJ 46—2005 的有关规定执行。

(7) 建筑施工木脚手架安全技术规范

《建筑施工木脚手架安全技术规范》JGJ 164—2008 规定，本规范适用于工业与民用建筑一般多层房屋和构筑物施工用落地式的单、双排木脚手架的设计、施工、拆除和管理。

当选材、材质和构造符合规范的规定时，脚手架搭设高度应符合下列规定：1) 单排架不得超过 20m；2) 双排架不得超过 25m，当需超过 25m 时，应按规范进行设计计算确定，但增高后的总高度不得超过 30m。

单排脚手架的搭设不得用于墙厚在 180mm 及以下的砌体土坯和轻质空心砖墙以及砌筑砂浆强度在 M1.0 以下的墙体。空斗墙上留置脚手眼时，横向水平杆下必须实砌两皮砖。砖砌体的下列部位不得留置脚手眼：1) 砖过梁上与梁成 60°角的三角形范围内；2) 砖柱或宽度小于 740mm 的窗间墙；3) 梁和梁垫下及其左右各 370mm 的范围内；4) 门窗洞口两侧 240mm 和转角处 420mm 的范围内；5) 设计图纸上规定不允许留洞眼的部位。

在大雾、大雨、大雪和六级以上的大风天，不得进行脚手架在高处的搭设作业。雨雪后搭设时必须采取防滑措施。搭设脚手架时，操作人员应戴好安全帽，在 2m 以上高处作业，应系安全带。

剪刀撑的设置应符合下列规定：1) 单、双排脚手架的外侧均应在架体端部、转折角和中间每隔 15m 的净距内，设置纵向剪刀撑，并应由底至顶连续设置；剪刀撑的斜杆应至少覆盖 5 根立杆。斜杆与地面倾角应在 45°～60°之间。当架长在 30m 以内时，应在外侧立面整个长度和高度上连续设置多跨剪刀撑。2) 剪刀撑的斜杆的端部应置于立杆与纵、横向水平杆相交节点处，与横向水平杆绑扎应牢固。中部与立杆及纵、横向水平杆各相交处均应绑扎牢固。3) 对不能交圈搭设的单片脚手架，应在两端端部从底到上连续设置横向斜撑。4) 斜撑或剪刀撑的斜杆底端埋入土内深度不得小于 0.3m。

进行脚手架拆除作业时，应统一指挥，信号明确，上下呼应，动作协调；当解开与另一人有关的结扣时，应先通知对方，严防坠落。在高处进行拆除作业的人员必须佩戴安全带，其挂钩必须挂于牢固的构件上，并应站立于稳固的杆件上。拆除顺序应由上而下、先绑后拆、后绑先拆。应先拆除栏杆、脚手板、剪刀撑、斜撑，后拆除横向水平杆、纵向水平杆、立杆等，一步一清，依次进行。严禁上下同时进行拆除作业。

木脚手架的搭设、维修和拆除，必须编制专项施工方案；作业前，应向操作人员进行安全技术交底，并应按方案实施。在邻近脚手架的纵向和危及脚手架基础的地方，不得进行挖掘作业。在脚手架上进行电气焊作业时，应有可靠的防火安全措施，并设专人监护。脚手架支承于永久性结构上时，传递给永久性结构的荷载不得超过其设计允许值。上料平台应独立搭设，严禁与脚手架共用杆件。用吊笼运砖时，严禁直接放于外脚手架上。不得在单排架上使用运料小车。

不得在各种杆件上进行钻孔、刀削和斧砍。每年均应对所使用的脚手板和各种杆件进行外观检查，严禁使用有腐朽、虫蛀、折裂、扭裂和纵向严重裂缝的杆件。作业层的连墙件不得承受脚手板及由其所传递来的一切荷载。脚手架离高压线的距离应符合国家现行标准《施工现场临时用电安全技术规范》JGJ 46—2005 中的规定。

脚手架投入使用前,应先进行验收,合格后方可使用;搭设过程中每隔四步至搭设完毕均应分别进行验收。停工后又重新使用的脚手架,必须按新搭脚手架的标准检查验收,合格后方可使用。

施工过程中,严禁随意抽拆架上的各类杆件和脚手板,并应及时清除架上的垃圾和冰雪。当出现大风雨、冰雪解冻等情况时,应进行检查,对立杆下沉、悬空、接头松动、架子歪斜等现象,应立即进行维修和加固,确保安全后方可使用。

搭设脚手架时,应有保证安全上下的爬梯或斜道,严禁攀登架体上下。脚手架在使用过程中,应经常检查维修,发现问题必须及时处理解决。脚手架拆除时应划分作业区,周围应设置围栏或竖立警戒标志,并应设专人看管,严禁非作业人员入内。

### 3. 基坑支护、土方作业安全技术规范的要求

基坑支护、土方作业安全技术规范主要有《建筑基坑支护技术规程》JGJ 120—2012、《建筑基坑工程监测技术规范》GB 50497—2009、《建筑施工土石方工程安全技术规范》JGJ 180—2009、《湿陷性黄土地区建筑基坑工程安全技术规程》JGJ 167—2009 等。

(1) 建筑基坑支护技术规程

基坑是指为进行建(构)筑物地下部分的施工由地面向下开挖出的空间。基坑支护是指为保护地下主体结构施工和基坑周边环境的安全,对基坑采用的临时性支挡、加固、保护与地下水控制的措施。

《建筑基坑支护技术规程》(JGJ 120—2012)规定,本规程适用于一般地质条件下临时性建筑基坑支护的勘察、设计、施工、检测、基坑开挖与监测。对湿陷性土、多年冻土、膨胀土、盐渍土等特殊土或岩石基坑,应结合当地工程经验应用本规程。

基坑支护设计、施工与基坑开挖,应综合考虑地质条件、基坑周边环境要求、主体地下结构要求、施工季节变化及支护结构使用期等因素,因地制宜、合理选型、优化设计、精心施工、严格监控。基坑支护应满足下列功能要求:1)保证基坑周边建(构)筑物、地下管线、道路的安全和正常使用;2)保证主体地下结构的施工空间。

地下水控制应根据工程地质和水文地质条件、基坑周边环境要求及支护结构形式选用截水、降水、集水明排方法或其组合。当降水会对基坑周边建(构)筑物、地下管线、道路等造成危害或对环境造成长期不利影响时,应采用截水方法控制地下水。采用悬挂式帷幕时,应同时采用坑内降水,并宜根据水文地质条件结合坑外回灌措施。

基坑开挖应符合下列规定:1)当支护结构构件强度达到开挖阶段的设计强度时,方可下挖基坑;对采用预应力锚杆的支护结构,应在锚杆施加预加力后,方可下挖基坑;对土钉墙,应在土钉、喷射混凝土面层的养护时间大于 2d 后,方可下挖基坑;2)应按支护结构设计规定的施工顺序和开挖深度分层开挖;3)锚杆、土钉的施工作业面与锚杆、土钉的高差不宜大于 500mm;4)开挖时,挖土机械不得碰撞或损害锚杆、腰梁、土钉墙面、内支撑及其连接件等构件,不得损害已施工的基础桩;5)当基坑采用降水时,应在降水后开挖地下水位以下的土方;6)当开挖揭露的实际土层性状或地下水情况与设计依据的勘察资料明显不符,或出现异常现象、不明物体时,应停止开挖,在采取相应处理措

施后方可继续开挖；7）挖至坑底时，应避免扰动基底持力土层的原状结构。

软土基坑开挖除应符合以上规定外，尚应符合下列规定：1）应按分层、分段、对称、均衡、适时的原则开挖；2）当主体结构采用桩基础且基础桩已施工完成时，应根据开挖面下软土的性状，限制每层开挖厚度，不得造成基础桩偏位；3）对采用内支撑的支护结构，宜采用局部开槽方法浇筑混凝土支撑或安装钢支撑；开挖到支撑作业面后，应及时进行支撑的施工；4）对重力式水泥土墙，沿水泥土墙方向应分区段开挖，每一开挖区段的长度不宜大于40m。

当基坑开挖面上方的锚杆、土钉、支撑未达到设计要求时，严禁向下超挖土方。采用锚杆或支撑的支护结构，在未达到设计规定的拆除条件时，严禁拆除锚杆或支撑。基坑周边施工材料、设施或车辆荷载严禁超过设计要求的地面荷载限值。

基坑开挖和支护结构使用期内，应按下列要求对基坑进行维护：1）雨期施工时，应在坑顶、坑底采取有效的截排水措施；对地势低洼的基坑，应考虑周边汇水区域地面径流向基坑汇水的影响；排水沟、集水井应采取防渗措施；2）基坑周边地面宜作硬化或防渗处理；3）基坑周边的施工用水应有排放系统，不得渗入土体内；4）当坑体渗水、积水或有渗流时，应及时进行疏导、排泄、截断水源；5）开挖至坑底后，应及时进行混凝土垫层和主体地下结构施工；6）主体地下结构施工时，结构外墙与基坑侧壁之间应及时回填。

在支护结构施工、基坑开挖期间以及支护结构使用期内，应对支护结构和周边环境的状况随时进行巡查，现场巡查时应检查有无下列现象及其发展情况：1）基坑外地面和道路开裂、沉陷；2）基坑周边建（构）筑物、围墙开裂、倾斜；3）基坑周边水管漏水、破裂，燃气管漏气；4）挡土构件表面开裂；5）锚杆锚头松动，锚具夹片滑动，腰梁及支座变形、连接破损等；6）支撑构件变形、开裂；7）土钉墙土钉滑脱，土钉墙面层开裂和错动；8）基坑侧壁和截水帷幕渗水、漏水、流砂等；9）降水井抽水异常，基坑排水不通畅。

支护结构的安全等级分为三级：一级，支护结构失效、土体过大变形对基坑周边环境或主体结构施工安全的影响很严重；二级，支护结构失效、土体过大变形对基坑周边环境或主体结构施工安全的影响严重；三级，支护结构失效、土体过大变形对基坑周边环境或主体结构施工安全的影响不严重。安全等级为一级、二级的支护结构，在基坑开挖过程与支护结构使用期内，必须进行支护结构的水平位移监测和基坑开挖影响范围内建（构）筑物、地面的沉降监测。

基坑监测数据、现场巡查结果应及时整理和反馈。当出现下列危险征兆时应立即报警：1）支护结构位移达到设计规定的位移限值；2）支护结构位移速率增长且不收敛；3）支护结构构件的内力超过其设计值；4）基坑周边建（构）筑物、道路、地面的沉降达到设计规定的沉降、倾斜限值；基坑周边建（构）筑物、道路、地面开裂；5）支护结构构件出现影响整体结构安全性的损坏；6）基坑出现局部坍塌；7）开挖面出现隆起现象；8）基坑出现流土、管涌现象。

支护结构或基坑周边环境出现以上规定的报警情况或其他险情时，应立即停止开挖，并应根据危险产生的原因和可能进一步发展的破坏形式，采取控制或加固措施。危险消除后，方可继续开挖。必要时，应对危险部位采取基坑回填、地面卸土、临时支撑等应急措施。当危险由地下水管道渗漏、坑体渗水造成时，应及时采取截断渗漏水源、疏排渗水等措施。

（2）建筑基坑工程监测技术规范

《建筑基坑工程监测技术规范》GB 50497—2009 规定，本规范适用于一般土及软土建筑基坑工程监测，不适用于岩石建筑基坑工程以及冻土、膨胀土、湿陷性黄土等特殊土和侵蚀性环境的建筑基坑工程监测。

开挖深度大于等于 5m 或开挖深度小于 5m 但现场地质情况和周围环境较复杂的基坑工程以及其他需要监测的基坑工程应实施基坑工程监测。基坑工程施工前，应由建设方委托具备相应资质的第三方对基坑工程实施现场监测。监测单位应编制监测方案，监测方案需经建设方、设计方、监理方等认可，必要时还需与基坑周边环境涉及的有关管理单位协商一致后方可实施。

下列基坑工程的监测方案应进行专门论证：1）地质和环境条件复杂的基坑工程。2）临近重要建筑和管线，以及历史文物、优秀近现代建筑、地铁、隧道等破坏后果很严重的基坑工程。3）已发生严重事故，重新组织施工的基坑工程。4）采用新技术、新工艺、新材料、新设备的一、二级基坑工程。5）其他需要论证的基坑工程。

基坑工程的现场监测应采用仪器监测与巡视检查相结合的方法。基坑工程现场监测的对象应包括：1）支护结构；2）地下水状况；3）基坑底部及周边土体；4）周边建筑；5）周边管线及设施；6）周边重要的道路；7）其他应监测的对象。基坑工程施工和使用期内，每天均应由专人进行巡视。

当出现下列情况之一时，必须立即进行危险报警，并应对基坑支护结构和周边环境中的保护对象采取应急措施：1）监测数据达到监测报警值的累计值。2）基坑支护结构或周边土体的位移值突然明显增大或基坑出现流沙、管涌、隆起、陷落或较严重的渗漏等。3）基坑支护结构的支撑或锚杆体系出现过大变形、压屈、断裂、松弛或拔出的迹象。4）周边建筑的结构部分、周边地面出现较严重的突发裂缝或危害结构的变形裂缝。5）周边管线变形突然明显增长或出现裂缝、泄漏等。6）根据当地工程经验判断，出现其他必须进行危险报警的情况。

（3）建筑施工土石方工程安全技术规范

《建筑施工土石方工程安全技术规范》JGJ 180—2009 规定，本规范适用于工业与民用建筑及构筑物工程的土石方施工与安全。

土石方工程施工应由具有相应资质及安全生产许可证的企业承担。土石方工程应编制专项施工安全方案，并应严格按照方案实施。施工前应针对安全风险进行安全教育及安全技术交底。特种作业人员必须持证上岗，机械操作人员应经过专业技术培训。施工现场发现危及人身安全和公共安全的隐患时，必须立即停止作业，排除隐患后方可恢复施工。

土石方施工的机械设备应有出厂合格证书，必须按照出厂使用说明书规定的技术性能、承载能力和使用条件等要求，正确操作，合理使用，严禁超载作业或任意扩大使用范围。机械设备进场前，应对现场和行进道路进行踏勘。不满足通行要求的地段应采取必要的措施。作业前应检查施工现场，查明危险源。机械作业不宜在有地下电缆或燃气管道等2m半径范围内进行。

作业时操作人员不得擅自离开岗位或将机械设备交给其他无证人员操作，严禁疲劳和酒后作业。严禁无关人员进入作业区和操作室。机械设备连续作业时，应遵守交接班制度。配合机械设备作业的人员，应在机械设备的回转半径以外工作；当在回转半径内作业时，必须有专人协调指挥。遇到下列情况之一时应立即停止作业：1）填挖区土体不稳定、有坍塌可能；2）地面涌水冒浆，出现陷车或因下雨发生坡道打滑；3）发生大雨、雷电、浓雾、水位暴涨及山洪暴发等情况；4）施工标志及防护设施被损坏；5）工作面净空不足以保证安全作业；6）出现其他不能保证作业和运行安全的情况。

机械设备运行时，严禁接触转动部位和进行检修。夜间工作时，现场必须有足够照明；机械设备照明装置应完好无损。机械设备在冬期使用，应遵守有关规定。冬、雨期施工时，应及时清除场地和道路上的冰雪、积水，并应采取有效的防滑措施。作业结束后，应将机械设备停到安全地带。操作人员非作业时间不得停留在机械设备内。

挖掘机挖掘前，驾驶员应发出信号，确认安全后方可启动设备。设备操作过程中应平稳，不宜紧急制动。当铲斗未离开工作面时，不得作回转、行走等动作。铲斗升降不得过猛，下降时不得碰撞车架或履带。装车作业应在运输车停稳后进行，铲斗不得撞击运输车任何部位；回转时严禁铲斗从运输车驾驶室顶上越过。拉铲或反铲作业时，挖掘机履带到工作面边缘的安全距离不应小于1.0m。挖掘机行驶或作业中，不得用铲斗吊运物料，驾驶室外严禁站人。

推土机工作时严禁有人站在履带或刀片的支架上。推土机向沟槽回填土时应设专人指挥，严禁推铲越出边缘。两台以上推土机在同一区域作业时，两机前后距离不得小于8m，平行时左右距离不得小于1.5m。

自行式铲运机沿沟边或填方边坡作业时，轮胎离路肩不得小于0.7m，并应放低铲斗，低速缓行。两台以上铲运机在同一区域作业时，自行式铲运机前后距离不得小于20m（铲土时不得小于10m），拖式铲运机前后距离不得小于10m（铲土时不得小于5m）；平行时左右距离均不得小于2m。

装载机作业时应使用低速挡。严禁铲斗载人。装载机不得在倾斜度超过规定的场地上工作。向汽车装料时，铲斗不得在汽车驾驶室上方越过。不得偏载、超载。在边坡、壕沟、凹坑卸料时，应有专人指挥，轮胎距沟、坑边缘的距离应大于1.5m，并应放置挡木阻滑。

压路机碾压的工作面，应经过适当平整。压路机工作地段的纵坡坡度不应超过其最大爬坡能力，横坡坡度不应大于20°。修筑坑边道路时，必须由里侧向外侧碾压。距路基边缘不得小于1m。严禁用压路机拖带任何机械、物件。两台以上压路机在同一区域作业时，前后距离不得小于3m。

载重汽车向坑洼区域卸料时，应和边坡保持安全距离，防止塌方翻车。严禁在斜坡侧向倾卸。载重汽车卸料后，应使车厢落下复位后方可起步，不得在未落车厢的情况下行驶。车厢内严禁载人。

蛙式夯实机的扶手和操作手柄必须加装绝缘材料，操作开关必须使用定向开关，进线口必须加胶圈。夯实机的电缆线不宜长于50m，不得扭结、缠绕或张拉过紧，应保持有至少3~4m的余量。操作人员必须戴绝缘手套、穿绝缘鞋，必须采取一人操作、一人拉线作业。多台夯机同时作业时，其并列间距不宜小于5m，纵列间距不宜小于10m。

小翻斗车运输构件宽度不得超过车宽，高度不得超过1.5m（从地面算起）。下坡时严禁空挡滑行；严禁在大于25°的陡坡上向下行驶。在坑槽边缘倒料时，必须在距离坑槽0.8~1.0m处设置安全挡块。严禁骑沟倒料。翻斗车行驶的坡道应平整且宽度不得小于2.3m。翻斗车行驶中，车架上和料斗内严禁站人。

土石方施工区域应在行车行人可能经过的路线点处设置明显的警示标志。有爆破、塌方、滑坡、深坑、高空滚石、沉陷等危险的区域应设置防护栏栅或隔离带。施工现场临时用电应符合现行行业标准《施工现场临时用电安全技术规范》JGJ 46—2005的规定。施工现场临时供水管线应埋设在安全区域，冬期应有可靠的防冻措施。供水管线穿越道路时应有可靠的防振防压措施。

土石方爆破工程应由具有相应爆破资质和安全生产许可证的企业承担。爆破作业人员应取得有关部门颁发的资格证书，做到持证上岗。爆破工程作业现场应由具有相应资格的技术人员负责指导施工。A级、B级、C级和对安全影响较大的D级爆破工程均应编制爆破设计书，并对爆破方案进行专家论证。爆破警戒范围由设计确定。在危险区边界，应设有明显标志，并派出警戒人员。爆破警戒时，应确保指挥部、起爆站和各警戒点之间有良好的通信联络。爆破后应检查有无盲炮及其他险情。当有盲炮及其他险情时，应及时上报并处理，同时在现场设立危险标志。

爆破作业环境有下列情况时，严禁进行爆破作业：1)爆破可能产生不稳定边坡、滑坡、崩塌的危险；2)爆破可能危及建（构）筑物、公共设施或人员的安全；3)恶劣天气条件下。爆破作业环境有下列情况时，不应进行爆破作业：1)药室或炮孔温度异常，而无有效针对措施；2)作业人员和设备撤离通道不安全或堵塞。

基坑工程应按现行行业标准《建筑基坑支护技术规程》JGJ 120—2012进行设计；必须遵循先设计后施工的原则；应按设计和施工方案要求，分层、分段、均衡开挖。土方开挖前，应查明基坑周边影响范围内建（构）筑物、上下水、电缆、燃气、排水及热力等地下管线情况，并采取措施保护其使用安全。基坑开挖深度范围内有地下水时，应采取有效的地下水控制措施。基坑工程应编制应急预案。

开挖深度超过2m的基坑周边必须安装防护栏杆。防护栏杆应符合下列规定：1)防护栏杆高度不应低于1.2m；2)防护栏杆应由横杆及立杆组成，横杆应设2~3道，下杆离地高度宜为0.3~0.6m，上杆离地高度宜为1.2~1.5m，立杆间距不宜大于2.0m，立杆离坡边距离宜大于0.5m；3)防护栏杆宜加挂密目安全网和挡脚板，安全网应自上而下封闭设置，挡脚板高度不应小于180mm，挡脚板下沿离地高度不应大于10mm；4)防护栏杆应安装牢固，材料应有足够的强度。

深基坑开挖过程中必须进行基坑变形监测，发现异常情况应及时采取措施。当基坑开挖过程中出现位移超过预警值、地表裂缝或沉陷等情况时，应及时报告有关方面。出现塌方险情等征兆时，应立即停止作业，组织撤离危险区域，并立即通知有关方面进行研究处理。

边坡工程应按现行国家标准《建筑边坡工程技术规范》GB 50330—2002 进行设计；应遵循先设计后施工，边施工边治理，边施工边监测的原则。边坡开挖施工区域应有临时排水及防雨措施。边坡开挖前，应清除边坡上方已松动的石块及可能崩塌的土体。

边坡开挖前应设置变形监测点，定期监测边坡的变形。边坡开挖过程中出现沉降、裂缝等险情时，应立即向有关方面报告，并根据险情采取如下措施：1）暂停施工，转移危险区内人员和设备；2）对危险区域采取临时隔离措施，并设置警示标志；3）坡脚被动区压重或坡顶主动区卸载；4）做好临时排水、封面处理；5）采取应急支护措施。

（4）湿陷性黄土地区建筑基坑工程安全技术规程

湿陷性黄土，是指在一定压力的作用下受水浸湿时，土的结构迅速破坏，并产生显著附加下沉的黄土。

《湿陷性黄土地区建筑基坑工程安全技术规程》JGJ 167—2009 规定，本规程适用于湿陷性黄土地区建筑基坑工程的勘察、设计、施工、检测、监测与安全技术管理。

当场地开阔、坑壁土质较好、地下水位较深及基坑开挖深度较浅时，可优先采用坡率法（指通过选择合理的边坡坡度进行放坡，依靠土体自身强度保持基坑侧壁稳定的无支护基坑开挖施工方法）。同一工程可视场地具体条件采用局部放坡或全深度、全范围放坡开挖。存在下列情况之一时，不应采用坡率法：1）放坡开挖对拟建或相邻建（构）筑物及重要管线有不利影响；2）不能有效降低地下水位和保持基坑内干作业；3）填土较厚或土质松软、饱和，稳定性差；4）场地不能满足放坡要求。

土钉墙（指采用土钉加固的基坑侧壁土体与护面等组成的支护结构）适用于地下水位以上或经人工降水后具有一定临时自稳能力土体的基坑支护。不适用于对变形有严格要求的基坑支护。土钉墙设计、施工及使用期间应采取措施，防止外来水体浸入基坑边坡土体。土钉墙施工安全应符合下列要求：1）施工中应每班检查注浆、喷射机械密封和耐压情况，检查输料管、送风管的磨损和接头连接情况，防止输料管爆裂、松脱喷浆喷砂伤人；2）施工作业前应保证输料管顺直无堵管，送电、送风前应通知施工人员，处理施工故障应先断电、停机，施工中以及处理故障时注浆管和喷射管头前方严禁站人；3）施工所用工作台架应牢固可靠，应有安全护栏，安全护栏高度不得小于1.2m。4）喷射混凝土作业人员应佩戴个人防尘用具。

水泥土墙（指由水泥土桩相互搭接形成的格栅状、壁状等形式的重力式支护与挡水结构）可单独使用，用于挡土或同时兼作隔水；也可与钢筋混凝土排桩等联合使用，水泥土墙（桩）主要起隔水作用。水泥土墙适用于淤泥、淤泥质土、黏土、粉质黏土、粉土、砂类土、素填土及饱和黄土类土等。单独采用水泥土墙进行基坑支护时，适用于基坑周边无重要建筑物，且开挖深度不宜大于 6m 的基坑。当采用加筋（插筋）水泥土墙或与锚杆、钢筋混凝土排桩等联合使用时，其支护深度可大于6m。

排桩是指以某种桩型按队列式布置组成的基坑支护结构。采用悬臂式排桩，桩径不宜小于600mm；采用排桩—锚杆结构，桩径不宜小于400mm；采用人工挖孔工艺时，排桩桩径不宜小于800mm。当排桩相邻建（构）筑物等较近时，不宜采用冲击成孔工艺进行灌注桩施工；当采用钻孔灌注桩时，应防止塌孔对相邻（构）筑物的影响。基坑开挖后，应及时对桩间土采取防护措施以维护其稳定，可采用内置钢丝网或钢筋网的喷射混凝土护面等处理方法。当桩间渗水时,应在护面设泄水孔。当挖方较深时,应采取必要的基坑支护措施。防止坑壁坍塌,避免危害工程周边环境。雨季和冬季施工应采取防水、排水、防冻等措施,确保基坑及坑壁不受水浸泡、冲刷、受冻。

施工过程中应经常检查平面位置、坑底面标高、边坡坡度、地下水的降深情况。专职安全员应随时观测周边的环境变化。土方开挖施工过程中,基坑边缘及挖掘机械的回转半径内严禁人员逗留。特种机械作业人员应持证上岗。基坑的四周应设置安全围栏并应牢固可靠。围栏的高度不应低于1.20m,并应设置明显的安全警告标识牌。当基坑较深时,应设置人员上下的专用通道。夜间施工时,现场应具备充足的照明条件,不得留有照明死角。每个照明灯具应设置单独的漏电保护器。电源线应采用架空设置;当不具备架空条件时,可采用地沟埋设,车辆通行地段,应先将电源线穿入护管后再埋入地下。

基坑降水宜优先采用管井降水,当具有施工经验或具备条件时,亦可采用集水明排或其他降水方法。土方工程施工前应进行挖填方的平衡计算,并应综合考虑基坑工程的各道工序及土方的合理运距。土方开挖前,应做好地面排水,必要时应做好降低地下水位工作。当挖方较深时,应采取必要的基坑支护措施。防止坑壁坍塌,避免危害工程周边环境。雨季和冬季施工应采取防水、排水、防冻等措施,确保基坑及坑壁不受水浸泡、冲刷、受冻。

基槽开挖前必须查明基槽开挖影响范围内的各类地下设施,包括上水、下水、电缆、光缆、消防管道、煤气、天然气、热力等管线和管道的分布、使用状况及对变形的要求等。查明基槽影响范围内的道路及车辆载重情况。基槽开挖必须保证基槽及邻近的建(构)筑物、地下各类管线和道路的安全。基槽工程可采用垂直开挖、放坡开挖或内支撑方式开挖。支护结构必须满足强度、稳定性和变形的要求。基槽土方开挖的顺序、方法必须与设计相一致,并应遵循"开槽支撑,先撑后挖,分层开挖,严禁超挖"的原则。施工中基槽边堆置土方的高度和安全距离应符合设计要求。基槽开挖时,应对周围环境进行观察和监测;当出现异常情况时,应及时反馈并处理,待恢复正常后方可施工。基槽工程在开挖及回填中,应监测地层中的有害气体,并应采取佩戴防毒面具、送风送氧等有效防护措施。当基槽较深时,应设置人员上下坡道或爬梯,不得在槽壁上掏坑攀登上下。

对深度超过2m及以上的基坑施工,应在基坑四周设置高度大于0.15 m的防水围挡,并应设置防护栏杆,防护栏杆埋深应大于0.60m,高度宜为1.00~1.10m,栏杆柱距不得大于2.0m,距离坑边水平距离不得小于0.50m。基坑周边1.2m范围内不得堆载,3m以内限制堆载,坑边严禁重型车辆通行。当支护设计中已考虑堆载和车辆运行时,必须按设计要求进行,严禁超载。在基坑边1倍基坑深度范围内建造临时住房或仓库时,应经基坑支护设计单位允许,并经施工企业技术负责人、工程项目总监批准,方可实施。

基坑的上、下部和四周必须设置排水系统,流水坡向应明显,不得积水。基坑上部排水沟与基坑边缘的距离应大于2m,沟底和两侧必须做防渗处理。基坑底部四周应设置排水沟和集水坑。雨季施工时,应有防洪、防暴雨的排水措施及材料设备,备用电源应处在良好的技术状态。在基坑的危险部位或在临边、临空位置,设置明显的安全警示标识或警戒。当夜间进行基坑施工时,设置的照明充足,灯光布局合理,防止强光影响作业人员视力,必要时应配备应急照明。

基坑开挖时支护单位应编制基坑安全应急预案，并经项目总监批准。应急预案中所涉及的机械设备与物料，应确保完好，存放在现场并便于立即投入使用。施工单位在作业前，必须对从事作业的人员进行安全技术交底，并应进行事故应急救援演练。施工单位应有专人对基坑安全进行巡查，每天早晚各 1 次，雨季应增加巡查次数，并应做好记录，发现异常情况应及时报告。对基坑监测数据应及时进行分析整理；当变形值超过设计警戒值时，应发出预警，停止施工，撤离人员，并应按应急预案中的措施进行处理。

## 4. 高处作业安全技术规范的要求

《建筑施工高处作业安全技术规范》JGJ 80—1991 规定，本规范适用于工业与民用房屋建筑及一般构筑物施工时，高处作业中临边、洞口、攀登、悬空、操作平台及交叉等项作业。

高处作业的安全技术措施及其所需料具，必须列入工程的施工组织设计。单位工程施工负责人应对工程的高处作业安全技术负责并建立相应的责任制。施工前，应逐级进行安全技术教育及交底，落实所有安全技术措施和人身防护用品，未经落实时不得进行施工。高处作业中的安全标志、工具、仪表、电气设施和各种设备，必须在施工前加以检查，确认其完好，方能投入使用。攀登和悬空高处作业人员及搭设高处作业安全设施的人员，必须经过专业技术培训及专业考试合格，持证上岗，并必须定期进行体格检查。

施工中对高处作业的安全技术设施，发现有缺陷和隐患时，必须及时解决；危及人身安全时，必须停止作业。施工作业场所有坠落可能的物件，应一律先行撤除或加以固定。高处作业中所用的物料，均应堆放平稳，不妨碍通行和装卸。工具应随手放入工具袋；作业中的走道、通道板和登高用具，应随时清扫干净；拆卸下的物件及余料和废料均应及时清理运走，不得任意乱置或向下丢弃。传递物件禁止抛掷。

雨天和雪天进行高处作业时，必须采取可靠的防滑、防寒和防冻措施。凡水、冰、霜、雪均应及时清除。对进行高处作业的高耸建筑物，应事先设置避雷设施。遇有六级以下强风、浓雾等恶劣天气，不得进行露天攀登与悬空高处作业。暴风雪及台风暴雨后，应对高处作业安全设施逐一加以检查，发现有松动、变形、损坏或脱落等现象，应立即修理完善。因作业必需，临时拆除或变动安全防护设施时，必须经施工负责人同意，并采取相应的可靠措施，作业后应立即恢复。防护棚搭设与拆除时，应设警戒区，并应派专人监护。严禁上下同时拆除。

对临边高处作业，必须设置防护措施，并符合下列规定：(1) 基坑周边，尚未安装栏杆或栏板的阳台、料台与挑平台周边，雨篷与挑檐边，无外脚手的屋面与楼层周边及水箱与水塔周边等处，都必须设置防护栏杆。(2) 头层墙高度超过 3.2m 的二层楼面周边，以及无外脚手的高度超过 3.2m 的楼层周边，必须在外围架设安全平网一道。(3) 分层施工的楼梯口和梯段边，必须安装临时护栏。顶层楼梯口应随工程结构进度安装正式防护栏杆。(4) 井架与施工用电梯和脚手架等与建筑物通道的两侧边，必须设防护栏杆。地面通道上部应装设安全防护棚。双笼井架通道中间，应予分隔封闭。(5) 各种垂直运输接料平台，除两侧设防护栏杆外，平台口还应设置安全门或活动防护栏杆。

进行洞口作业以及在因工程和工序需要而产生的，使人与物有坠落危险或危及人身安全的其他洞口进行高处作业时,必须按下列规定设置防护设施:(1)板与墙的洞口,必须设置牢固的盖板、防护栏杆、安全网或其他防坠落的防护设施。(2)电梯井口必须设防护栏杆或固定栅门;电梯井内应每隔两层并最多隔10m设一道安全网。(3)钢管桩、钻孔桩等桩孔上口,杯形、条形基础上口,未填土的坑槽,以及人孔、天窗、地板门等处,均应按洞口防护设置稳固的盖件。(4)施工现场通道附近的各类洞口与坑槽等处,除设置防护设施与安全标志外,夜间还应设红灯示警。

在施工组织设计中应确定用于现场施工的登高和攀登设施。现场登高应借助建筑结构或脚手架上的登高设施,也可采用载人的垂直运输设备。进行攀登作业时可使用梯子或采用其他攀登设施。攀登的用具,结构构造上必须牢固可靠。梯脚底部应坚实,不得垫高使用。梯子的上端应有固定措施。梯子如需接长使用,必须有可靠的连接措施,且接头不得超过1处。作业人员应从规定的通道上下,不得在阳台之间等非规定通道进行攀登,也不得任意利用吊车臂架等施工设备进行攀登。

构件吊装和管道安装时的悬空作业,必须遵守下列规定:(1)钢结构的吊装,构件应尽可能在地面组装,并应搭设进行临时固定、电焊、高强螺栓连接等工序的高空安全设施,随构件同时上吊就位。拆卸时的安全措施,亦应一并考虑和落实。高空吊装预应力钢筋混凝土层架、桁架等大型构件前,也应搭设悬空作业中所需的安全设施。(2)悬空安装大模板、吊装第一块预制构件、吊装单独的大中型预制构件时,必须站在操作平台上操作。吊装中的大模板和预制构件以及石棉水泥板等屋面板上,严禁站人和行走。(3)安装管道时必须有已完结构或操作平台为立足点,严禁在安装中的管道上站立和行走。

模板支撑和拆卸时的悬空作业,必须遵守下列规定:(1)支模应按规定的作业程序进行,模板未固定前不得进行下一道工序。严禁在连接件和支撑件上攀登上下,并严禁在上下同一垂直面上装、拆模板。结构复杂的模板,装、拆应严格按照施工组织设计的措施进行。(2)支设高度在3m以上的柱模板,四周应设斜撑,并应设立操作平台。低于3m的可使用马凳操作。(3)支设悬挑形式的模板时,应有稳固的立足点。支设临空构筑物模板时,应搭设支架或脚手架。模板上有预留洞时,应在安装后将洞盖没。混凝土板上拆模后形成的临边或洞口,应按本规范进行防护。拆模高处作业,应配置登高用具或搭设支架。

钢筋绑扎时的悬空作业,必须遵守下列规定:(1)绑扎钢筋和安装钢筋骨架时,必须搭设脚手架和马道。(2)绑扎圈梁、挑梁、挑檐、外墙和边柱等钢筋时,应搭设操作台架和张挂安全网。悬空大梁钢筋的绑扎,必须在满铺脚手板的支架或操作平台上操作。(3)绑扎立柱和墙体钢筋时,不得站在钢筋骨架上或攀登骨架上下。3m以内的柱钢筋,可在地面或楼面上绑扎,整体竖立。绑扎3m以上的柱钢筋,必须搭设操作平台。

混凝土浇筑时的悬空作业,必须遵守下列规定:(1)浇筑离地2m以上框架、过梁、雨篷和小平台时,应设操作平台,不得直接站在模板或支撑件上操作。(2)浇筑拱形结构,应自两边拱脚对称地相向进行。浇筑储仓,下口应先行封闭,并搭设脚手架以防人员坠落。(3)特殊情况下如无可靠的安全设施,必须系好安全带并扣好保险钩,或架设安全网。

进行预应力张拉的悬空作业时,必须遵守下列规定:(1)进行预应力张拉时,应搭设站立操作人员和设置张拉设备的牢固可靠的脚手架或操作平台。雨天张拉时,还应架设防雨棚。(2)预应力张拉区域标示明显的安全标志,禁止非操作人员进入。张拉钢筋的两端必须设置挡板。(3) 孔道灌浆应按预应力张拉安全设施的有关规定进行。

悬空进行门窗作业时,必须遵守下列规定:(1) 安装门、窗,油漆及安装玻璃时,严禁操作人员站在檩子、阳台栏板上操作。门、窗临时固定,封填材料未达到强度,以及电焊时,严禁手拉门、窗进行攀登。(2) 在高处外墙安装门、窗,无外脚手时,应张挂安全网。无安全网时,操作人员应系好安全带,其保险钩应挂在操作人员上方的可靠物件上。(3) 进行各项窗口作业时,操作人员的重心应位于室内,不得在窗台上站立,必要时应系好安全带进行操作。

支模、粉刷、砌墙等各工种进行上下立体交叉作业时,不得在同一垂直方向上操作。下层作业的位置,必须处于依上层高度确定的可能坠落范围半径之外。不符合以上条件时,应设置安全防护层。钢模板、脚手架等拆除时,下方不得有其他操作人员。钢模板部件拆除后,临时堆放处离楼层边沿不应小于1m,堆放高度不得超过1m。楼层边口、通道口、脚手架边缘等处,严禁堆放任何拆下物件。

结构施工自二层起,凡人员进出的通道口(包括井架、施工用电梯的进出通道口),均应搭设安全防护棚。高度超过24m的层次上的交叉作业,应设双层防护。由于上方施工可能坠落物件或处于起重机把杆回转范围之内的通道,在其受影响的范围内,必须搭设顶部能防止穿透的双层防护廊。

建筑施工进行高处作业之前,应进行安全防护设施的逐项检查和验收。验收合格后,方可进行高处作业。验收也可分层进行,或分阶段进行。安全防护设施,应由单位工程负责人验收,并组织有关人员参加。安全防护设施的验收应按类别逐项查验,并作出验收记录。凡不符合规定者,必须修整合格后再行查验。施工工期内还应定期进行抽查。

## 5. 施工用电安全技术规范的要求

《施工现场临时用电安全技术规范》JGJ 46—2005规定,本规范适用于新建、改建和扩建的工业与民用建筑和市政基础设施施工现场临时用电工程中的电源中性点直接接地的220/380V三相四线制低压电力系统的设计、安装、使用、维修和拆除。

建筑施工现场临时用电工程专用的电源中性点直接接地的220/380V三相四线制低压电力系统,必须符合下列规定:(1) 采用三级配电系统;(2) 采用TN-S接零保护系统;(3) 采用二级漏电保护系统。

施工现场临时用电设备在5台及以上或设备总容量在50kW及以上者,应编制用电组织设计。临时用电工程图纸应单独绘制,临时用电工程应按图施工。临时用电组织设计及变更时,必须履行"编制、审核、批准"程序,由电气工程技术人员组织编制,经相关部门审核及具有法人资格企业的技术负责人批准后实施。变更用电组织设计时应补充有关图纸资料。临时用电工程必须经编制、审核、批准部门和使用单位共同验收,合格后方可投入使用。

电工必须经过按国家现行标准考核合格后,持证上岗工作;其他用电人员必须通过相关安全教育培训和技术交底,考核合格后方可上岗工作。安装、巡检、维修或拆除临时用电设备和线路,必须由电工完成,并应有人监护。

在建工程不得在外电架空线路正下方施工、搭设作业棚、建造生活设施或堆放构件、架具、材料及其他杂物等。施工现场开挖沟槽边缘与外电埋地电缆沟槽边缘之间的距离不得小于0.5m。电气设备现场周围不得存放易燃易爆物、污源和腐蚀介质，否则应予清除或做防护处置，其防护等级必须与环境条件相适应。电气设备设置场所应能避免物体打击和机械损伤，否则应做防护处置。

当施工现场与外电线路共用同一供电系统时，电气设备的接地、接零保护应与原系统保持一致，不得一部分设备做保护接零，另一部分设备做保护接地。施工现场的临时用电电力系统严禁利用大地做相线或零线。保护零线必须采用绝缘导线。城防、人防、隧道等潮湿或条件特别恶劣施工现场的电气设备必须采用保护接零。每一接地装置的接地线应采用2根及以上导体，在不同点与接地体做电气连接。不得采用铝导体做接地体或地下接地线。垂直接地体宜采用角钢、钢管或光面圆钢，不得采用螺纹钢。接地可利用自然接地体，但应保证其电气连接和热稳定。在有静电的施工现场内，对集聚在机械设备上的静电应采取接地泄漏措施。

施工现场内的起重机、井字架、龙门架等机械设备，以及钢脚手架和正在施工的在建工程等的金属结构，当在相邻建筑物、构筑物等设施的防雷装置接闪器的保护范围以外时，应按规定安装防雷装置。当最高机械设备上避雷针（接闪器）的保护范围能覆盖其他设备，且又最后退出现场，则其他设备可不设防雷装置。机械设备或设施的防雷引下线可利用该设备或设施的金属结构体，但应保证电气连接。

配电室应靠近电源，并应设在灰尘少、潮气少、振动小、无腐蚀介质、无易燃易爆物及道路畅通的地方。配电室和控制室应能自然通风，并应采取防止雨雪侵入和动物进入的措施。配电柜或配电线路停电维修时，应挂接地线，并应悬挂"禁止合闸、有人工作"停电标志牌。停送电必须由专人负责。

发电机组及其控制、配电、修理室等可分开设置；在保证电气安全距离和满足防火要求情况下可合并设置。发电机组的排烟管道必须伸出室外。发电机组及其控制、配电室内必须配置可用于扑灭电气火灾的灭火器，严禁存放贮油桶。发电机组电源必须与外电线路电源连锁，严禁并列运行。发电机组并列运行时，必须装设同期装置，并在机组同步运行后再向负载供电。

架空线必须采用绝缘导线。架空线必须架设在专用电杆上，严禁架设在树木、脚手架及其他设施上。电缆中必须包含全部工作芯线和用作保护零线或保护线的芯线。需要三相四线制配电的电缆线路必须采用五芯电缆。电缆线路应采用埋地或架空敷设，严禁沿地面明设，并应避免机械损伤和介质腐蚀。架空电缆严禁沿脚手架、树木或其他设施敷设。在建工程内的电缆线路必须采用电缆埋地引入，严禁穿越脚手架引入。室内配线必须采用绝缘导线或电缆。

配电系统应设置配电柜或总配电箱、分配电箱、开关箱，实行三级配电。每台用电设备必须有各自专用的开关箱，严禁用同一个开关箱直接控制2台及2台以上用电设备（含插座）。动力配电箱与照明配电箱宜分别设置。当合并设置为同一配电箱时，动力和照明应分路配电，动力开关箱与照明开关箱必须分设。配电箱、开关箱应装设在干燥、通风及常温场所，不得装设在有严重损伤作用的瓦斯、烟气、潮气及其他有害介质中，亦不得装设在易受外来固体物撞击、强烈振动、液体浸溅及热源烘烤场所。配电箱、开关箱周围应有足够两人同时工作的空间和通道，不得堆放任何妨碍操作、维修的物品，不得有灌木、杂草。

配电箱、开关箱内的电器必须可靠、完好，严禁使用破损、不合格的电器。总配电箱的电器应具备电源隔离，正常接通与分断电路，以及短路、过载、漏电保护功能。分配电箱应装设总隔离开关、分路隔离开关以及总断路器、分路断路器或总熔断器、分路熔断器。开关箱必须装设隔离开关、断路器或熔断器，以及漏电保护器。配电箱、开关箱箱门应配锁，并应由专人负责。配电箱、开关箱应定期检查、维修。检查、维修人员必须是专业电工。检查、维修时必须按规定穿、戴绝缘鞋、手套，必须使用电工绝缘工具，并应做检查、维修工作记录。对配电箱、开关箱进行定期维修、检查时，必须将其前一级相应的电源隔离开关分闸断电，并悬挂"禁止合闸、有人工作"停电标志牌，严禁带电作业。施工现场停止作业1小时以上时，应将动力开关箱断电上锁。

塔式起重机、外用电梯、滑升模板的金属操作平台及需要设置避雷装置的物料提升机，除应连接 PE 线外，还应做重复接地。设备的金属结构构件之间应保证电气连接。轨道式塔式起重机的电缆不得拖地行走。需要夜间工作的塔式起重机，应设置正对工作面的投光灯。塔身高于30m 的塔式起重机，应在塔顶和臂架端部设红色信号灯。外用电梯和物料提升机在每日工作前必须对行程开关、限位开关、紧急停止开关、驱动机构和制动器等进行空载检查，正常后方可使用。检查时必须有防坠落措施。

使用夯土机械必须按规定穿戴绝缘用品，使用过程应有专人调整电缆，电缆长度不应大于50m。电缆严禁缠绕、扭结和被夯土机械跨越。多台夯土机械并列工作时，其间距不得小于5m；前后工作时，其间距不得小于10m。夯土机械的操作扶手必须绝缘。电焊机械应放置在防雨、干燥和通风良好的地方。焊接现场不得有易燃、易爆物品。使用电焊机械焊接时必须穿戴防护用品，严禁露天冒雨从事电焊作业。使用手持式电动工具时，必须按规定穿、戴绝缘防护用品。对混凝土搅拌机、钢筋加工机械、木工机械、盾构机械等设备进行清理、检查、维修时，必须首先将其开关箱分闸断电，呈现可见电源分断点，并关门上锁。

在坑、洞、井内作业、夜间施工或厂房、道路、仓库、办公室、食堂、宿舍、料具堆放场及自然采光差等场所，应设一般照明、局部照明或混合照明。在一个工作场所内，不得只设局部照明。停电后，操作人员需及时撤离的施工现场，必须装设自备电源的应急照明。一般场所宜选用额定电压为220V 的照明器。下列特殊场所应使用安全特低电压照明器：1）隧道、人防工程、高温、有导电灰尘、比较潮湿或灯具离地面高度低于2.5m 等场所的照明，电源电压不应大于36V；2）潮湿和易触及带电体场所的照明，电源电压不得大于24V；3）特别潮湿场所、导电良好的地面、锅炉或金属容器内的照明，电源电压不得大于12V。

对夜间影响飞机或车辆通行的在建工程及机械设备，必须设置醒目的红色信号灯，其电源应设在施工现场总电源开关的前侧，并应设置外电线路停止供电时的应急自备电源。

## 6. 建筑起重机械安全技术规范的要求

建筑起重机械安全技术规范主要有《起重机械安全规程》GB 6067.1—2010、《塔式起重机安全规程》GB 5144—2006、《建筑施工塔式起重机安装、拆卸、使用安全技术规程》JGJ 196—2010、《施工升降机》GB/T 10054、《施工升降机安全规程》GB 10055—2007、《建筑施工升降机安装、使用、拆除安全技术规程》JGJ 215—2010、《龙门架及井架物料升降机安全技术规范》JGJ 88—2010、《建筑起重机械安全评估技术规程》JGJ/T 189—2009 等。

(1) 起重机械安全规程

《起重机械安全规程》GB 6067.1—2010 规定，本部分适用于桥式和门式起重机、流动式起重机、塔式起重机、臂架起重机、缆索起重机及轻小型起重设备的通用要求。本部分不适用于浮式起重机、甲板起重机及载人等起重设备。如不涉及基本安全的特殊问题，本部分也可供其他起重机械参考。

司机应遵照制造商说明书和安全工作制度负责起重机的安全操作。除接到停止信号之外，在任何时候都只应服从吊装工或指挥人员发出的可明显识别的信号。

吊装工负责在起重机械的吊具上吊挂和卸下重物，并根据相应的载荷定位的工作计划选择适用的吊具和吊装设备。

指挥人员应负有将信号从吊装工传递给司机的责任。指挥人员可以代替吊装工指挥起重机械和载荷的移动，但在任何时候只能由一人负责。在起重机械工作中，如果把指挥起重机械安全运行和载荷搬运的工作职责移交给其他有关人员，指挥人员应向司机说明情况。而且，司机和被移交者应明确其应负的责任。

安装人员负责按照安装方案及制造商提供的说明书安装起重机械，当需要两个或两个以上安装人员时，应指定一人作为"安装主管"在任何时候监管安装工作。

维护人员的职责是维护起重机械以及对起重机械的安全使用和正常操作负责。他们应遵照制造商厂提供的维护手册并在安全工作制度下对起重机械进行所有必要的维护。

在现场负责所进行全面管理的人员或组织以及起重机操作中的人员对起重机械的安全运行都负有责任。主管人员应保证安全教育和起重作业中各项安全制度的落实。起重作业中与安全性有关的环节包括起重机械的使用、维修和更换安全装备、安全操作规程等所涉及的各类人员的责任应落实到位。

所有正在起重作业的工作人员、现场参观者或与起重机械邻近的人员应了解相关的安全要求。有关人员应向这些人员讲解人身安全装备的正确使用方法并要求他们使用这些装备。

安全通道和紧急逃生装置在起重机运行以及检查、检验、试验、维护、修理、安装和拆卸过程中均应处于良好状态。任何人登上或离开起重机械，均需报告在岗起重机械司机并获许可。

(2) 塔式起重机安全规程

《塔式起重机安全规程》GB 5144—2006 规定，本规程适用于各种建筑用塔机。其他用途的塔机可参照执行。本规程不适用于汽车式、轮胎式及履带式的塔机。

自升式塔机在加节作业时，任一顶升循环中即使顶升油缸的活塞杆全程伸出，塔身上端面至少应比顶升套架上排导向滚轮（或滑套）中心线高 60mm。

塔机应保证在工作和非工作状态时，平衡重及压重在其规定位置上不位移、不脱落，平衡重块之间不得互相撞击。当使用散粒物料作平衡重时应使用平衡重箱，平衡重箱应防水，保证重量准确、稳定。

塔机安装、拆卸及塔身加节或降节作业时，应按使用说明书中有关规定及注意事项进行。架设前应对塔机自身的架设机构进行检查，保证机构处于正常状态。塔机在安装、增加塔身标准节之前应对结构件和高强度螺栓进行检查，若发现下列问题应修复或更换后方可进行安装：1）目视可见的结构件裂纹及焊缝裂纹；2）连接件的轴、孔严重磨损；3）结构件母材严重锈蚀；4）结构件整体或局部塑性变形，销孔塑性变形。

小车变幅的塔机在起重臂组装完毕准备吊装之前，应检查起重臂的连接销轴、安装定位板等是否连接牢固、可靠。当起重臂的连接销轴轴端采用焊接挡板时，则在锤击安装销轴后，应检查轴端挡板的焊缝是否正常。

安装、拆卸、加节或降节作业时，塔机的最大安装高度处的风速不应大于13m/s，当有特殊要求时，按用户和制造厂的协议执行。塔机的尾部与周围建筑物及其外围施工设施之间的安全距离不小于0.6m。

（3）建筑施工塔式起重机安装、拆卸、使用安全技术规程

《建筑施工塔式起重机安装、拆卸、使用安全技术规程》JGJ 196—2010规定，本规程适用于房屋建筑工程、市政工程所用塔式起重机的安装、使用和拆卸。

塔式起重机安装、拆卸单位必须具有从事塔式起重机安装、拆卸业务的资质。塔式起重机安装、拆卸单位应具备安全管理保证体系，有健全的安全管理制度。塔式起重机安装、拆卸作业应配备下列人员：1）持有安全生产考核合格证书的项目负责人和安全负责人、机械管理人员；2）持有建筑施工特种作业操作资格证书的建筑起重机械安装拆卸工、起重司机、起重信号工、司索工等特种作业操作人员。

塔式起重机应具有特种设备制造许可证、产品合格证、制造监督检验证明，并已在县级以上地方建设主管部门备案登记。有下列情况之一的塔式起重机严禁使用：1）国家明令淘汰的产品；2）超过规定使用年限经评估不合格的产品；3）不符合国家现行相关标准的产品；4）没有完整安全技术档案的产品。

塔式起重机安装、拆卸前，应编制专项施工方案，指导作业人员实施安装、拆卸作业。专项施工方案应根据塔式起重机说明书和作业场地的实际情况编制，并应符合国家现行相关标准的规定。专项施工方案应由本单位技术、安全、设备等部门审核、技术负责人审批后，经监理单位批准实施。

当多台塔式起重机在同一施工现场交叉作业时，应编制专项方案，并应采取防碰撞的安全措施。在塔式起重机的安装、使用及拆卸阶段，进入现场的作业人员必须佩戴安全帽、防滑鞋、安全带等防护用品，无关人员进严禁入作业区域内。在安装、拆卸作业期间，应设警戒区。塔式起重机使用时，起重臂和吊物下方严禁有人停留；物件吊运时，严禁从人员上方通过。严禁用塔式起重机载运人员。

安装作业中应统一指挥，明确指挥信号。当视线受阻、距离过远时，应采用对讲机或多级指挥。雨雪、浓雾天气严禁进行安装作业。安装时塔式起重机最大高度处的风速应符合使用说明书的要求，且风速不得超过12m/s。塔式起重机不宜在夜间进行安装作业；当需在夜间进行塔式起重机安装和拆卸作业时，应保证提供足够的照明。当遇有特殊情况安

装作业不能连续进行时,必须将已安装的部位固定牢靠并达到安全状态,经检查确认无隐患后,方可停止作业。塔式起重机的安全装置必须设置齐全,并应按程序进行调试合格。安装单位自检合格后,应委托有相应资质的检验检测机构进行检测。检验检测机构应出具检测报告书。

塔式起重机使用前,应对起重司机、起重信号工、司索工等作业人员进行安全技术交底。作业中遇突发故障,应采取措施将吊物降落到安全地方,严禁吊物长时间悬挂在空中。遇有风速在12m/s及以上的大风或大雨、大雪、大雾等恶劣天气时,应停止作业。雨雪过后,应先经过试吊,确认制动器灵敏可靠后方可进行作业。夜间施工应有足够照明,照明的安装应符合现行行业标准《施工现场临时用电安全技术规范》JGJ 46—2005的要求。

每班作业应做好例行保养,并应做好记录。记录的主要内容应包括结构件外观、安全装置、传动机构、连接件、制动器、索具、夹具、吊钩、滑轮、钢丝绳、液位、油位、油压、电源、电压等。实行多班作业的设备,应执行交接班制度,认真填写交接班记录,接班司机经检查确认无误后,方可开机作业。塔式起重机应实施各级保养。转场时,应做转场保养,并应有记录。塔式起重机的主要部件和安全装置等应进行经常性检查,每月不得少于一次,并应有记录;当发现有安全隐患时,应及时进行整改。

塔式起重机拆卸作业宜连续进行;当遇特殊情况拆卸作业不能继续时,应采取措施保证塔式起重机处于安全状态。拆卸应先降节、后拆除附着装置。拆卸完毕后,为塔式起重机拆卸作业而设置的所有设施应拆除,清理场地上作业时所用的吊索具、工具等各种零配件和杂物。

吊具、索具在每次使用前应进行检查,经检查确认符合要求后,方可继续使用。当发现有缺陷时,应停止使用。吊具、索具每6个月应进行一次检查,并应作好记录。检验记录应作为继续使用、维修或报废的依据。钢丝绳严禁采用打结方式系结吊物。

(4) 施工升降机

《施工升降机》GB/T 10054—2005规定,本标准适用于齿轮齿条式、钢丝绳式和混合式施工升降机。本标准不适用于电梯/矿井提升机、无导轨架的升降平台。

施工升降机是指用吊笼载人、载物沿导轨做上下运输的施工机械。齿轮齿条式施工升降机,是指采用齿轮齿条传动的施工升降机。钢丝绳式施工升降机,是指采用钢丝绳提升的施工升降机。混合式施工升降机,是指一个吊笼采用齿轮齿条传动,另一个吊笼采用钢丝绳提升的施工升降机。货用施工升降机,是指用于运载货物,禁止运载人员的施工升降机。人货两用施工升降机,是指用于运载人员及货物的施工升降机。

施工升降机应设置高度不低于1.8m的地面防护围栏,地面防护围栏应围成一周。围栏登机门的开启高度不应低于1.8m;围栏登机门应具有机械锁紧装置和电气安全开关,使吊笼只有位于底部规定位置时,围栏登机门才能开启,而在该门开启后吊笼不能起动。围栏门的电气安全开关可不装在围栏上。

每个吊笼上应装有渐进式防坠安全器(以下简称防坠安全器),不允许采用瞬时式安全器。额定载重量为200kg及以下、额定提升速度小于0.40m/s的施工升降机允许采用匀速式安全器。防坠安全器只能在有效的标定期限内使用,防坠安全器的有效标定期限不应超过两年。防坠安全器装机使用时,应按吊笼额定载重量进行坠落试验。以后至少每3个月应进行一次额定载重量的坠落试验。对重质量大于吊笼质量的施工升降机应加设对重的防坠安全器。防坠安全器在任何时候都应该起作用，包括安装和拆卸工况。

每个吊笼应装有上、下限位开关；人货两用施工升降机的吊笼还应装有极限开关。上、下限位开关可用自动复位型，切断的是控制回路；极限开关不允许用自动复位型，切断的是总电源。

人货两用施工升降机驱动吊笼的钢丝绳不应少于两根，且是相互独立的。钢丝绳的安全系数不应小于12，钢丝绳直径不应小于9mm。货用施工升降机驱动吊笼的钢丝绳允许用一根，其安全系数不应小于8。额定载重量不大于320kg的施工升降机，钢丝绳直径不应小于6mm；额定载重量大于320kg的施工升降机，钢丝绳直径不应小于8mm。

(5) 施工升降机安全规程

《施工升降机安全规程》GB 10055—2007 规定，本标准适用于《施工升降机》GB/T 10054—2005 所定义的施工升降机（包括齿轮齿条式和钢丝绳式）。本规程规定，吊笼应具有有效的装置使吊笼在导向装置失效时仍能保持在导轨上。有对重的施工升降机，当对重质量大于吊笼质量时，应有双向防坠安全器或对重防坠安全装置。

防坠安全器在施工升降机的接高和拆卸过程中应仍起作用。在非坠落试验的情况下，防坠安全器动作后，吊笼应不能运行。只有当故障排除，安全器复位后吊笼才能正常运行。作用于一个以上导向杆或导向绳的安全器，工作时应同时起作用。防坠安全器应防止由于外界物体侵入或因气候条件影响而不能正常工作。任何防坠安全器均不能影响施工升降机的正常运行。防坠安全器试验时，吊笼不允许载人。当吊笼装有两套或多套安全器时，都应采用渐进式安全器。防坠安全器只能在有效的标定期限内使用，有效标定期限不应超过一年。

施工升降机应设有限位开关、极限开关和防松绳开关。行程限位开关均应由吊笼或相关零件的运动直接触发。对于额定提升速度大于 0.7m/s 的施工升降机，还应设有吊笼上下运行减速开关，该开关的安装位置应保证在吊笼触发上下行程开关之前动作，使高速运行的吊笼提前减速。

施工升降机必须设置自动复位型的上、下行程限位开关。

齿轮齿条式施工升降机和钢丝绳式人货两用施工升降机必须设置极限开关，吊笼越程超出限位开关后，极限开关须切断总电源使吊笼停车。极限开关为非自动复位型的，其动作后必须手动复位才能使吊笼可重新启动。极限开关不应与限位开关共用一个触发元件。

施工升降机的对重钢丝绳或提升钢丝绳的绳数不少于两条且相互独立时，在钢丝绳组的一端应设置张力均衡装置，并装有由相对伸长量控制的非自动复位型的防松绳开关。当其中一条钢丝绳出现的相对伸长量超过允许值或断绳时，该开关将切断控制电路，吊笼停车。对采用单根提升钢丝绳或对重钢丝绳出现松绳时，防松绳开关立即切断控制电路，制动器制动。

施工升降机应装有超载保护装置，该装置应对吊笼内载荷、吊笼顶部载荷均有效。施工升降机应有主电路各相绝缘的手动开关，该开关应设在便于操作之处。开关手柄应能单向切断主电路且在"断开"的位置上可以锁住。

(6) 建筑施工升降机安装、使用、拆卸安全技术规程

《建筑施工升降机安装、使用、拆卸安全技术规程》JGJ 215—2010 规定，本规程适用于房屋建筑工程、市政工程所用的齿轮齿条式、钢丝绳式人货两用施工升降机，不适用于电梯、矿井提升机、升降平台。

施工升降机安装单位应具备建设行政主管部门颁发的起重设备安装工程专业承包资质和建筑施工企业安全生产许可证。施工升降机安装、拆卸项目应配备与承担项目相适应的专业安装作业人员以及专业安装技术人员。施工升降机的安装拆卸工、电工、司机等应具有建筑施工特种作业操作资格证书。施工升降机使用单位应与安装单位签订施工升降机安装、拆卸合同，明确双方的安全生产责任。实行施工总承包的，施工总承包单位应与安装单位签订施工升降机安装、拆卸工程安全协议书。

施工升降机安装作业前，安装单位应编制施工升降机安装、拆卸工程专项施工方案，由安装单位技术负责人批准后，报送施工总承包单位或使用单位、监理单位审核，并告知工程所在地县级以上建设行政主管部门。

施工升降机安装前应对各部件进行检查。对有可见裂纹的构件应进行修复或更换，对有严重锈蚀、严重磨损、整体或局部变形的构件必须进行更换，符合产品标准的有关规定后方能进行安装。安装作业前，安装技术人员应根据施工升降机安装、拆卸工程专项施工方案和使用说明书的要求，对安装作业人员进行安全技术交底，并由安装作业人员在交底书上签字。有下列情况之一的施工升降机不得安装使用：1) 属国家明令淘汰或禁止使用的；2) 超过由安全技术标准或制造厂家规定使用年限的；3) 经检验达不到安全技术标准规定的；4) 无完整安全技术档案的；5) 无齐全有效的安全保护装置的。

施工升降机必须安装防坠安全器。防坠安全器应在一年有效标定期内使用。施工升降机应安装超载保护装置。超载保护装置在载荷达到额定载重量的110%前应能中止吊笼启动，在齿轮齿条式载人施工升降机载荷达到额定载重量的90%时应能给出报警信号。

施工升降机的安装作业范围应设置警戒线及明显的警示标志。非作业人员不得进入警戒范围。任何人不得在悬吊物下方行走或停留。进入现场的安装作业人员应佩戴安全防护用品，高处作业人员应系安全带，穿防滑鞋。作业人员严禁酒后作业。安装作业中应统一指挥，明确分工。危险部位安装时应采取可靠的防护措施。当指挥信号传递困难时，应使用对讲机等通信工具进行指挥。当遇大雨、大雪、大雾或风速大于13m/s（六级风）等恶劣天气时，应停止安装作业。

安装单位自检合格后，应经有相应资质的检验检测机构监督检验。检验合格后，使用单位应组织租赁单位、安装单位和监理单位等进行验收。实行施工总承包的，应由施工总承包单位组织验收。严禁使用未经验收或验收不合格的施工升降机。

施工升降机司机应持有建筑施工特种作业操作资格证书，不得无证操作。使用单位应对施工升降机司机进行书面安全技术交底，交底资料应留存备查。严禁施工升降机使用超过有效标定期的防坠安全器。施工升降机额定载重量、额定乘员数标牌应置于吊笼醒目位置。严禁在超过额定载重量或额定乘员数的情况下使用施工升降机。应在施工升降机作业范围内设置明显的安全警示标志，应在集中作业区做好安全防护。当遇大雨、大雪、大雾、施工升降机顶部风速大于20m/s或导轨架、电缆表面结有冰层时，不得使用施工升

降机。在施工升降机基础周边水平距离5m以内，不得开挖井，不得堆放易燃易爆物品及其他杂物。

施工升降机司机严禁酒后作业。工作时间内司机不应与其他人员闲谈，不应有妨碍施工升降机运行的行为。施工升降机司机应遵守安全操作规程和安全管理制度。实行多班作业的施工升降机，应执行交接班制度，交班司机应按本规程填写交接班记录表。接班司机应进行班前检查，确认无误后，方能开机作业。施工升降机使用过程中，运载物料的尺寸不应超过吊笼的界限。吊笼上的各类安全装置应保持完好有效。经过大雨、大雪、台风等恶劣天气后应对各安全装置进行全面检查，确认安全有效后方能使用。当在施工升降机运行中发现异常情况时，应立即停机，直到排除故障后方能继续运行。作业结束后应将施工升降机返回最底层停放，将各控制开关拨到零位，切断电源、锁好开关箱、吊笼门和地面防护围栏门。当遇到可能影响施工升降机安全技术性能的自然灾害、发生设备事故或停工6个月以上时，应对施工升降机重新组织检查验收。严禁在施工升降机运行中进行保养、维修作业。

施工升降机拆卸作业应符合拆卸工程专项施工方案的要求。应有足够的工作面作为拆卸场地，应在拆卸场地周围设置警戒线和醒目的安全警示标志，并应派专人监护。拆卸施工升降机时不得在拆卸作业区域内进行与拆卸无关的其他作业。夜间不得进行施工升降机的拆卸作业。施工升降机拆卸应连续作业。当拆卸作业不能连续完成时，应根据拆卸状态采取相应的安全措施。吊笼未拆除之前，非拆卸作业人员不得在地面防护围栏内、施工升降机运行通道内、导轨架内以及附墙架上等区域活动。

（7）龙门架及井架物料升降机安全技术规范

《龙门架及井架物料升降机安全技术规范》JGJ 88—2010规定，本规范适用于建筑工程和市政工程所使用的以卷扬机或曳引机为动力、吊笼沿导轨垂直运行的物料提升机的设计、制作、安装、拆除及使用。不适用于电梯、矿井提升机及升降平台。

物料提升机额定起重量不宜超过160kN，安装高度不宜超过30m。当安装高度超过30m时，物料提升机除应具有起重量限制、防坠保护、停层及限位功能外，尚应符合下列规定：1）吊笼应有自动停层功能，停层后吊笼底板与停层平台的垂直高度偏差不应超过30mm；2）防坠安全器应为渐进式；3）应具有自升降安拆功能；4）应具有语音及影像信号。

安装、拆除物料提升机的单位应具备下列条件：1）安装、拆除单位应具有起重机械安拆资质及安全生产许可证；2）安装、拆除作业人员必须经专门培训，取得特种作业资格证。

物料提升机安装、拆除前，应根据工程实际情况编制专项安装、拆除方案，且应经安装、拆除单位技术负责人审批后实施。专项安装、拆除方案应具有针对性、可操作性，并应包括下列内容：1）工程概况；2）编制依据；3）安装位置及示意图；4）专业安装、拆除技术人员的分工及职责；5）辅助安装、拆除起重设备的型号、性能、参数及位置；6）安装、拆除的工艺程序和安全技术措施；7）主要安全装置的调试及试验程序。

安装作业前的准备，应符合下列规定：1）物料提升机安装前，安装负责人应依据专项安装方案对安装作业人员进行安全技术交底；2）应确认物料提升机的结构、零部件和安全装置经出厂检验，并符合要求；3) 应确认物料提升机的基础已验收，并符合要求；4) 应确认辅助安装起重设备及工具经检验检测，并符合要求；5) 应明确作业警戒区，并设专人监护。

基础的位置应保证视线良好，物料提升机任意部位与建筑物或其他施工设备间的安全距离不应小于0.6m；与外电线路的安全距离应符合现行业标准《施工现场临时用电安全技术规范》JGJ 46—2005的规定。钢丝绳宜设防护槽，槽内应设滚动托架，且应采用钢板网将槽口封盖。钢丝绳不得拖地或浸泡在水中。

物料提升机安装完毕后，应由工程负责人组织安装单位、使用单位、租赁单位和监理单位等对物料提升机安装质量进行验收，并应按规范填写验收记录。物料提升机验收合格后，应在导轨架明显处悬挂验收合格标志牌。

拆除作业前，应对物料提升机的导轨架、附墙架等部位进行检查，确认无误后方能进行拆除作业。拆除作业应先挂吊具、后拆除附墙架或缆风绳及地脚螺栓。拆除作业中，不得抛掷构件。拆除作业宜在白天进行，夜间作业应有良好的照明。

使用单位应建立设备档案，档案内容应包括下列项目：1) 安装检测及验收记录；2) 大修及更换主要零部件记录；3) 设备安全事故记录；4) 累计运转记录。物料提升机必须由取得特种作业操作证的人员操作。物料提升机严禁载人。物料应在吊笼内均匀分布，不应过度偏载。不得装载超出吊笼空间的超长物料，不得超载运行。在任何情况下，不得使用限位开关代替控制开关运行。

物料提升机每班作业前司机应进行作业前检查，确认无误后方可作业。应检查确认下列内容：1) 制动器可靠有效；2) 限位器灵敏完好；3) 停层装置动作可靠；4) 钢丝绳磨损在允许范围内；5) 吊笼及对重导向装置无异常；6) 滑轮、卷筒防钢丝绳脱槽装置可靠有效；7) 吊笼运行通道内无障碍物。当发生防坠安全器制停吊笼的情况时，应查明制停原因，排除故障，并应检查吊笼、导轨架及钢丝绳，应确认无误并重新调整防坠安全器后运行。

物料提升机夜间施工应有足够照明，照明用电应符合现行行业标准《施工现场临时用电安全技术规范》JGJ 46—2005的规定。物料提升机在大雨、大雾、风速13m/s及以上大风等恶劣天气时，必须停止运行。作业结束后，应将吊笼返回最底层停放，控制开关应扳至零位，并应切断电源，锁好开关箱。

(8) 建筑起重机械安全评估技术规程

《建筑起重机械安全评估技术规程》JGJ/T 189—2009规定，本规程适用于建设工程使用的塔式起重机、施工升降机等建筑起重机械的安全评估。

安全评估是指对建筑起重机械的设计、制造情况进行了解，对使用保养情况记录进行检查，对钢结构的磨损、锈蚀、裂纹、变形等损伤情况进行检查与测量，并按规定对整机安全性能进行载荷试验，由此分析判别其安全度，作出合格或不合格结论的活动。

塔式起重机和施工升降机有下列情况之一的应进行安全评估：1) 塔式起重机：630kN·m以下（不含630kN·m）、出厂年限超过10年（不含10年）；630～1250kN·m（不含1250kN·m）、出厂年限超过15年（不含15年）；1250kN·m以上（含1250kN·m）、出厂年限超过20年（不含20年）；2) 施工升降机：出厂年限超过8年（不含8年）的SC型施工升降机；出厂年限超过5年（不含5年）的SS型施工升降机。对超过设计规定相应载荷状态允许工作循环次数的建筑起重机械，应作报废处理。

安全评估程序应符合下列要求：1）设备产权单位应提供设备安全技术档案资料。设备安全技术档案资料应包括特种设备制造许可证、制造监督检验证明、出厂合格证、使用说明书、备案证明、使用履历记录等，并应符合本规程的要求；2）在设备解体状态下，应对设备外观进行全面目测检查，对重要结构件及可疑部位应进行厚度测量、直线度测量及无损检测等；3）设备组装调试完成后，应对设备进行载荷试验；4）根据设备安全技术档案资料情况、检查检测结果等，应依据本规程及有关标准要求，对设备进行安全评估判别，得出安全评估结论及有效期并出具安全评估报告；5）应对安全评估后的建筑起重机械进行唯一性标识。

塔式起重机和施工升降机安全评估的最长有效期限应符合下列规定：1）塔式起重机：630kN·m以下（不含630kN·m）评估合格最长有效期限为1年；630～1250kN·m（不含1250kN·m）评估合格最长有效期限为2年；1250kN·m以上（含1250kN·m）评估合格最长有效期限为3年。2）施工升降机：SC型评估合格最长有效期限为2年；SS型评估合格最长有效期限为1年。设备产权单位应持评估报告到原备案机关办理相应手续。

安全评估机构应对评估后的建筑起重机进行"合格"、"不合格"的标识。标识必须具有唯一性，并应置于重要结构件的明显部位。设备产权单位应注意对评估标识的保护。经评估为合格或不合格的建筑起重机械，设备产权单位应在建筑起重机械的标牌和司机室等部位挂牌明示。

## 7. 建筑机械设备使用安全技术规程的要求

建筑机械设备使用安全技术规程主要有《建筑机械使用安全技术规程》JGJ 33—2001、《施工现场机械设备检查技术规程》JGJ 160—2008等。

（1）建筑机械使用安全技术规程

《建筑机械使用安全技术规程》JGJ 33—2001规定，本规程适用于建筑安装、工业生产及维修企业中各种类型建筑机械的使用。

操作人员应体检合格，无妨碍作业的疾病和生理缺陷，并应经过专业培训、考核合格取得建设行政主管部门颁发的操作证或公安部门颁发的机动车驾驶执照后，方可持证上岗。学员应在专人指导下进行工作。操作人员在作业过程中，应集中精力正确操作，注意机械工况，不得擅自离开工作岗位或将机械交给其他无证人员操作。严禁无关人员进入作业区或操作室内。操作人员应遵守机械有关保养规定，认真及时做好各级保养工作，经常保持机械的完好状态。实行多班作业的机械，应执行交接班制度，认真填写交接班记录；接班人员经检查确认无误后，方可进行工作。在工作中操作人员和配合作业人员必须按规定穿戴劳动保护用品，长发应束紧不得外露，高处作业时必须系安全带。

现场施工负责人应为机械作业提供道路、水电、机棚或停机场地等必备的条件，并消除对机械作业有妨碍或不安全的因素。夜间作业应设置充足的照明。机械进入作业地点后，施工技术人员应向操作人员进行施工任务和安全技术措施交底。操作人员应熟悉作业环境和施工条件，听从指挥，遵守现场安全规则。机械必须按照出厂使用说明书规定的技术性能、承载能力和使用条件，正确操作，合理使用，严禁超载作业或任意扩大使用范围。机械上的各种安全防护装置及监测、指示、仪表、报警等自动报警、信号装置应完好齐全，有缺损时应及时修复。安全防护装置不完整或已失效的机械不得使用。机械不得带病运转。运转中发现不正常时，应先停机检查，排除故障后方可使用。

凡违反本规程的作业命令，操作人员应先说明理由后可拒绝执行。由于发令人强制违章作业而造成事故者，应追究发令人的责任，直至追究刑事责任。机械集中停放的场所，应有专人看管，并应设置消防器材及工具；大型内燃机械应配备灭火器；机房、操作室及机械四周不得堆放易燃、易爆物品。变配电所、乙炔站、氧气站、空气压缩机房、发电机房、锅炉房等易于发生危险的场所，应在危险区域界限处，设置围栏和警告标志，非工作人员未经批准不得入内。挖掘机、起重机、打桩机等重要作业区域，应设立警告标志及采取现场安全措施。在机械产生对人体有害的气体、液体、尘埃、渣滓、放射性射线、振动、噪声等场所，必须配置相应的安全保护设备和三废处理装置；在隧道、沉井基础施工中，应采取措施，使有害物限制在规定的限度内。使用机械与安全生产发生矛盾时，必须首先服从安全要求。停用一个月以上或封存的机械，应认真做好停用或封存前的保养工作，并应采取预防风沙、雨淋、水泡、锈蚀等措施。

当机械发生重大事故时，企业各级领导必须及时上报和组织抢救，保护现场，查明原因、分清责任、落实及完善安全措施，并按事故性质严肃处理。

1）动力与电气装置

动力与电气装置包括内燃机、发电机、电动机、空气压缩机、10kV以下配电装置、手持电动工具等。

固定式动力机械应安装在室内符合规定的基础上，移动式动力机械应处于水平状态，放置稳固。内燃机机房应有良好的通风，周围应有1m以上的通道，排气管必须引出室外，并不得与可燃物接触。室外使用动力机械应搭设机棚。

电气设备的金属外壳应采用保护接地或保护接零，并应符合下列要求：①保护接地：中性点不直接接地系统中的电气设备应采用保护接地，接地网接地电阻不宜大于4Ω（在高土壤电阻率地区，应遵照当地供电部分的规定）；②保护接零：中性点直接接地系统中的电气设备应采用保护接零。

在同一供电系统中，不得将一部分电气设备作保护接地，而将另一部分电气设备作保护接零。在保护接零的零线上不得装设开关或熔断器。严禁利用大地作工作零线，不得借用机械本身金属结构作工作零线。电气设备的每个保护接地或保护接零点必须用单独的接地（零）线与接地干线（或保护零线）相连接。严禁在一个接地（零）线中串接几个接地（零）点。

电气装置遇跳闸时，不得强行合闸。应查明原因，排除故障后方可再行合闸。严禁带电作业或采用预约停送电时间的方式进行电气检修。检修前必须先切断电源并在电源开关上挂"禁止合闸，有人工作"的警告牌。警告牌的挂、取应有专人负责。各种配电箱、开关箱应配备安全锁，箱内不得存放任何其他物件并应保持清洁。非本岗位作业人员不得擅自开箱合闸。每班工作完毕后，应切断电源，锁好箱门。清洗机电设备时，不得将水冲到电气设备上。

发生人身触电时，应立即切断电源，然后方可对触电者作紧急救护。严禁在未切断电源之前与触电者直接接触。电气设备或线路发生火警时，应首先切断电源，在未切断电源之前，不得使身体接触导线或电气设备，也不得用水或泡沫灭火机进行灭火。

2）起重吊装机械

起重吊装机械包括履带式起重机，汽车、轮胎式起重机，塔式起重机，桅杆式起重机，门式、桥式起重机与电动葫芦、卷扬机等。

操作人员在作业前必须对工作现场环境、行驶道路、架空电线、建筑物以及构件重量和分布情况进行全面了解。现场施工负责人应为起重机作业提供足够的工作场地，清除或避开起重臂起落及回转半径内的障碍物。

各类起重机应装有音响清晰的喇叭、电铃或汽笛等信号装置。在起重臂、吊钩、平衡重等转动体上应标以鲜明的色彩标志。起重吊装的指挥人员必须持证上岗，作业时应与操作人员密切配合，执行规定的指挥信号。操作人员应按照指挥人员的信号进行作业，当信号不清或错误时，操作人员可拒绝执行。操纵室远离地面的起重机，在正常指挥发生困难时，地面及作业层（高空）的指挥人员均应采用对讲机等有效的通讯联络进行指挥。在露天有六级及以上大风或大雨、大雪、大雾等恶劣天气时，应停止起重吊装作业。雨雪过后作业前，应先试吊，确认制动器灵敏可靠后方可进行作业。

起重机的变幅指示器、力矩限制器、起重量限制器以及各种行程限位开关等安全保护装置，应完好齐全、灵敏可靠，不得随意调整或拆除。严禁利用限制器和限位装置代替操纵机构。操作人员进行起重机回转、变幅、行走和吊钩升降等动作前，应发出音响信号示意。起重机作业时，起重臂和重物下方严禁有人停留、工作或通过。重物吊运时，严禁从人上方通过。严禁用起重机载运人员。

操作人员应按规定的起重性能作业，不得超载。在特殊情况下需超载使用时，须经过验算，有保证安全的技术措施，并写出专题报告，经企业技术负责人批准，有专人在现场监护下，方可作业。严禁使用起重机进行斜拉、斜吊和起吊地下埋设或凝固在地面上的重物以及其他不明重量的物体。现场浇注的混凝土构件或模板，必须全部松动后方可起吊。起吊重物应绑扎平稳、牢固，不得在重物上再堆放或悬挂零星物件。易散落物件应使用吊笼栅栏固定后方可起吊。标有绑扎位置的物件，应按标记绑扎后起吊。吊索与物件的夹角宜采用 45°～60°，且不得小于 30°，吊索与物件棱角之间应加垫块。

起吊载荷达到起重机额定起重量的 90% 及以上时，应先将重物吊离地面 200～500mm 后，检查起重机的稳定性、制动器的可靠性，重物的平稳性，绑扎的牢固性，确认无误后方可继续起吊。对易晃动的重物应拴好拉绳。重物起升和下降速度应平稳、均匀，不得突然制动。左右回转应平稳，当回转未停稳前不得作反向动作。非重力下降式起重机，不得带载自由下降。严禁起吊重物长时间悬挂在空中，作业中遇突发故障，应采取措施将重物降落到安全地方，并关闭发动机或切断电源后进行检修。在突然停电时，应立即把所有控制器按到零位，断开电源总开关，并采取措施使重物降到地面。

起重机不得靠近架空输电线路作业。起重机使用的钢丝绳，应有钢丝绳制造厂签发的产品技术性能和质量的证明文件。当无证明文件时，必须经过试验合格后方可使用。起重机使用的钢丝绳,其结构形式、规格及强度应符合该型起重机使用说明书的要求。钢丝绳与卷筒应连接牢固,放出钢丝绳时,卷筒上应至少保留三圈,收放钢丝绳时应防止钢丝绳打环、扭结、弯折和乱绳,不得使用扭结、变形的钢丝绳。使用编结的钢丝绳,其编结部分在运行中不得通过卷筒和滑轮。每班作业前,应检查钢丝绳及钢丝绳的连接部位。向转动的卷筒上缠绕钢丝绳时,不得用手拉或脚踩来引导钢丝绳。钢丝绳涂抹润滑脂,必须在停止运转后进行。

起重机的吊钩和吊环严禁补焊。当出现下列情况之一时应更换:①表面有裂纹、破口;②危险断面及钩颈有永久变形;③挂绳处断面磨损超过高度10%;④吊钩衬套磨损超过原厚度50%;⑤心轴(销子)磨损超过其直径的3%~5%。当起重机制动器的制动鼓表面磨损达1.5~2.0mm(小直径取小值,大直径取大值)时,应更换制动鼓。同样,当起重机制动器的制动带磨损超过原厚度50%时,应更换制动带。

3)土石方机械

土石方机械包括单斗挖掘机、挖掘装载机、推土机、拖式铲运机、自行式铲运机、静作用压路机、振动压路机、平地机、轮胎式装载机、蛙式夯实机、振动冲击夯、风动凿岩机、电动凿岩机、凿岩台车、装岩机、潜孔钻机、锻钎机、磨钎机、通风机等。

机械进入现场前,应查明行驶路线上的桥梁、涵洞的上部净空和下部承载能力,保证机械安全通过。作业前,应查明施工场地明、暗设置物(电线、地下电缆、管道、坑道等)的地点及走向,并采用明显记号表示。严禁在离电缆1m距离以内作业。作业中,应随时监视机械各部位的运转及仪表指示值,如发现异常,应立即停机检修。机械运行中,严禁接触转动部位和进行检修。在修理(焊、铆等)工作装置时,应使其降到最低位置,并应在悬空部位垫上垫木。

在电杆附近取土时,对不能取消的拉线、地垄和杆身,应留出土台。上台半径:电杆应为1.0~1.5m,拉线应为1.5~2.0m,并应根据土质情况确定坡度。机械不得靠近架空输电线路作业,并应按照本规程的规定留出安全距离。机械通过桥梁时,应采用低速档慢行,在桥面上不得转向或制动。承载力不够的桥梁,事先应采取加固措施。

在施工中遇下列情况之一时应立即停工,待符合作业安全条件时,方可继续施工:①填挖区土体不稳定,有发生坍塌危险时;②气候突变,发生暴雨、水位暴涨或山洪暴发时;③爆破警戒区内发出爆破信号时;④地面涌水冒泥,出现陷车或因雨发生坡道打滑时;⑤工作面净空不足以保证安全作业时;⑥施工标志、防护设施损毁失效时。

配合机械作业的清底、平地、修坡等人员,应在机械回转半径以外工作。当必须在回转半径以内工作时,应停止机械回转并制动好后,方可作业。雨季施工,机械作业完毕后,应停放在较高的坚实地面上。当挖土深度超过5m或发现有地下水以及土质发生特殊变化等情况时,应根据土的实际性能计算其稳定性,再确定边坡坡度。当对石方或冻土进行爆破作业时,所有人员、机具应撤至安全地带或采取安全保护措施。

4)水平和垂直运输机械

水平和垂直运输机械包括载重汽车,自卸汽车,平板拖车,油罐车,散装水泥车,机动翻斗车,皮带输送机,叉车、井架式、平台式起重机,自立式起重架,施工升降机等。

运送超宽、超高和超长物件前，应制定妥善的运输方法和安全措施，并必须符合本规程的规定。启动前应进行重点检查。灯光、喇叭、指示仪表等应齐全完整；燃油、润滑油、冷却水等应添加充足；各连接件不得松动；轮胎气压应符合要求，确认无误后，方可启动。燃油箱应加锁。

在泥泞、冰雪道路上行驶时，应降低车速，宜沿前车辙迹前进，必要时应加装防滑链。车辆涉水过河时，应先探明水深、流速和水底情况，水深不得超过排水管或曲轴皮带盘，并应低速直线行驶，不得在中途停车或换档。涉水后，应缓行一段路程，轻踏制动器使浸水的制动蹄片上水分蒸发掉。通过危险地区或狭窄便桥时，应先停车检查，确认可以通过后，应由有经验人员指挥前进。在车底下进行保养、检修时，应将内燃机熄火、拉紧手制动器并将车轮楔牢。车辆经修理后需要试车时，应由合格人员驾驶，车上不得载人、载物，当需在道路上试车时，应挂交通管理部门颁发的试车牌照。

载重汽车不得人货混装。因工作需要搭人时，人不得在货物之间或货物与前车厢板间隙内。严禁攀爬或坐卧在货物上面。运载易燃、有毒、强腐蚀等危险品时，其装载、包装、遮盖必须符合有关的安全规定，并应备有性能良好、有效期内的灭火器。途中停放应避开火源、火种、居民区、建筑群等，炎热季节应选择阴凉处停放。装卸时严禁火种。除必要的行车人员外，不得搭乘其他人员。严禁混装备用燃油。装运易爆物资或器材时，车厢底面应垫有减轻货物振动的软垫层。装载重量不得超过额定载重量的70%。装运炸药时，层数不得超过两层。

油罐车应配备专用灭火器，并应加装拖地铁链和避电杆。行驶时，拖地铁链应接触地面；加油或放油时，必须将避电杆插进潮湿地内。油罐车工作人员不得穿有铁钉的鞋。严禁在油罐附近吸烟，并严禁火种。在检修过程中，操作人员如需要进入油罐时，严禁携带火种，并必须有可靠的安全防护措施，罐外必须有专人监护。车上所有电气装置，必须绝缘良好，严禁有火花产生。车用工作照明应为36V以下的安全灯。

5）桩工及水工机械

桩工及水工机械包括柴油打桩锤、振动桩锤、履带式打桩机（三支点式）、静力压桩机、强夯机械、转盘钻孔机、螺旋钻孔机、全套管钻机、离心水泵、潜水泵、深井泵、泥浆泵等。

打桩机类型应根据桩的类型、桩长、桩径、地质条件、施工工艺等综合考虑选择。打桩作业前，应由施工技术人员向机组人员进行安全技术交底。施工现场应按地基承载力不小于83kPa的要求进行整平压实。在基坑和围堰内打桩，应配置足够的排水设备。打桩机作业区内应无高压线路。作业区应有明显标志或围栏，非工作人员不得进入。桩锤在施打过程中，操作人员必须在距离桩锤中心5m以外监视。机组人员作登高检查或维修时，必须系安全带；工具和其他物件应放在工具包内，高空人员不得向下随意抛物。

水上打桩时，应选择排水量比桩机重量大四倍以上的作业船或牢固排架，打桩机与船体或排架应可靠固定，并采取有效的锚固措施。当打桩船或排架的偏斜度超过3°时，应停止作业。安装时，应将桩锤运到立柱正前方2m以内，并不得斜吊。吊桩时，应在桩上拴好拉绳，不得与桩锤或机架碰撞。严禁吊桩、吊锤、回转或行走等动作同时进行。打桩机在吊有桩和锤的情况下，操作人员不得离开岗位。插桩后，应及时校正桩的垂直度。桩入

±3m 以上时，严禁用打桩机行走或回转动作来纠正桩的倾斜度。

卷扬钢丝绳应经常润滑，不得干摩擦。钢丝绳的使用及报废标准应执行规程的规定。作业中，当停机时间较长时，应将桩锤落下垫好。检修时不得悬吊桩锤。遇有雷雨、大雾和六级及以上大风等恶劣气候时，应停止一切作业。当风力超过七级或有风暴警报时，应将打桩机顺风向停置，并应增加缆风绳，或将桩立柱放倒地面上。立柱长度在27m及以上时，应提前放倒。作业后，应将打桩机停放在坚实平整的地面上，将桩锤落下垫实，并切断动力电源。

6) 混凝土机械

混凝土机械包括混凝土搅拌机，混凝土搅拌站，混凝土搅拌输送车，混凝土泵，混凝土泵车，混凝土喷射机，插入式振动器，附着式、平板式振动器，混凝土振动台，混凝土真空吸水泵，液压滑升设备等。

作业场地应有良好的排水条件，机械近旁应有水源，机棚内应有良好的通风、采光及防雨、防冻设施，并不得有积水。固定式机械应有可靠的基础，移动式机械应在平坦坚硬的地坪上用方木或撑架架牢，并应保持水平。作业后，应及时将机内、水箱内、管道内的存料、积水放尽，并应清洁保养机械，清理工作场地，切断电源，锁好开关箱。

7) 钢筋加工机械

钢筋加工机械包括钢筋调直切断机、钢筋切断机、钢筋弯曲机、钢筋冷拉机、预应力钢丝拉伸设备、冷镦机、钢筋冷拔机、钢筋冷挤压连接机等。

机械的安装应坚实稳固，保持水平位置。固定式机械应有可靠的基础；移动式机械作业时应楔紧行走轮。室外作业应设置机棚，机旁应有堆放原料、半成品的场地。加工较长的钢筋时，应有专人帮扶，并听从操作人员指挥，不得任意推拉。作业后，应堆放好成品，清理场地，切断电源，锁好开关箱，做好润滑工作。

8) 装修机械

装修机械包括灰浆搅拌机，柱塞式、隔膜式灰浆泵，挤压式灰浆泵，喷浆机，高压无气喷涂机，水磨石机，混凝土切割机等。

装修机械上的刃具、胎具、模具、成型辊轮等应保证强度和精度，刃磨锋利，安装稳妥，紧固可靠。装修机械上外露的传动部分应有防护罩，作业时，不得随意拆卸。装修机械应安装在防雨、防风沙的机棚内。长期搁置再用的机械，在使用前必须测量电动机绝缘电阻，合格后方可使用。

9) 钣金和管工机械

钣金和管工机械包括咬口机、法兰卷圆机、仿形切割机、圆盘下料机、折板机、套丝切管机、弯管机、坡口机等。

钣金和管工机械上的刃具、胎、模具等强度和精度应符合要求，刃磨锋利，安装稳固，紧固可靠。钣金和管工机械上的传动部分应有防护罩，作业时，严禁拆卸。机械均应安装在机棚内。作业时，非操作和辅助人员不得在机械四周停留观看。作业后，应切断电源，锁好电闸箱，并做好日常保养工作。

10) 铆焊设备

铆焊设备包括风动铆接工具、电动液压铆接钳、交流电焊机、旋转式直流电焊机、硅整流直流焊机、氩弧焊机、二氧化碳气体保护焊、等离子切割机、埋弧焊机、竖向钢筋电渣压力焊机、对焊机、点焊机、气焊设备等。

铆焊设备上的电器、内燃机、电机、空气压缩机等应有完整的防护外壳，一、二次接线柱处应有保护罩。焊接操作及配合人员必须按规定穿戴劳动防护用品，并必须采取防止触电、高空坠落、瓦斯中毒和火灾等事故的安全措施。现场使用的电焊机，应设有防雨、防潮、防晒的机棚，并应装设相应的消防器材。施焊现场 10m 范围内，不得堆放油类、木材、氧气瓶、乙炔发生器等易燃、易爆物品。当长期停用的电焊机恢复使用时，其绝缘电阻不得小于 $0.5M\Omega$，接线部分不得有腐蚀和受潮现象。

电焊机导线应具有良好的绝缘，绝缘电阻不得小于 $1M\Omega$，不得将电焊机导线放在高温物体附近。电焊机导线和接地线不得搭在易燃、易爆和带有热源的物品上，接地线不得接在管道、机械设备和建筑物金属构架或轨道上，接地电阻不得大于 $4\Omega$。严禁利用建筑物的金属结构、管道、轨道或其他金属物体搭接起来形成焊接回路。电焊钳应有良好的绝缘和隔热能力。电焊钳握柄必须绝缘良好，握柄与导线联结应牢靠，接触良好，联结处应采用绝缘布包好并不得外露。操作人员不得用胳膊夹持电焊钳。电焊导线长度不宜大于 30m。当需要加长导线时，应相应增加导线的截面。当导线通过道路时，必须架高或穿入防护管内埋设在地下；当通过轨道时，必须从轨道下面通过。当导线绝缘受损或断股时，应立即更换。

对承压状态的压力容器及管道、带电设备、承载结构的受力部位和装有易燃、易爆物品的容器严禁进行焊接和切割。当需施焊受压容器、密封容器、油桶、管道、沾有可燃气体和溶液的工件时，应先清除容器及管道内压力，消除可燃气体和溶液，然后冲洗有毒、有害、易燃物质；对存有残余油脂的容器，应先用蒸汽、碱水冲洗，并打开盖口，确认容器清洗干净后，再灌满清水方可进行焊接。在容器内焊接应采取防止触电、中毒和窒息的措施。焊、割密封容器应留出气孔，必要时在进、出气口处装设通风设备；容器内照明电压不得超过 12V，焊工与焊件间应绝缘；容器外应设专人监护。严禁在已喷涂过油漆和塑料的容器内焊接。

焊接铜、铝、锌、锡等有色金属时，应通风良好，焊接人员应戴防毒面罩、呼吸滤清器或采取其他防毒措施。当焊接预热焊件温度达 150～700℃时，应设挡板隔离焊件发出的辐射热，焊接人员应穿戴隔热的石棉服装和鞋、帽等。高空焊接或切割时，必须系好安全带，焊接周围和下方应采取防火措施，并应有专人监护。雨天不得在露天电焊。在潮湿地带作业时，操作人员应站在铺有绝缘物品的地方，并应穿绝缘鞋。应按电焊机额定焊接电流和暂载率操作，严禁过载。在载荷运行中，应经常检查电焊机的温升，当温升超过 A 级 60℃、B 级 80℃时，必须停止运转并采取降温措施。当清除焊缝焊渣时，应戴防护眼镜，头部应避开敲击焊渣飞溅方向。

(2) 施工现场机械设备检查技术规程

《施工现场机械设备检查技术规程》JGJ 160—2008 规定，施工现场机械设备使用单位应建立健全施工现场机械设备安全使用管理制度和岗位责任制度，并应对现场机械设备进行检查。

发电机组电源必须与外电线路电源连锁，严禁与外电线路并列运行；当 2 台及 2 台以上发电机组并列运行时，必须装设同步装置，并应在机组同步后再向负载供电。施工现场的电动空气压缩机电动机的额定电压应与电源电压等级相符。

固定式空气压缩机应安装在室内符合规定的基础上，并应高出室内地面0.25～0.30m。移动式空气压缩机应处于水平状态，放置稳固，其拖车应可靠接地，工作前应将前后轮卡住，不应有窜动。室外使用的空气压缩机应搭设防护棚。

施工现场临时用电的电力系统严禁利用大地和动力设备金属结构体作相线或工作零线。保护零线上不应装设开关或熔断器，不应通过工作电流，且不应断线。用电设备的保护地线或保护零线应并联接地，严禁串联接地或接零。每台用电设备应有各自专用的开关箱，严禁用同一个开关箱直接控制2台及2台以上用电设备（含插座）。

土方及筑路机械主要工作性能应达到使用说明书中各项技术参数指标。技术资料应齐全；机械的使用、维修、保养、事故记录应及时、准确、完整、字迹清晰。机械在靠近架空高压输电线路附近作业或停放时，与架空高压输电线路之间的距离应符合国家现行标准《施工现场临时用电安全技术规范》JGJ 46—2005的规定。

桩工机械主要工作性能应达到说明书中所规定的各项技术参数。打桩机操作、指挥人员应持有效证件上岗。桩工机械使用的钢丝绳、电缆、夹头、螺栓等材料及标准件应有制造厂签发的出厂产品合格证、质量保证书、技术性能参数等文件。桩工机械外观应整洁，不应有油污、锈蚀、漏油、漏气、漏电、漏水。

各类起重机应装有音响清晰的喇叭、电铃或汽笛等信号装置；在起重臂、吊钩、平衡臂等转动体上应标以明显的色彩标志。起重机的变幅指示器、力矩限制器、起重量限制器以及各种行程限位开关等安全保护装置，应完好齐全、灵敏可靠，不应随意调整或拆除；严禁利用限制器和限位装置代替操纵机构。

固定式混凝土机械应有良好的设备基础，移动式混凝土机械应安放在平坦坚实的地坪上，地基承载力应能承受工作荷载和振动荷载，其场地周边应有良好的排水条件。

焊接机械的用电应符合国家现行标准《施工现场临时用电安全技术规范》JGJ 46—2005的有关规定；焊接机械的零部件应完整，不应有缺损。安全防护装置应齐全、有效；漏电保护器参数应匹配，安装应正确，动作应灵敏可靠；接地（接零）应良好，应配装二次侧漏电保护器。

钢筋加工机械的安全防护应符合下列规定：1）安全防护装置及限位应齐全、灵敏可靠，防护罩、板安装应牢固，不应破损。2）接地（接零）应符合用电规定，接地电阻不应大于4Ω。3）漏电保护器参数应匹配，安装应正确，动作应灵敏可靠；电气保护（短路、过载、失压）应齐全有效。

木工机械及其他机械的整机应符合下列规定：1）机械安装应坚实稳固，保持水平位置；2）金属结构不应有开焊、裂纹；3）机构应完整，零部件应齐全，连接应可靠；4）外观应清洁，不应有油垢和明显锈蚀；5）传动系统运转应平稳，不应有异常冲击、振动、爬行、窜动、噪声、超温、超压，传动皮带应完好，不应破损，松紧应适度；6）变速系统换档应自如，不应有跳档，各档速度应正常；7）操作系统应灵敏可靠，配置操作按钮、手轮、手柄应齐全，反应应灵敏，各仪表指示数据应准确；8）各导轨及工作面不应严重磨损、碰伤、变形；9）刀具安装应牢固，定位应准确有效；10）积尘装置应完好，工作应可靠。

装修机械整机应符合下列规定：1）金属结构不应有开焊、裂纹；2）零部件应完整，随机附件应齐全；3）外观应清洁，不应有油垢和明显锈蚀；4）传动系统运转应平稳，不应有异常冲击、振动、爬行、窜动、噪声、超温、超压；5）传动皮带应齐全完好，松紧应适度；6）操作系统应灵敏可靠，各仪表指示数据应准确。

掘进机械应按照使用说明书规定的技术性能和使用条件合理使用，严禁任意扩大使用范围。隧道施工应加强电器的绝缘，选用特殊绝缘构造的加强型电器，或选用额定电压高一级的电器；在有瓦斯的隧道中应设有防护措施；高海拔地区应选用高原电器设备。盾构机的选用应与周围岩土条件相适应。

## 8. 建筑施工模板安全技术规范的要求

《建筑施工模板安全技术规范》JGJ 162—2008 规定，本规范适用于建筑施工中现浇混凝土工程模板体系的设计、制作、安装和拆除。

模板体系，是指由面板、支架和连接件三部分系统组成的体系，可简称为"模板"。模板材料选用主要有钢材、冷弯薄壁型钢、木材、铝合金型材以及竹、木胶合模板板材等。模板类型包括普通模板、爬升模板、飞模、隧道模等。

从事模板作业的人员，应经常组织安全技术培训。从事高处作业人员，应定期体检，不符合要求的不得从事高处作业。安装和拆除模板时，操作人员应佩戴安全帽、系安全带、穿防滑鞋。安全帽和安全带应定期检查，不合格者严禁使用。

模板及配件进场应有出厂合格证或当年的检验报告，安装前应对所用部件（立柱、楞梁、吊环、扣件等）进行认真检查，不符合要求者不得使用。

模板工程应编制施工设计和安全技术措施，并应严格按施工设计与安全技术措施规定施工。满堂模板、建筑层高 8m 及以上和梁跨大于或等于 15m 的模板，在安装、拆除作业前，工程技术人员应以书面形式向作业班组进行施工操作的安全技术交底，作业班组应对照书面交底进行上下班的自检和互检。

施工过程中应经常对下列项目进行检查：（1）立柱底部基土回填夯实的状况。（2）垫木应满足设计要求。（3）底座位置应正确，顶托螺杆伸出长度应符合规定。（4）立杆的规格尺寸和垂直度应符合要求，不得出现偏心荷载。（5）扫地杆、水平拉杆、剪刀撑等的设置应符合规定，固定应可靠。（6）安全网和各种安全设施应符合要求。

在高处安装和拆除模板时，周围应设安全网或搭脚手架，并应加设防护栏杆。在临街面及交通要道地区，尚应设警示牌，派专人看管。作业时，模板和配件不得随意堆放，模板应放平放稳，严防滑落。脚手架或操作平台上临时堆放的模板不宜超过 3 层，连接件应放在箱盒或工具袋中，不得散放在脚手板上。脚手架或操作平台上的施工总荷载不得超过其设计值。对负荷面积大和高 4m 以上的支架立柱采用扣件式钢管、门式和碗扣式钢管脚手架时，除应有合格证外，对所用扣件应用扭矩扳手进行抽检，达到合格后方可承力使用。多人共同操作或扛抬组合钢模板时，必须密切配合、协调一致、互相呼应。

施工用的临时照明和行灯的电压不得超过 36V；若为满堂模板、钢支架及特别潮湿的环境时，不得超过 12V。照明行灯及机电设备的移动线路应采用绝缘橡胶套电缆线。有关避雷、防触电和架空输电线路的安全距离应遵守国家现行标准《施工现场临时用电安全技术规范》JGJ 46—2005 的有关规定。施工用的临时照明和动力线应用绝缘线和绝缘电缆线，且不得直接固定在钢模板上。夜间施工时，应有足够的照明，并应制定夜间施工的安全措施。施工用临时照明和机电设备线严禁非电工乱拉乱接。同时还应经常检查线路的完好情况，严防绝缘破损漏电伤人。

模板安装时，上下应有人接应，随装随运，严禁抛掷。且不得将模板支搭在门窗框上，也不得将脚手板支搭在模板上，并严禁将模板与上料井架及有车辆运行的脚手架或操作平台支成一体。支模过程中如遇中途停歇，应将已就位模板或支架连接稳固，不得浮搁或悬空。拆模中途停歇时，应将已松扣或已拆松的模板、支架等拆下运走，防止构件坠落或作业人员扶空坠落伤人。严禁人员攀登模板、斜撑杆、拉条或绳索等，也不得在高处的墙顶、独立梁或在其模板上行走。安装高度在 2m 及其以上时，应遵守国家现行标准《建筑施工高处作业安全技术规范》JGJ 80—1991 的有关规定。

模板施工中应设专人负责安全检查，发现问题应报告有关人员处理。当遇险情时，应立即停工和采取应急措施；待修复或排除险情后，方可继续施工。

寒冷地区冬期施工用钢模板时，不宜采用电热法加热混凝土，否则应采取防触电措施。在大风地区或大风季节施工时，模板应有抗风的临时加固措施。当钢模板高度超过 15m 时，应安设避雷设施，避雷设施的接地电阻不得大于 4Ω。若遇恶劣天气，如大雨、大雾、沙尘、大雪及六级以上大风时，应停止露天高处作业。五级及以上风力时，应停止高空吊运作业。雨雪停止后，应及时清除模板和地面上的冰雪及积水。

使用后的木模板应拔除铁钉，分类进库，堆放整齐。若为露天堆放，顶面应遮防雨篷布。

使用后的钢模、钢构件应遵守下列规定：(1)使用后的钢模、桁架、钢楞和立柱应将粘结物清理洁净，清理时严禁采用铁锤敲击的方法。(2)清理后的钢模、桁架、钢楞、立柱，应逐块、逐榀、逐根进行检查，发现翘曲、变形、扭曲、开焊等必须修理完善。(3)清理整修好的钢模、桁架、钢楞、立柱应刷防锈漆，对立即待用钢模板的表面应刷隔离剂，而暂不用的钢模表面可涂防锈油一度。(4)钢模板及配件，使用后必须进行严格清理检查，已损坏断裂的应剔除，不能修复的应报废。螺栓的螺纹部分应整修上油，然后应分别按规格分类装于箱笼内备用。(5)钢模板及配件等修复后，应进行检查验收。凡检查不合格者应重新整修。待合格后方准应用，其修复后的质量标准应符合规定。(6)钢模板由拆模现场运至仓库或维修场地时，装车不宜超出车栏杆，少量高出部分必须拴牢，零配件应分类装箱，不得散装运输。(7)经过维修、刷油、整理合格的钢模板及配件，如需运往其他施工现场或入库，必须分类装入集装箱内，杆应成捆、配件应成箱，清点数量，入库或接收单位验收。(8)装车时，应轻搬轻放，不得相互碰撞。卸车时，严禁成捆从车上推下和拆散抛掷。(9)钢模板及配件应放入室内或敞棚内，若无条件需露天堆放时，则应装入集装箱内，底部垫高 100mm，顶面应遮盖防水篷布或塑料布，但集装箱堆放高度不宜超过 2 层。

## 9. 施工现场临时建筑、环境卫生、消防安全和劳动防护用品标准规范的要求

施工现场临时建筑、环境卫生、消防安全和劳动防护用品标准规范主要有《施工现场临时建筑物技术规范》JGJ/T 188—2009、《建筑施工现场环境与卫生标准》JGJ 146—

2004、《建设工程施工现场消防安全技术规范》GB 50720—2011、《建筑施工作业劳动防护用品配备及使用标准》JGJ 184—2009等。

(1) 施工现场临时建筑物技术规范

施工现场临时建筑物,是指施工现场使用的暂设性的办公用房、生活用房、围挡等建(构)筑物。

《施工现场临时建筑物技术规范》JGJ/T 188—2009规定,临时建筑应由专业技术人员编制施工组织设计,并应经企业技术负责人批准后方可实施。临时建筑的施工安装、拆卸或拆除应编制施工方案,并应由专业人员施工、专业技术人员现场监督。

临时建筑建设场地应具备路通、水通、电通、讯通和平整的条件。临时建筑、施工现场、道路及其他设施的布置应符合消防、卫生、环保和节约用地的有关要求。临时建筑层数不宜超过两层。临时建筑设计使用年限应为5年。

临时建筑结构选型应遵循可循环利用的原则,并应根据地理环境、使用功能、荷载特点、材料供应和施工条件等因素综合确定。临时建筑不宜采用钢筋混凝土楼面、屋面结构;严禁采用钢管、毛竹、三合板、石棉瓦等搭设简易的临时建筑物;严禁将夹芯板作为活动房的竖向承重构件使用。临时建筑所采用的原材料、构配件和设备等,其品种、规格、性能等应满足设计要求并符合国家现行标准的规定,不得使用已被国家淘汰的产品。

活动房主要承重构件的设计使用年限不应小于20年,并应有生产企业、生产日期等标志。活动房构件的周转使用次数不宜超过10次,累计使用年限不宜超过20年。当周转使用次数超过10次或累计使用年限超过20年时,应进行质量检测,合格后方可继续使用。

临时建筑应根据当地气候条件,采取抵抗风、雪、雨、雷电等自然灾害的措施。临时建筑不应建造在易发生滑坡、坍塌、泥石流、山洪等危险地段和低洼积水区域,应避开水源保护区、水库泄洪区、濒险水库下游地段、强风口和危房影响范围,且应避免有害气体、强噪声等对临时建筑使用人员的影响。当临时建筑建造在河沟、高边坡、深基坑边时,应采取结构加强措施。临时建筑不应占压原有的地下管线;不应影响文物和历史文化遗产的保护与修复。

临时建筑的选址与布局应与施工组织设计的总体规划协调一致。办公区、生活区和施工作业区应分区设置,且应采取相应的隔离措施,并应设置导向、警示、定位、宣传等标识。

办公区、生活区宜位于建筑物的坠落半径和塔吊等机械作业半径之外。临时建筑与架空明设的用电线路之间应保持安全距离。临时建筑不应布置在高压走廊范围内。办公区应设置办公用房、停车场、宣传栏、密闭式垃圾收集容器等设施。生活用房宜集中建设、成组布置,并宜设置室外活动区域。厨房、卫生间宜设置在主导风向的下风侧。

临时建筑地面应采取防水、防潮、防虫等措施,且应至少高出室外地面150mm。临时建筑周边应排水通畅、无积水。临时建筑屋面应为不上人屋面。

办公用房宜包括办公室、会议室、资料室、档案室等。办公用房室内净高不应低于2.5m。办公室的人均使用面积不宜小于4m²,会议室使用面积不宜小于30m²。生活用房宜包括宿舍、食堂、餐厅、厕所、盥洗室、浴室、文体活动室等。

宿舍应符合下列规定：1）宿舍内应保证必要的生活空间，人均使用面积不宜小于$2.5m^2$，室内净高不应低于2.5m。每间宿舍居住人数不宜超过16人。2）宿舍内应设置单人铺，层铺的搭设不应超过2层。3）宿舍内宜配置生活用品专柜，宿舍门外宜配置鞋柜或鞋架。

食堂应符合下列规定：1）食堂与厕所、垃圾站等污染源的距离不宜小于15m，且不应设在污染源的下风侧。2）食堂宜采用单层结构，顶棚宜设吊顶。3）食堂应设置独立的操作间、售菜（饭）间、储藏间和燃气罐存放间。4）操作间应设置冲洗池、清洗池、消毒池、隔油池；地面应做硬化和防滑处理。5）食堂应配备机械排风和消毒设施。操作间油烟应经处理后方可对外排放。6）食堂应设置密闭式泔水桶。

厕所、盥洗室、浴室应符合下列规定：1）施工现场应设置自动水冲式或移动式厕所。2）厕所的厕位设置应满足男厕每50人、女厕每25人设1个蹲便器，男厕每50人设lm长小便槽的要求。蹲便间距不应小于900mm，蹲位之间宜设置隔板，隔板高度不宜低于900mm。3）盥洗间应设置盥洗池和水嘴。水嘴与员工的比例宜为1：20，水嘴间距不宜小于700mm。4）淋浴间的淋浴器与员工的比例宜为1：20，淋浴器间距不宜小于1000mm。5）淋浴间应设置储衣柜或挂衣架。6）厕所、盥洗室、淋浴间的地面应做硬化和防滑处理。

活动房应按照使用说明书的规定使用。活动房超过设计使用年限时，应对房屋结构和围护系统进行全面检查，并应对结构安全性能进行评估，合格后方可继续使用。周转使用规定年限内的活动房重新组装前，应对主要构件进行检查维护，达到质量要求的方可使用。

临时建筑使用单位应建立健全安全保卫、卫生防疫、消防、生活设施的使用和生活管理等各项管理制度。临时建筑使用单位应定期对生活区住宿人员进行安全、治安、消防、卫生防疫、环境保护等宣传教育。临时建筑使用单位应建立临时建筑防风、防汛、防雨雪灾害等应急预案，在风暴、洪水、雨雪来临前，应组织进行全面检查，并应采取可靠的加固措施。临时建筑使用单位应建立健全维护管理制度，组织相关人员对临时建筑的使用情况进行定期检查、维护，并应建立相应的使用台账记录。对检查过程中发现的问题和安全隐患，应及时采取相应措施。

临时建筑在使用过程中，不应更改原设计的使用功能。楼面的使用荷载不宜超过设计值；当楼面的使用荷载超过设计值时，应对结构进行安全评估。临时建筑在使用过程中，不得随意开洞、打孔或对结构进行改动，不得擅自拆除隔墙和围护构件。

生活区内不得存放易燃、易爆、剧毒、放射源等化学危险物品。活动房内不得存放有腐蚀性的化学材料。在墙体上安装吊挂件时，应满足结构受力的要求。严禁擅自安装、改造和拆除临时建筑内的电线、电器装置和用电设备，严禁使用电炉等大功率用电设备。

临时建筑的拆除应遵循"谁安装、谁拆除"的原则；当出现可能危及临时建筑整体稳定的不安全情况时，应遵循"先加固、后拆除"的原则。拆除施工前，施工单位应编制拆除施工方案、安全操作规程及采取相关的防尘降噪、堆放、清除废弃物等措施，并应按规定程序进行审批，对作业人员进行技术交底。临时建筑拆除前，应做好拆除范围内的断水、断电、断燃气等工作。拆除过程中，现场用电不得使用被拆临时建筑中的配电线。

临时建筑的拆除应符合环保要求，拆下的建筑材料和建筑垃圾应及时清理。楼面、操作平台不得集中堆放建筑材料和建筑垃圾。建筑垃圾宜按规定清运，不得在施工现场焚烧。拆除区周围应设立围栏、挂警告牌，并应派专人监护，严禁无关人员逗留。当遇到五级以上大风、大雾和雨雪等恶劣天气时，不得进行临时建筑的拆除作业。拆除高度在2m及以上的临时建筑时，作业人员应在专门搭设的脚手架上或稳固的结构部位上操作，严禁作业人员站在被拆墙体、构件上作业。

临时建筑拆除后，场地宜及时清理干净。当没有特殊要求时，地面宜恢复原貌。

（2）建筑施工现场环境与卫生标准

《建筑施工现场环境与卫生标准》JGJ 146—2004中规定，本标准所指的施工现场包括施工区、办公区和生活区。

施工现场的施工区域应与办公、生活区划分清晰，并应采取相应的隔离措施。施工现场必须采用封闭围挡，高度不得小于1.8m。施工现场出入口应标有企业名称或企业标识。主要出入口明显处应设置工程概况牌，大门内应有施工现场总平面图和安全生产、消防保卫、环境保护、文明施工等制度牌。施工现场临时用房应选址合理，并应符合安全、消防要求和国家有关规定。在工程的施工组织设计中应有防治大气、水土、噪声污染和改善环境卫生的有效措施。

施工企业应采取有效的职业病防护措施，为作业人员提供必备的防护用品，对从事有职业病危害作业的人员应定期进行体检和培训。施工企业应结合季节特点，做好作业人员的饮食卫生和防暑降温、防寒保暖、防煤气中毒、防疫等工作。施工现场必须建立环境保护、环境卫生管理和检查制度，并应做好检查记录。对施工现场作业人员的教育培训、考核应包括环境保护、环境卫生等有关法律、法规的内容。施工企业应根据法律、法规的规定，制定施工现场的公共卫生突发事件应急预案。

施工现场的主要道路必须进行硬化处理，土方应集中堆放。裸露的场地和集中堆放的土方应采取覆盖、固化或绿化等措施。拆除建筑物、构筑物时，应采用隔离、洒水等措施，并应在规定期限内将废弃物清理完毕。施工现场土方作业应采取防止扬尘措施。从事土方、渣土和施工垃圾运输应采取密闭式运输车辆或采取覆盖措施；施工现场出入口处应采取保证车辆清洁的措施。施工现场的材料和大模板等存放场地必须平整坚实。水泥和其他易飞扬的细颗粒建筑材料应密闭存放或采取覆盖等措施。施工现场混凝土搅拌场所应采取封闭、降尘措施。建筑物内施工垃圾的清运，必须采用相应容器或管道运输，严禁凌空抛掷。施工现场应设置密封式垃圾站，施工垃圾、生活垃圾应分类存放，并应及时清运出场。施工现场严禁焚烧各类废弃物。

施工现场应设置水沟及沉淀池，施工污水经沉淀后方可排放市政污水管网或河流。施工现场存放的油料和化学溶剂等物品应设有专门的库房，地面应做防渗漏处理。废弃的油料和化学溶剂应集中处理，不得随意倾倒。食堂应设置隔油池，并应及时清理。厕所的化粪池应做抗渗处理。食堂、盥洗室、淋浴间的下水管线应设置过滤网，并应与市政府污水管线连接，保证排水通畅。

施工现场应按照现行国家标准《建筑施工场界环境噪声排放标准》GB 12523—2011

制定降噪措施,并可由施工企业自行对施工现场的噪声值进行监测和记录。施工现场的强噪声设备宜设置在远离居民区的一侧,并应采取降低噪声措施。对因生产工艺要求或其他特殊需要,确需在夜间进行超过噪声标准施工的,施工前建设单位应向有关部门提出申请,经批准后方可进行夜间施工。运输材料的车辆进入施工现场,严禁鸣笛,装卸材料应做到轻拿轻放。

施工现场应设置办公室、宿舍、食堂、厕所、淋浴间、开水房、文体活动室、密闭式垃圾站(或容器)及盥洗设施等临时设施。临时设施所用建筑材料应符合环保、消防要求。办公区和生活区应设密封式垃圾容器。施工现场配备常用药及绷带、止血带、颈托、担架等急救器材。宿舍内应保证有必要的生活空间,室内净高不得小于 2.4m,通道宽度不得小于 0.9m,每间宿舍居住人员不得超过 16 人。施工现场宿舍必须设置可开启式窗户,宿舍内的床铺不得超过 2 层,严禁使用通铺。宿舍内应设置垃圾桶,宿舍外宜设置鞋柜或鞋架,生活区内应提供为作业人员晾晒衣物的场地。

食堂应设置在远离厕所、垃圾站、有毒有害场所等污染源的地方。食堂应设置独立的制作间、储藏间,门扇下方应设不低于 0.2m 的防鼠挡板。制作间灶台及其周边应贴瓷砖,所贴瓷砖高度不宜小于 1.5m,地面应做硬化和防滑处理。粮食存放台距墙和地面应大于 0.2m。食堂应配备必要的排风设施和冷藏设施。食堂的燃气罐应单独设置存放间,存放间应通风良好并严禁存放其他物品。食堂制作的炊具宜存在封闭的橱柜内,刀、盆、案板等炊具应生熟分开。食品应有遮盖。遮盖物品应有正反面标识。各种佐料和副食应存放在密闭器皿内,并应有标识。食堂外应设置密闭式泔水桶,并应及时清运。

施工现场应设置水冲式或移动式厕所,厕所地面应硬化,门窗应齐全。蹲位之间设置隔板,隔板高度不宜低于 0.9m。厕所大小应根据作业人员的数量设置。高层建筑施工超过 8 层以后,每隔四层宜设置临时厕所。厕所应设专人负责清扫、消毒,化粪池应及时清掏。淋浴间内应设置满足需要的淋浴喷头,可设置储衣柜或挂衣架。盥洗设施应设置满足作业人员使用的盥洗池,并应使用节水龙头。生活区应设置开水炉、电热水器或饮用水保温桶;施工区应配备流动保温水桶。

施工现场应设专职或兼职保洁员,负责卫生清扫和保洁。办公区和生活区应采取灭鼠、蚊、蝇、蟑螂等措施,并应定期投放和喷洒药物。

食堂必须有卫生许可证,炊事人员必须持身体健康证上岗。炊事人员上岗应穿戴洁净的工作服、工作帽和口罩,并应保持个人卫生。不得穿工作服出食堂,非炊事人员不得随意进入制作间。食堂的炊具、餐具和公用饮水器具必须清洗清毒。施工现场应加强食品、原料的进货管理,食堂严禁出售变质食品。

施工现场作业人员发生法定传染病、食物中毒或急性职业中毒时,必须在 2h 内向施工现场所在建设行政主管部门和有关部门报告,并应积极配合调查处理。现场施工人员患有法定传染病时,应及时进行隔离,并由卫生防疫部门进行处置。

(3) 建设工程施工现场消防安全技术规范

《建设工程施工现场消防安全技术规范》GB 50720—2011 中规定,临时用房、临时设施的布置应满足现场防火、灭火及人员安全疏散的要求。

下列临时用房和临时设施应纳入施工现场总平面布局:1) 施工现场的出入口、围墙、围挡。2) 场内临时道路。3) 给水管网或管路和配电线路敷设或架设的走向、高度。4) 施工现场办公用房、宿舍、发电机房、变配电房、可燃材料库房、易燃易爆危险品库房、可燃材料堆场及其加工场、固定动火作业场等。5) 临时消防车道、消防救援场地和消防水源。

施工现场出入口的设置应满足消防车通行的要求，并宜布置在不同方向，其数量不宜少于2个。当确有困难只能设置1个出入口时，应在施工现场内设置满足消防车通行的环形道路。

固定动火作业场应布置在可燃材料堆场及其加工场、易燃易爆危险品库房等全年最小频率风向的上风侧，并宜布置在临时办公用房、宿舍、可燃材料库房、在建工程等全年最小频率风向的上风侧。易燃易爆危险品库房应远离明火作业区、人员密集区和建筑物相对集中区。可燃材料堆场及其加工场、易燃易爆危险品库房不应布置在架空电力线下。易燃易爆危险品库房与在建工程的防火间距不应小于15m，可燃材料堆场及其加工场、固定动火作业场与在建工程的防火间距不应小于10m，其他临时用房、临时设施与在建工程的防火间距不应小于6m。

施工现场内应设置临时消防车道，临时消防车道与在建工程、临时用房、可燃材料堆场及其加工场的距离不宜小于5m，且不宜大于40m；施工现场周边道路满足消防车通行及灭火救援要求时，施工现场内可不设置临时消防车道。临时消防车道的设置应符合下列规定：1) 临时消防车道宜为环形，设置环形车道确有困难时，应在消防车道尽端设置尺寸不小于12m×12m的回车场。2) 临时消防车道的净宽度和净空高度均不应小于4m。3) 临时消防车道的右侧应设置消防车行进路线指示标识。4) 临时消防车道路基、路面及其下部设施应能承受消防车通行压力及工作荷载。

下列建筑应设置环形临时消防车道，设置环形临时消防车道确有困难时，除应按规范的规定设置回车场外，尚应按规范的规定设置临时消防救援场地：1) 建筑高度大于24m的在建工程。2) 建筑工程单体占地面积大于3000m$^2$的在建工程。3) 超过10栋，且成组布置的临时用房。

临时消防救援场地的设置应符合下列规定：1) 临时消防救援场地应在在建工程装饰装修阶段设置。2) 临时消防救援场地应设置在成组布置的临时用房场地的长边一侧及在建工程的长边一侧。3) 临时救援场地宽度应满足消防车正常操作要求，且不应小于6m，与在建工程外脚手架的净距不宜小于2m，且不宜超过6m。

在建工程作业场所的临时疏散通道应采用不燃、难燃材料建造，并应与在建工程结构施工同步设置，也可利用在建工程施工完毕的水平结构、楼梯。外脚手架、支模架的架体宜采用不燃或难燃材料搭设，下列工程的外脚手架、支模架的架体应采用不燃材料搭设：1) 高层建筑；2) 既有建筑改造工程。下列安全防护网应采用阻燃型安全防护网：1) 高层建筑外脚手架的安全防护网；2) 既有建筑外墙改造时，其外脚手架的安全防护网；3) 临时疏散通道的安全防护网。

作业场所应设置明显的疏散指示标志，其指示方向应指向最近的临时疏散通道入口。作业层的醒目位置应设置安全疏散示意图。施工现场应设置灭火器、临时消防给水系统和应急照明等临时消防设施。临时消防设施应与在建工程的施工同步设置。房屋建筑工程中，临时消防设施的设置与在建工程主体结构施工进度的差距不应超过3层。在建工程可利用已具备使用条件的永久性消防设施作为临时消防设施。当永久性消防设施无法满足使用要求时，应增设临时消防设施，并应符合本规范的有关规定。

施工现场的消火栓泵应采用专用消防配电线路。专用消防配电线路应自施工现场总配电箱的总断路器上端接入，且应保持不间断供电。地下工程的施工作业场所宜配备防毒面具。临时消防给水系统的贮水池、消火栓泵、室内消防竖管及水泵接合器等应设置醒目标识。施工现场或其附近应设置稳定、可靠的水源，并应能满足施工现场临时消防用水的需要。消防水源可采用市政给水管网或天然水源。当采用天然水源时，应采取确保冰冻季节、枯水期最低水位时顺利取水的措施，并应满足临时消防用水量的要求。

施工现场的消防安全管理应由施工单位负责，实行施工总承包时，应由总承包单位负责。分包单位应向总承包单位负责，并应服从总承包单位的管理，同时应承担国家法律、法规规定的消防责任和义务。监理单位应对施工现场的消防安全管理实施监理。

施工单位应根据建设项目规模、现场消防安全管理的重点，在施工现场建立消防安全管理组织机构及义务消防组织，并应确定消防安全负责人和消防安全管理人员，同时应落实相关人员的消防安全管理责任。施工单位应针对施工现场可能导致火灾发生的施工作业及其他活动，制定消防安全管理制度，消防安全管理制度应包括下列主要内容：1）消防安全教育与培训制度；2）可燃及易燃易爆危险品管理制度；3）用火、用电、用气管理制度；4）消防安全检查制度；5）应急预案演练制度。

施工单位应编制施工现场防火技术方案，并应根据现场情况变化及时对其修改、完善。防火技术方案应包括下列主要内容：1）施工现场重大火灾危险源辨识；2）施工现场防火技术措施；3）临时消防设施、临时疏散设施配备；4）临时消防设施和消防警示标识布置图。

施工单位应编制施工现场灭火及应急疏散预案。灭火及应急疏散预案应包括下列主要内容：1）应急灭火处置机构及各级人员应急处置职责；2）报警、接警处置的程序和通讯联络的方式；3）扑救初起火灾的程序和措施；4）应急疏散及救援的程序和措施。

施工人员进场时，施工现场的消防安全管理人员应向施工人员进行消防安全教育和培训。消防安全教育和培训应包括下列内容：1）施工现场消防安全管理制度、防火技术方案、灭火及应急疏散预案的主要内容；2）施工现场临时消防设施的性能及使用、维护方法；3）扑灭初起火灾及自救逃生的知识和技能；4）报警、接警的程序和方法。

施工作业前，施工现场的施工管理人员应向作业人员进行消防安全技术交底。消防安全技术交底应包括下列主要内容：1）施工过程中可能发生火灾的部位或环节；2）施工过程应采取的防火措施及应配备的临时消防设施；3）初起火灾的扑救方法及注意事项；4）逃生方法及路线。

施工过程中，施工现场的消防安全负责人应定期组织消防安全管理人员对施工现场的消防安全进行检查。消防安全检查应包括下列主要内容：1）可燃物及易燃易爆危险品的管理是否落实；2）动火作业的防火措施是否落实；3）用火、用电、用气是否存在违章操作，电、气焊及保温防水施工是否执行操作规程；4）临时消防设施是否完好有效；5）临时消防车道及临时疏散设施是否畅通。

施工单位应依据灭火及应急疏散预案，定期开展灭火及应急疏散的演练。施工单位应做好并保存施工现场消防安全管理的相关文件和记录，并应建立现场消防安全管理档案。

施工现场的重点防火部位或区域应设置防火警示标识。施工单位应做好施工现场临时消防设施的日常维护工作，对已失效、损坏或丢失的消防设施应及时更换、修复或补充。临时消防车道、临时疏散通道、安全出口应保持畅通，不得遮挡、挪动疏散指示标识，不得挪用消防设施。施工期间，不应拆除临时消防设施及临时疏散设施。施工现场严禁吸烟。

（4）建筑施工作业劳动防护用品配备及使用标准

《建筑施工作业劳动防护用品配备及使用标准》JGJ 184—2009规定，从事施工作业人员必须配备符合国家现行有关标准的劳动防护用品，并应按规定正确使用。劳动防护用品的配备，应按照"谁用工，谁负责"的原则，由用人单位为作业人员按作业工种配备。

进入施工现场人员必须佩戴安全帽。作业人员必须戴安全帽、穿工作鞋和工作服；应按作业要求正确使用劳动防护用品。在2m及以上的无可靠安全防护设施的高处、悬崖和陡坡作业时，必须系挂安全带。

从事机械作业的女工及长发者应配备工作帽等个人防护用品。从事登高架设作业、起重吊装作业的施工人员应配备防止滑落的劳动防护用品，应为从事自然强光环境下作业的施工人员配备防止强光伤害的劳动防护用品。从事施工现场临时用电工程作业的施工人员应配备防止触电的劳动防护用品。从事焊接作业的施工人员应配备防止触电、灼伤、强光伤害的劳动防护用品。从事锅炉、压力容器、管道安装作业的施工人员应配备防止触电、强光伤害的劳动防护用品。从事防水、防腐和油漆作业的施工人员应配备防止触电、中毒、灼伤的劳动防护用品。从事基础施工、主体结构、屋面施工、装饰装修作业人员应配备防止身体、手足、眼部等受到伤害的劳动防护用品。

冬期施工期间或作业环境温度较低的，应为作业人员配备防寒类防护用品。雨期施工期间应为室外作业人员配备雨衣、雨鞋等个人防护用品。对环境潮湿及水中作业的人员应配备相应的劳动防护用品。

建筑施工企业不得采购和使用无厂家名称、无产品合格证、无安全标志的劳动防护用品。劳动防护用品的使用年限应按国家现行相关标准执行。劳动防护用品达到使用年限或报废标准的应由建筑施工企业统一收回报废，并应为作业人员配备新的劳动防护用品。劳动防护用品有定期检测要求的应按照其产品的检测周期进行检测。

建筑施工企业应建立健全劳动防护用品购买、验收、保管、发放、使用、更换、报废管理制度。在劳动防护用品使用前，应对其防护功能进行必要的检查。建筑施工企业应教育从业人员按照劳动防护用品使用规定和防护要求，正确使用劳动防护用品。建筑施工企业应对危险性较大的施工作业场所及具有尘毒危害的作业环境设置安全警示标识及应使用的安全防护用品标识牌。

## 10. 施工企业安全生产评价标准的要求

施工企业安全生产评价标准主要有《施工企业安全生产管理规范》GB 50565—2011、《施工企业安全生产评价标准》JGJ/T 77—2010、《建筑施工安全检查标准》JGJ 59—2011等。

(1) 施工企业安全生产管理规范

《施工企业安全生产管理规范》GB 50565—2011 规定，施工企业的安全生产管理体系应根据企业安全管理目标、施工生产特点和规模建立完善，并应有效运行。施工企业必须依法取得安全生产许可证，并应在资质等级许可的范围内承揽工程。施工企业应根据施工生产特点和规模，并以安全生产责任制为核心，建立健全安全生产管理制度。

施工企业主要负责人应依法对本单位的安全生产工作全面负责，其中法定代表人应为企业安全生产第一责任人，其他负责人应对分管范围内的安全生产负责。施工企业其他人员应对岗位职责范围内的安全生产负责。施工企业应设立独立的安全生产管理机构，并应按规定配备专职安全生产管理人员。施工企业各管理层应对从业人员开展针对性的安全生产教育培训。

施工企业应依法确保安全生产所需资金的投入并有效使用。施工企业必须配备满足安全生产需要的法律、法规、各类安全技术标准和操作规程。施工企业应依法为从业人员提供合格的劳动保护用品，办理相关保险，进行健康检查。施工企业严禁使用国家明令淘汰的技术、工艺、设备、设施和材料。施工企业宜通过信息化管理，辅助安全生产管理。施工企业应按本规范要求，定期对安全生产管理状况进行分析评估，并实施改进。

施工企业应依据企业的总体发展规划，制定企业年度及中长期安全管理目标。安全管理目标应包括生产安全事故控制指标、安全生产及文明施工管理目标。安全管理目标应分解到各管理层及相关职能部门和岗位，并应定期进行考核。施工企业各管理层及相关职能部门和岗位应根据分解的安全管理目标，配置相应的资源，并应有效管理。施工企业必须建立安全生产组织体系，明确企业安全生产的决策、管理、实施的机构或岗位。施工企业安全生产组织体系应包括各管理层的主要负责人，各相关职能部门及专职安全生产管理机构，相关岗位及专兼职安全管理人员。

施工企业应建立和健全与企业安全生产组织相对应的安全生产责任体系，并应明确各管理层、职能部门、岗位的安全生产责任。施工企业安全生产责任体系应符合下列要求：1) 企业主要负责人应领导企业安全管理工作，组织制定企业中长期安全管理目标和制度，审议、决策重大安全事项。2) 各管理层主要负责人应明确并组织落实本管理层各职能部门和岗位的安全生产职责，实现本管理层的安全管理目标。3) 各管理层的职能部门及岗位应承担职能范围内与安全生产相关的职责，互相配合，实现相关安全管理目标，应包括下列主要职责：①技术管理部门（或岗位）负责安全生产的技术保障和改进；②施工管理部门（或岗位）负责生产计划、布置、实施的安全管理；③材料管理部门（或岗位）负责安全生产物资及劳动防护用品的安全管理；④动力设备管理部门（或岗位）负责施工临时用电及机具设备的安全管理；⑤专职安全生产管理机构（或岗位）负责安全管理的检查、处理；⑥其他管理部门（或岗位）分别负责人员配备、资金、教育培训、卫生防疫、消防等安全管理。

施工企业应依据职责落实各管理层、职能部门、岗位的安全生产责任。施工企业各管理层、职能部门、岗位的安全生产责任应形成责任书，并应经责任部门或责任人确认。责任书的内容应包括安全生产职责、目标、考核奖惩标准等。施工企业应依据法律法规，结合企业的安全管理目标、生产经营规模、管理体制建立安全生产管理制度。施工企业安全生产管理制度应包括安全生产教育培训、安全费用管理、施工设施、设备及劳动防护用品的安全管理、安全生产技术管理、分包（供）方安全生产管理、施工现场安全管理、应急救援管理、生产安全事故管理、安全检查和改进、安全考核和奖惩等制度。施工企业的各项安全生产管理制度应规定工作内容、职责与权限、工作程序及标准。施工企业安全生产管理制度，应随有关法律法规以及企业生产经营、管理体制的变化，适时更新、修订完善。施工企业各项安全生产管理活动必须依据企业安全生产管理制度开展。

施工企业安全生产教育培训应贯穿于生产经营的全过程，教育培训应包括计划编制、组织实施和人员持证审核等工作内容。施工企业安全生产教育培训计划应依据类型、对象、内容、时间安排、形式等需求进行编制。安全教育和培训的类型应包括各类上岗证书的初审、复审培训，三级教育（企业、项目、班组）、岗前教育、日常教育、年度继续教育。安全生产教育培训的对象应包括企业各管理层的负责人、管理人员、特殊工种以及新上岗、待岗复工、转岗、换岗的作业人员。

施工企业的人员上岗应符合下列要求：1）企业主要负责人、项目负责人和专职安全生产管理人员必须经安全生产知识和管理能力考核合格，依法取得安全生产考核合格证书。2）企业的各类管理人员必须具备与岗位相适应的安全生产知识和管理能力，依法取得必要的岗位资格证书。3）特种作业人员必须经安全技术理论和操作技能考核合格，依法取得建筑施工特种作业人员操作资格证书。

施工企业新上岗操作工人必须进行岗前教育培训，教育培训应包括下列内容：1）安全生产法律法规和规章制度；2）安全操作规程；3）针对性的安全防范措施；4）违章指挥、违章作业、违反劳动纪律产生的后果；5）预防、减少安全风险以及紧急情况下应急救援的基本知识、方法和措施。

施工企业应结合季节施工要求及安全生产形势对从业人员进行日常安全生产教育培训。施工企业每年应按规定对所有从业人员进行安全生产继续教育，教育培训应包括下列内容：1）新颁布的安全生产法律法规、安全技术标准规范和规范性文件；2）先进的安全生产技术和管理经验；3）典型事故案例分析。施工企业应定期对从业人员持证上岗情况进行审核、检查，并应及时统计、汇总从业人员的安全教育培训和资格认定等相关记录。

安全生产费用管理应包括资金的提取、申请、审核审批、支付、使用、统计、分析、审计检查等工作内容。施工企业应按规定提取安全生产所需的费用。安全生产费用应包括安全技术措施、安全教育培训、劳动保护、应急准备等，以及必要的安全评价、监测、检测、论证所需费用。施工企业各管理层应根据安全生产管理需要，编制安全生产费用使用计划，明确费用使用的项目、类别、额度、实施单位及责任者、完成期限等内容，并应经审核批准后执行。施工企业各管理层相关负责人必须在其管辖范围内，按专款专用、及时足额的要求，组织落实安全生产费用使用计划。施工企业各管理层应建立安全生产费用分类使用台账，定期统计，并报上一级管理层。施工企业各管理层应定期对下一级管理层的安全生产费用使用计划的实施情况进行监督审查和考核。施工企业各管理层应对安全生产费用情况进行年度汇总分析，并应及时调整安全生产费用的比例。

施工企业施工设施、设备和劳动防护用品的安全管理应包括购置、租赁、装拆、验收、检测、使用、保养、维修、改造和报废等内容。施工企业应根据安全管理目标，生产经营特点、规模、环境等，配备符合安全生产要求的施工设施、设备、劳动防护用品及相关的安全检测器具。生产经营活动内容可能包含机械设备的施工企业，应按规定设置相应的设备管理机构或者配备专职的人员进行设备管理。施工企业应建立并保存施工设施、设备、劳动防护用品及相关的安全检测器具管理档案，并应记录下列内容：1）来源、类型、数量、技术性能、使用年限等静态管理信息，以及目前使用地点、使用状态、使用责任人、检测、日常维修保养等动态管理信息；2）采购、租赁、改造、报废计划及实施情况。施工企业应定期分析施工设施、设备、劳动防护用品及相关的安全检测器具的安全状态，确定指导、检查的重点，采取必要的改进措施。施工企业应自行设计或优先选用标准化、定型化、工具化的安全防护设施。

施工企业安全技术管理应包括对安全生产技术措施的制订、实施、改进等管理。施工企业各管理层的技术负责人应对管理范围的安全技术管理负责。施工企业应定期进行技术分析，改造、淘汰落后的施工工艺、技术和设备，应推行先进、适用的工艺、技术和装备，并应完善安全生产作业条件。施工企业应依据工程规模、类别、难易程度等明确施工组织设计、专项施工方案（措施）的编制、审核和审批的内容、权限、程序及时限。施工企业应根据施工组织设计、专项施工方案（措施）的审核、审批权限，组织相关职能部门审核，技术负责人审批。审核、审批应有明确意见并签名盖章。编制、审批应在施工前完成。施工企业应根据施工组织设计、专项安全施工方案（措施）编制和审批权限的设置，分级进行安全技术交底，编制人员应参与安全技术交底、验收和检查。施工企业可结合生产实际制订企业内部安全技术标准和图集。

分包方安全生产管理应包括分包单位以及供应商的选择、施工过程管理、评价等工作内容。施工企业应依据安全生产管理责任和目标，明确对分包（供）单位和人员的选择和清退标准、合同约定和履约控制等的管理要求。施工企业对分包单位的安全管理应符合下列要求：1）选择合法的分包（供）单位；2）与分包（供）单位签订安全协议，明确安全责任和义务；3）对分包单位施工过程的安全生产实施检查和考核；4）及时清退不符合安全生产要求的分包（供）单位；5）分包工程竣工后对分包（供）单位安全生产能力进行评价。施工企业对分包（供）单位检查和考核，应包括下列内容：1）分包单位安全生产管理机构的设置、人员配备及资格情况；2）分包（供）单位违约、违章记录；3）分包单位安全生产绩效。施工企业可建立合格分包（供）方名录，并应定期审核、更新。

施工企业应加强工程项目施工过程的日常安全管理，工程项目部应接受企业各管理层职能部门和岗位的安全生产管理。施工企业的工程项目部应接受建设行政主管部门及其他相关部门的监督检查，对发现的问题应按要求落实整改。施工企业的工程项目部应根据企业安全生产管理制度，实施施工现场安全生产管理，应包括下列内容：1）制定项目安全管理目标，建立安全生产组织与责任体系，明确安全生产管理职责，实施责任考核；2）配置满足安全生产、文明施工要求的费用、从业人员、设施、设备和劳动防护用品及相关的检测器具；3）编制安全技术措施、方案、应急预案；4）落实施工过程的安全生产措施，组织安全检查，整改安全隐患；5）组织施工现场场容场貌、作业环境和生活设施安全文明达标；6）确定消防安全责任人，制定用火、用电、使用易燃易爆材料等各项消防安全管理制度和操作规程，设置消防通道、消防水源，配备消防设施和灭火器材，并在施工现场入口处设置明显标志；7）组织事故应急救援抢险；8）对施工安全生产管理活动进行必要的记录，保存应有的资料。

工程项目部应建立健全安全生产责任体系，安全生产责任体系应符合下列要求：1）项目经理应为工程项目安全生产第一责任人，应负责分解落实安全生产责任，实施考核奖惩，实现项目安全管理目标；2）工程项目总承包单位、专业承包和劳务分包单位的项目经理、技术负责人和专职安全生产管理人员，应组成安全管理组织，并应协调、管理现场安全生产，项目经理应按规定到岗带班指挥生产；3）总承包单位、专业承包和劳务分包单位应按规定配备项目专职安全生产管理人员，负责施工现场各自管理范围内的安全生产日常管理；4）工程项目部其他管理人员应承担本岗位管理范围内的安全生产职责；5）分包单位应服从总承包单位管理，并应落实总承包项目部的安全生产要求；6）施工作业班组应在作业过程中执行安全生产要求；7）作业人员应严格遵守安全操作规程，并应做到不伤害自己、不伤害他人和不被他人伤害。

项目专职安全生产管理人员应按规定到岗，并应履行下列主要安全生产职责：1）对项目安全生产管理情况应实施巡查，阻止和处理违章指挥、违章作业和违反劳动纪律等现象，并应做好记录；2）对危险性较大分部分项工程应依据方案实施监督并作好记录；3）应建立项目安全生产管理档案，并应定期向企业报告项目安全生产情况。

工程项目施工前，应组织编制施工组织设计、专项施工方案，内容应包括工程概况、编制依据、施工计划、施工工艺、施工安全技术措施、检查验收内容及标准、计算书及附图等，并应按规定进行审批、论证、交底、验收、检查。工程项目应定期及时上报现场安全生产信息；施工企业应全面掌握企业所属工程项目的安全生产状况，并应作为隐患治理、考核奖惩的依据。

施工企业的应急救援管理应包括建立组织机构，应急预案编制、审批、演练、评价、完善和应急救援响应工作程序及记录等内容。施工企业应建立应急救援组织机构，并应组织救援队伍，同时应定期进行演练调整等日常管理。施工企业应建立应急物资保障体系，应明确应急设备和器材配备、储存的场所和数量，并应定期对应急设备和器材进行检查、维护、保养。施工企业应根据施工管理和环境特征，组织各管理层制订应急救援预案，应包括下列内容：1）紧急情况、事故类型及特征分析；2）应急救援组织机构与人员及职责分工、联系方式；3）应急救援设备和器材的调用程序；4）与企业内部相关职能部门和外部政府、消防、抢险、医疗等相关单位与部门的信息报告、联系方法；5）抢险急救的组织、现场保护、人员撤离及疏散等活动的具体安排。施工企业各管理层应对全体从业人员进行应急救援预案的培训和交底；接到相关报告后，应及时启动预案。施工企业应根据应急救援预案，定期组织专项应急演练；应针对演练、实战的结果，对应急预案的适宜性和可操作性组织评价，必要时应进行修改和完善。

施工企业生产安全事故管理应包括报告、调查、处理、记录、统计、分析改进等工作内容。生产安全事故发生后，施工企业应按规定及时上报。实行施工总承包时，应由总承包企业负责上报。情况紧急时，可越级上报。生产安全事故报告应包括下列内容：1）事故的时间、地点和相关单位名称；2）事故的简要经过；3）事故已经造成或者可能造成的伤亡人数（包括失踪、下落不明的人数）和初步估计的直接经济损失；4）事故的初步原因；5）事故发生后采取的措施及事故控制情况；6）事故报告单位或报告人员。生产安全事故报告后出现新情况时，应及时补报。

生产安全事故调查和处理应做到事故原因不查清楚不放过、事故责任者和从业人员未受到教育不放过、事故责任者未受到处理不放过、没有采取防范事故再发生的措施不放过。施工企业应建立生产安全事故档案，事故档案应包括下列资料：1）依据生产安全事故报告要素形成的企业职工伤亡事故统计汇总表；2）生产安全事故报告；3）事故调查情况报告、对事故责任者的处理决定、伤残鉴定、政府的事故处理批复资料及相关影像资料；4）其他有关的资料。

施工企业安全检查和改进管理应包括安全检查的内容、形式、类型、标准、方法、频次、整改、复查，以及安全生产管理评价与持续改进等工作内容。施工企业安全检查应包括下列内容：1）安全目标的实现程度；2）安全生产职责的履行情况；3）各项安全生产管理制度的执行情况；4）施工现场管理行为和实物状况；5）生产安全事故、未遂事故和其他违规违法事件的报告调查、处理情况；6）安全生产法律法规、标准规范和其他要求的执行情况。施工企业安全检查的形式应包括各管理层的自查、互查以及对下级管理层的抽查等；安全检查的类型应包括日常巡查、专项检查、季节性检查、定期检查、不定期抽查等，并应符合下列要求：1）工程项目部每天应结合施工动态，实行安全巡查；2）总承包工程项目部应组织各分包单位每周进行安全检查；3）施工企业每月应对工程项目施工现场安全生产情况至少进行一次检查，并应针对检查中发现的倾向性问题、安全生产状况较差的工程项目，组织专项检查；4）施工企业应针对承建工程所在地区的气候与环境特点，组织季节性的安全检查。

施工企业安全检查应配备必要的检查、测试器具，对存在的问题和隐患，应定人、定时间、定措施组织整改，并应跟踪复查直至整改完毕。施工企业对安全检查中发现的问题，宜按隐患类别分类记录，定期统计，并应分析确定多发和重大隐患类别，制订实施治理措施。施工企业应定期对安全生产管理的适宜性、符合性和有效性进行评估，应确定改进措施，并对其有效性进行跟踪验证和评价。发生下列情况时，企业应及时进行安全生产管理评估：1）适用法律法规发生变化；2）企业组织机构和体制发生重大变化；3）发生生产安全事故；4）其他影响安全生产管理的重大变化。施工企业应建立并保存安全检查和改进活动的资料与记录。

施工企业安全考核和奖惩管理应包括确定对象、制订内容及标准、实施奖惩等内容。安全考核的对象应包括施工企业各管理层的主要负责人、相关职能部门及岗位和工程项目的参建人员。企业各管理层的主要负责人应组织对本管理层各职能部门、下级管理层的安全生产责任进行考核和奖惩。安全考核应包括下列内容：1）安全目标实现程度；2）安全职责履行情况；3）安全行为；4）安全业绩。施工企业应针对生产经营规模和管理状况，明确安全考核的周期，并应及时兑现奖惩。

（2）施工企业安全生产评价标准

《施工企业安全生产评价标准》JGJ/T 77—2010 规定，本标准适用于对施工企业进行安全生产条件和能力的评价。

施工企业安全生产条件应按安全生产管理、安全技术管理、设备和设施管理、企业市场行为和施工现场安全管理等5项内容进行考核。每项考核内容应以评分表的形式和量化的方式，根据其评定项目的量化评分标准及其重要程度进行评定。

安全生产管理评价应为对企业安全管理制度建立和落实情况的考核，其内容应包括安全生产责任制度、安全文明资金保障制度、安全教育培训制度、安全检查及隐患排查制度、生产安全事故报告处理制度、安全生产应急救援制度等6个评定项目。

施工企业安全生产责任制度的考核评价应符合下列要求：1) 未建立以企业法人为核心分级负责的各部门及各类人员的安全生产责任制，则该评定项目不应得分。2) 未建立各部门、各级人员安全生产责任落实情况考核的制度及未对落实情况进行检查的，则该评定项目不应得分。3) 未实行安全生产的目标管理、制定年度安全生产目标计划、落实责任和责任人及未落实考核的，则该评定项目不应得分。4) 对责任制和目标管理等的内容和实施，应根据具体情况评定折减分数。

施工企业安全文明资金保障制度的考核评价应符合下列要求：1) 制度未建立且每年未对与本企业施工规模相适应的资金进行预算和决算，未专款专用，则该评定项目不应得分。2) 未明确安全生产、文明施工资金使用、监督及考核的责任部门或责任人，应根据具体情况评定折减分数。

施工企业安全教育培训制度的考核评价应符合下列要求：1) 未建立制度且每年未组织对企业主要负责人、项目经理、安全专职人员及其他管理人员的继续教育的，则该评定项目不应得分。2) 企业年度安全教育计划的编制，职工培训教育的档案管理，各类人员的安全教育，应根据具体情况评定折减分数。

施工企业安全检查及隐患排查制度的考核评价应符合下列要求：1) 未建立制度且未对所属的施工现场、后方场站、基地等组织定期和不定期安全检查的，则该评定项目不应得分。2) 隐患的整改、排查及治理，应根据具体情况评定折减分数。

施工企业生产安全事故报告处理制度的考核评价应符合下列要求：1) 未建立制度且未及时、如实上报施工生产中发生伤亡事故的，则该评定项目不应得分。2) 对已发生的和未遂事故，未按照"四不放过"原则进行处理的，则该评定项目不应得分。3) 未建立生产安全事故发生及处理情况事故档案的，则该评定项目不应得分。

施工企业安全生产应急救援制度的考核评价应符合下列要求：1) 未建立制度且未按照本企业经营范围，并结合本企业的施工特点，制定易发、多发事故部位、工序、分部、分项工程的应急救援预案，未对各项应急预案组织实施演练的，则该评定项目不应得分。2) 应急救援预案的组织、机构、人员和物资的落实，应根据具体情况评定折减分数。

安全技术管理评价应为对企业安全技术管理工作的考核，其内容应包括法规、标准和操作规程配置，施工组织设计，专项施工方案（措施），安全技术交底，危险源控制等5个评定项目。

施工企业法规、标准和操作规程配置及实施情况的考核评价应符合下列要求：1) 未配置与企业生产经营内容相适应的、现行的有关安全生产方面的法规、标准，以及各工种安全技术操作规程，并未及时组织学习和贯彻的，则该评定项目不应得分。2) 配置不齐全，应根据具体情况评定折减分数。

施工企业施工组织设计编制和实施情况的考核评价应符合下列要求：1) 未建立施工

组织设计编制、审核、批准制度的，则该评定项目不应得分。2）安全技术措施的针对性及审核、审批程序的实施情况等，应根据具体情况评定折减分数。

施工企业专项施工方案（措施）编制和实施情况的考核评价应符合下列要求：1）未建立对危险性较大的分部、分项工程专项施工方案编制、审核、批准制度的，则该评定项目不应得分。2）制度的执行，应根据具体情况评定折减分数。

施工企业安全技术交底制定和实施情况的考核评价应符合下列要求：1）未制定安全技术交底规定的，则该评定项目不应得分。2）安全技术交底资料的内容、编制方法及交底程序的执行，应根据具体情况评定折减分数。

施工企业危险源控制制度的建立和实施情况的考核评价应符合下列要求：1）未根据本企业的施工特点，建立危险源监管制度的，则该评定项目不应得分。2）危险源公示、告知及相应的应急预案编制和实施，应根据具体情况评定折减分数。

设备和设施管理评价应为对企业设备和设施安全管理工作的考核，其内容应包括设备安全管理、设施和防护用品、安全标志、安全检查测试工具等4个评定项目。

施工企业设备安全管理制度的建立和实施情况的考核评价应符合下列要求：1）未建立机械、设备（包括应急救援器材）采购、租赁、安装、拆除、验收、检测、使用、检查、保养、维修、改造和报废制度的，则该评定项目不应得分。2）设备的管理台账、技术档案、人员配备及制度落实，应根据具体情况评定折减分数。

施工企业设施和防护用品制度的建立及实施情况的考核评价应符合下列要求：1）未建立安全设施及个人劳保用品的发放、使用管理制度的，则该评定项目不应得分。2）安全设施及个人劳保用品管理的实施及监管，应根据具体情况评定折减分数。

施工企业安全标志管理规定的制定和实施情况的考核评价应符合下列要求：1）未制定施工现场安全警示、警告标识、标志使用管理规定的，则该评定项目不应得分。2）管理规定的实施、监督和指导，应根据具体情况评定折减分数。

施工企业安全检查测试工具配备制度的建立和实施情况的考核评价应符合下列要求：1）未建立安全检查检验仪器、仪表及工具配备制度的，则该评定项目不应得分。2）配备及使用，应根据具体情况评定折减分数。

企业市场行为评价应为对企业安全管理市场行为的考核，其内容包括安全生产许可证、安全生产文明施工、安全质量标准化达标、资质机构与人员管理制度等4个评定项目。

施工企业安全生产许可证许可状况的考核评价应符合下列要求：1）未取得安全生产许可证而承接施工任务的、在安全生产许可证暂扣期间承接工程的、企业承发包工程项目的规模和施工范围与本企业资质不相符的，则该评定项目不应得分。2）企业主要负责人、项目负责人和专职安全管理人员的配备和考核，应根据具体情况评定折减分数。

施工企业安全生产文明施工动态管理行为的考核评价应符合下列要求：1）企业资质因安全生产、文明施工受到降级处罚的，则该评定项目不应得分。2）其他不良行为，视其影响程度、处理结果等，应根据具体情况评定折减分数。

施工企业安全质量标准化达标情况的考核评价应符合下列要求：1）本企业所属的施工现场安全质量标准化年度达标合格率低于国家或地方规定的，则该评定项目不应得分。

2）安全质量标准化年度达标优良率低于国家或地方规定的，应根据具体情况评定折减分数。

施工企业资质、机构与人员管理制度的建立和人员配备情况的考核评价应符合下列要求：1）未建立安全生产管理组织体系、未制定人员资格管理制度、未按规定设置专职安全管理机构、未配备足够的安全生产专管人员的，则该评定项目不应得分。2）实行分包的，总承包单位未制定对分包单位资质和人员资格管理制度并监督落实的，则该评定项目不应得分。

施工现场安全管理评价应为对企业所属施工现场安全状况的考核，其内容应包括施工现场安全达标、安全文明资金保障、资质和资格管理、生产安全事故控制、设备设施工艺选用、保险等6个评定项目。施工现场安全达标考核，企业应对所属的施工现场按现行规范标准进行检查，有一个工地未达到合格标准的，则该评定项目不应得分。施工现场安全文明资金保障，应对企业按规定落实其所属施工现场安全生产、文明施工资金的情况进行考核，有一个施工现场未将施工现场安全生产、文明施工所需资金编制计划并实施、未做到专款专用的，则该评定项目不应得分。

施工现场分包资质和资格管理规定的制定以及施工现场控制情况的考核评价应符合下列要求：1）未制定对分包单位安全生产许可证、资质、资格管理及施工现场控制的要求和规定，且在总包与分包合同中未明确参建各方的安全生产责任，分包单位承接的施工任务不符合其所具有的安全资质，作业人员不符合相应的安全资格，未按规定配备项目经理、专职或兼职安全生产管理人员的，则该评定项目不应得分。2）对分包单位的监督管理，应根据具体情况评定折减分数。

施工现场生产安全事故控制的隐患防治、应急预案的编制和实施情况的考核评价应符合下列要求：1）未针对施工现场实际情况制定事故应急救援预案的，则该评定项目不应得分。2）对现场常见、多发或重大隐患的排查及防治措施的实施，应急救援组织和救援物资的落实，应根据具体情况评定折减分数。

施工现场设备、设施、工艺管理的考核评价应符合下列要求：1）使用国家明令淘汰的设备或工艺，则该评定项目不应得分。2）使用不符合国家现行标准的且存在严重安全隐患的设施，则该评定项目不应得分。3）使用超过使用年限或存在严重隐患的机械、设备、设施、工艺的，则该评定项目不应得分。4）对其余机械、设备、设施以及安全标识的使用情况，应根据具体情况评定折减分数。5）对职业病的防治，应根据具体情况评定折减分数。

施工现场保险办理情况的考核评价应符合下列要求：1）未按规定办理意外伤害保险的，则该评定项目不应得分。2）意外伤害保险的办理实施，应根据具体情况评定折减分数。

施工企业每年度应至少进行一次自我考核评价。发生下列情况之一时，企业应再进行复核评价：1）适用法律、法规发生变化时；2）企业组织机构和体制发生重大变化后；3）发生生产安全事故后；4）其他影响安全生产管理的重大变化。施工企业考核自评应由企业负责人组织，各相关管理部门均应参与。评价人员应具备企业安全管理及相关专业能力，每次评价不应少于3人。

抽查及核验企业在建施工现场，应符合下列要求：1) 抽查在建工程实体数量，对特级资质企业不应少于 8 个施工现场；对一级资质企业不应少于 5 个施工现场；对一级资质以下企业不应小于 3 个施工现场；企业在建工程实体少于上述规定数量的，则应全数检查。2) 核验企业所属其他在建施工现场安全管理状况，核验总数不应少于企业在建工程项目总数的 50 %。抽查发生因工死亡事故的企业在建施工现场，应按事故等级或情节轻重程度，在以上规定的基础上分别增加 2~4 个在建工程项目；应增加核验企业在建工程项目总数的 10 %~30%。对评价时无在建工程项目的企业，应在企业有在建工程项目时，再次进行跟踪评价。

施工企业安全生产考核评定应分为合格、基本合格、不合格三个等级，并宜符合下列要求：1) 对有在建工程的企业，安全生产考核评定宜分为合格、不合格 2 个等级；2) 对无在建工程的企业，安全生产考核评定宜分为基本合格、不合格 2 个等级。

(3) 建筑施工安全检查标准

经修订并发布的《建筑施工安全检查标准》JGJ 59—2011，将检查评定项目分为安全管理、文明施工、扣件式钢管脚手架、门式钢管脚手架、碗扣式钢管脚手架、承插型盘扣式钢管脚手架、满堂脚手架、悬挑式脚手架、附着式升降脚手架、高处作业吊篮、基坑工程、模板支架、高处作业、施工用电、物料提升机、施工升降机、塔式起重机、起重吊装、施工机具等 19 项。

# 二、施工现场安全管理知识

## （一）施工现场安全管理的基本要求

施工现场安全管理的基本要求主要是：

（1）按照规定组建工程项目安全生产领导小组，由总承包企业、专业承包企业和劳务分包企业项目经理、技术负责人和专职安全生产管理人员组成，实行建设工程项目专职安全生产管理人员由施工企业委派制度，施工作业班组可以设置兼职安全巡查员，并建立健全施工现场安全生产管理体系和安全生产情况报告制度。

（2）建立健全符合安全生产法律法规、标准规范要求，满足施工现场安全生产需要的各种规章制度和操作规程。

（3）配备符合安全要求的施工设施、设备及相关的安全检测器具，依法为从业人员提供合格的劳动防护用品，办理相关保险。

（4）严禁使用国家明令淘汰的安全技术、工艺、设备、设施和材料。

（5）对管理人员和作业人员应进行安全生产教育培训，并经考核合格后方可上岗作业。特种作业人员应取得建设行政主管部门颁发的建筑施工特种作业操作资格证书，且每年不得少于24小时的安全教育培训或者继续教育。

（6）选择合法的分包（供应）单位，签订安全生产协议，明确安全生产职责，明确对分包（供应）单位及人员的选择和清退标准、合同条款约定和履约过程控制的管理要求。

（7）建立健全应急管理体系，完善应急救援管理。施工现场应急救援管理应当包括：制定应急救援预案，建立应急救援组织，配备应急救援人员，配置必要的应急救援器材、设备，定期组织演练，以及评价、完善应急救援响应工作程序及记录等。

## （二）施工现场安全管理的主要内容

施工现场安全管理的主要内容是：

（1）制定项目安全管理目标，建立安全生产责任体系，实施安全生产责任考核。

（2）确保安全防护、文明施工措施费专款专用，按规定发放劳动保护用品，更换已损坏或已到使用期限的劳动保护用品。

（3）制定安全技术措施、应急预案，选用符合要求的施工设施与设备。

（4）落实施工过程中的安全生产措施，加强隐患整改。

（5）实现施工现场的场容场貌、作业环境和生活设施安全文明达标。

（6）组织事故应急救援抢险演练。

（7）对施工安全生产管理活动进行必要的记录，保存应有的资料和原始记录。

## （三）施工现场安全管理的主要方式

施工现场的安全管理是运用科学的管理思想、管理组织、管理方法和管理手段，对施工现场的各种生产要素进行计划、组织、控制、协调、激励等，保证施工现场按预定的目标实现优质、高效、低耗、安全、文明的生产。安全管理的主要方式是以安全检查为主线，辅之以相关的会议、通报、教育、考核、评比、奖惩等，以实现不断改进和提高的目的。

安全检查是以查思想、查管理、查隐患、查整改、查责任落实、查事故处理为主要内容，按照规定的安全检查项目、形式、类型、标准、方法和频次，进行检查、复查以及安全生产管理评估等。针对检查中发现的问题，要坚决进行整改，并对相关责任人员进行教育，使其从思想上引起足够的重视，在行为上加以改进。

对管理人员及分包单位实行安全考核和奖惩管理，是开展施工现场安全管理工作的必要方式和手段，包括确定考核和奖惩的对象、制订考核内容及奖罚标准、定期组织实施考核以及落实奖罚等。

# 三、施工项目安全生产管理计划

## （一）施工项目安全生产管理计划的主要内容

施工项目安全管理计划应主要包括下列内容：
（1）确定项目重要危险因素，制定项目职业健康安全管理目标。
（2）建立有管理层次的项目安全管理组织机构，并明确责任。
（3）根据项目特点，进行安全管理方面的资源配置。
（4）建立有针对性的安全生产管理制度。
（5）针对项目重要危险因素，制定相应的安全技术措施，对达到一定规模的危险性较大的分部（分项）工程应编制安全专项施工方案。
（6）根据季节、气候的变化，编制相应的季节性安全施工措施。

## （二）施工项目安全生产管理计划的基本编制办法

施工项目安全管理计划应由项目安全部门牵头，组织生产、技术等部门编写，报项目经理批准后实施。安全管理计划应包括下列内容：
（1）安全生产管理计划审批表。
（2）编制说明。
（3）工程概况
1）工程简介：工程的地理位置、性质或用途；工程的规模、结构形式、檐口高度等；为适应安全生产及文明施工要求必须明确的其他事宜。
2）工程难点分析：与工程所处环境有关的场所如学校、医院等，施工噪声控制与防尘污染，文明施工；多台塔吊作业时，防止可能相互碰撞的措施；高层建筑脚手架的搭设与拆除；危险性较大分部分项工程的实施等；工程安全重点部位，如基础施工管线（电缆、水煤气管道等）保护、脚手架、电梯井道防护、施工用电、大型机械（塔吊、外用电梯）装拆与使用管理等。
（4）安全生产管理方针及目标。安全生产管理方针是安全管理方面总的指导思想和管理宗旨，应及时向员工传达贯彻。安全生产管理目标应包括伤亡控制指标、安全达标、文明施工目标等。
（5）安全生产及文明施工管理体系要求。明确安全生产管理目标；成立以项目经理为施工现场安全生产管理第一责任人的安全生产领导小组，明确安全生产领导小组的主要职责；明确施工现场安全管理组织机构网络；明确项目部主要管理人员的安全生产责任制，并让责任人履行签字手续。

（6）分包方控制。控制内容包括：分包单位的资质符合分包内容，取得安全生产许可证并在有效期内；分包单位有相关工作施工业绩；签订分包合同和总分包安全生产协议；分包单位按要求配备项目分包负责人和专（兼）职安全员；按照分包合同和公司管理制度对分包队伍实施管理。

（7）施工现场安全控制。主要在于施工现场的基坑、脚手架、模板支撑、临时用电、大中小型施工机械、起重机械、消防等方面的安全实施要点及控制点，落实相应的管理制度。

（8）环境管理、绿色施工和文明施工管理（包括文明施工管理目标、文明施工管理机构、文明施工管理制度等）。

（9）宿舍及生活区的管理。

（10）劳务用工的管理。

（11）应急救援预案。

# 四、安全专项施工方案

## （一）安全专项施工方案的主要内容

安全专项施工方案是对某个具体的分部分项工程如深基坑、高大模板等，针对施工中的难点、要点，编制专门的方案指导施工。进行安全检查时，要根据专项施工方案进行检查。

安全专项施工方案应包括以下内容：
(1) 工程概况：危险性较大的分部分项工程概况、施工平面布置、施工要求和技术保证条件。
(2) 编制依据：相关法律、法规、规范性文件、标准、规范及图纸（国标图集）、施工组织设计等。
(3) 施工计划：施工进度计划、材料与设备计划。
(4) 施工工艺技术：技术参数、工艺流程、施工方法、检查验收等。
(5) 施工安全保证措施：组织保障、技术措施、应急预案、监测监控等。
(6) 劳动力计划：专职安全生产管理人员、特种作业人员等。
(7) 计算书及相关图纸。

## （二）安全专项施工方案的基本编制办法

收集各种技术资料和做好调查研究工作是编制安全专项施工方案的基础，要做到考虑全面、重点突出、方案可行并具有先进性。编制前，应对企业实际施工情况做到清楚了解，对施工组织和施工技术全面掌握。

编写的原则是：
(1) 认真贯彻国家的有关法规和方针政策，严格执行建设程序，遵循建设工程施工规律和技术准则，符合工程合同要求，坚持合理的施工工艺和施工顺序。
(2) 积极采用先进的施工管理办法，科学组织立体交叉及平行流水作业，保持施工的节奏性、均衡性和连续性。
(3) 积极采用国内外先进的施工工艺和施工技术，确立科学的施工方法，提高工程质量，确保安全施工、文明施工。
(4) 合理配置机具设备，提高作业机械化程度，扩大机械化施工范围，改善作业条件，提高劳动生产率。
(5) 精心规划施工，合理布置设施，注重环境保护。

(6) 结合工程特点,除常规做法外,应抓住工程中危险因素,做到方案内容具体,重点、难点突出,具有针对性、指导性、可操作性。

安全专项施工方案的编制框架是:(1) 工程概况;(2) 施工部署;(3) 施工方法;(4) 监控及救援预案;(5) 技术组织措施。

施工准备工作包括技术准备、现场准备、机械材料准备等。

# 五、施工现场安全事故防范知识

## （一）施工现场安全事故的主要类型

施工现场主要事故类型为"五大伤害"，即高处坠落、物体打击、坍塌、触电、机械伤害。此外，由于施工现场易燃材料多，电气焊等动火作业多，火灾也逐渐成为施工现场较为常见的一种事故类型，中毒（硫化氢）事故在部分地区也时有发生。

## （二）施工现场安全生产重大隐患及多发性事故

施工现场安全生产重大隐患，是指根据作业场所、设备及设施的不安全状态，人的不安全行为和管理上的缺陷，可能导致重大人身伤亡或者重大经济损失的事故隐患。

排查施工现场安全生产重大隐患的重点应当是危险性较大的分部分项工程。危险性较大的分部分项工程范围是：（1）基坑支护、降水工程；（2）土方开挖工程；（3）模板工程及支撑体系；（4）起重吊装及安装拆卸工程；（5）脚手架工程；（6）拆除、爆破工程；（7）其他工程，如建筑幕墙安装工程，钢结构、网架和索膜结构安装工程，人工挖扩孔桩工程，地下暗挖、顶管及水下作业工程，预应力工程，以及采用新技术、新工艺、新材料、新设备及尚无相关技术标准的危险性较大的分部分项工程等。特别是超过一定规模的危险性较大的分部分项工程，更应成为排查重大隐患的重中之重。

## （三）施工现场安全事故的主要防范措施

施工现场安全事故的主要防范措施是：

（1）建立以项目经理为第一责任人的安全生产领导组织，抓好各级管理人员安全责任的落实和制度落实。

（2）按照检查制度、标准规范，对施工现场各类设施开展检查活动，对人员的不安全行为进行综合监督管理，对物的不安全状态及时消除，改善作业条件。

（3）开展经常性的安全宣传教育和安全技术培训，使职工认识到法规、制度、操作规程是用鲜血换来的经验，是人人必须遵循的行为准则，使职工在施工中增强安全意识，做到不伤害自己、不伤害他人、不被他人伤害。

（4）按照科学的作业标准、操作规程，规范各工种作业人员的安全行为，防范事故。

（5）抓好生产技术和安全技术的管理工作，规范技术措施编制、审核和审批，严格按照技术措施组织施工。

（6）做好现场文明施工，及时消除危险源，促进现场管理标准化、规范化。

# 六、安全事故救援处理知识

## （一）安全事故的主要救援方法

施工现场一旦发生安全事故，应立即启动应急救援预案，快速、有序、有效地开展救援行动，抢救受害人员，排除险情，并保护事故现场。救援应首先抢救受害人员，抢救时要保障施救人员的人身安全，避免二次伤害。因抢救人员、防止事故扩大以及疏通交通等原因确需移动事故现场物件的，应做出标志，绘制现场简图并作书面记录，妥善保存现场重要痕迹、物证。

**1. 高处坠落、物体打击救援方法**

高处坠落、物体打击的救援，主要体现在对人员外伤的急救。相关人员应掌握外伤的止血方法和骨折的急救固定方法。止血方法主要有一般止血法、指压止血法、屈肢加垫止血法、橡皮止血带止血、绞紧止血法、填塞止血法等。骨折固定的方法主要有小夹板固定、石膏绷带固定、外展架固定等。

对于骨折固定应当注意：（1）遇有呼吸、心跳停止者先行复苏措施，出血休克者先止血；（2）固定时对骨折后造成的畸形禁止整复，不能把骨折断端送回伤口内，只要适当固定即可；（3）代用品——夹板要长于两头的关节并一起固定；（4）固定时应不松不紧而牢固；（5）固定四肢时应尽可能暴露手指（足趾），以观察有否指（趾）尖发紫、肿胀、疼痛、血循环障碍等。

**2. 触电事故救援方法**

应尽快切断电源，使触电者很快脱离电源。切断电源之前，抢救者切忌用自己的手直接去拉触电者，避免使施救者触电受伤。确认心跳停止时，在医护人员没有到来之前应用人工呼吸和胸外心脏按压方法施救。

**3. 中毒事故救援方法**

一旦发生或发现气体中毒事故，首先要报告请求救援。施救时，必须戴防毒面具，或通风后确保环境安全，在专人监控的情况下方可施救。在没有防护措施和安全施救的条件下，切忌盲目施救，避免造成群死群伤。

**4. 坍塌事故救援方法**

必须按照专业技术人员确定的正确施救方法进行施救。施救中，要避免二次坍塌造成施救人员的伤害；需使用挖掘机等大型机械设备的，应避免设备对被掩埋人员的机械伤害。

**5. 火灾事故救援方法**

发现火灾，现场人员应立即向项目管理人员报告。现场人员应掌握灭火器使用方法，会扑灭初期火灾。当火势无法控制时，人员应迅速撤离，并应掌握逃生疏散方法。

## （二）安全事故的处理程序及要求

事故发生后，事故现场有关人员应当立即向本单位负责人报告；单位负责人接到报告后，应当于1h内向事故发生地县级以上人民政府安全生产监督管理部门和负有安全生产监督管理职责的有关部门报告。情况紧急时，事故现场有关人员可以直接向事故发生地县级以上人民政府安全生产监督管理部门和负有安全生产监督管理职责的有关部门报告。

报告内容应包括事故发生单位概况；事故发生的时间、地点以及事故现场情况；事故的简要经过；事故已经造成或者可能造成的伤亡人数（包括下落不明的人数）和初步估计的直接经济损失；已经采取的措施等内容。

发生事故后，应及时填写事故伤亡快报表，并着手收集与事故有关的如下材料：（1）事故发生单位的营业执照、资质证书复印件；（2）有关经营承包经济合同、安全生产协议书；（3）安全生产管理制度；（4）技术标准、安全操作规程、安全技术交底；（5）三级安全培训教育记录及考试卷或教育卡（伤者或死者）；（6）项目开工证，总、分包施工企业《安全生产许可证》；（7）伤亡人员证件（包括特种作业证及身份证）；（8）用人单位与伤亡人员签订的劳动合同；（9）事故现场示意图、事故相关照片及影像材料；（10）与事故有关的其他材料。

此外，应填写事故调查的初步情况及简单事故经过（包括伤亡人员的自然情况、事故的初步原因分析等），经项目经理审核签字后报送事故调查组。成立由项目负责人牵头的事故整改小组，对施工现场进行全面检查、整改，组织对现场工人进行安全教育和安抚工作。成立由企业负责人担任组长，生产、安全、技术、工会、监察等部门参加的事故调查组，对事故按照"四不放过"的原则进行调查，并配合政府主管部门组成的事故调查组进行事故调查和处理。所谓"四不放过"即：事故原因分析不清不放过，事故责任者和群众没有受到教育不放过，没有制订防范、整改措施不放过，事故责任者没受到处罚不放过。

# 下篇 专业技能

# 七、编制项目安全生产管理计划

安全生产检查是生产经营单位安全生产管理的主要内容,其工作重点是辨识安全生产管理工作存在的漏洞和死角,检查生产现场安全防护措施、作业环境是否存在不安全状态,现场作业人员的行为是否符合安全规范,以及设备、系统运行状况是否符合现场规程的要求等。通过安全检查,不断堵塞管理漏洞,改善劳动作业环境,规范作业人员的行为,保证设备系统的安全、可靠运行,实现安全生产的目的。

## (一) 安全生产检查的类型

安全生产检查的分类方法有很多,习惯上分为以下六种类型。

### 1. 定期安全生产检查

定期安全生产检查一般是通过有计划、有组织、有目的的形式来实现,一般由生产经营单位统一组织实施。检查周期的确定,应根据生产经营单位的规模、性质及地区气候、地理环境等确定。定期安全检查一般具有组织规模大、检查范围广、有深度、能及时发现并解决问题等特点。定期安全检查一般和重大危险源评估、现状安全评价等工作结合开展。

### 2. 经常性安全生产检查

经常性安全生产检查是由生产经营单位的生产安全管理部门、车间、班组或岗位组织进行的日常检查。一般来讲,包括交接班检查、班中检查、特殊检查等几种形式。

交接班检查是指在交接班前,岗位人员对岗位作业环境、管辖的设备及系统安全运行状况进行检查。

班中检查包括岗位作业人员在工作过程中的安全检查,以及生产经营单位领导、安全生产管理部门和车间班组的领导或安全监督人员对作业情况的巡视或抽查等。

特殊检查是针对设备、系统存在的具体情况,所采用的加强监视进行的措施。一般来讲,措施由工程技术人员制定,岗位作业人员执行。

交接班检查和班中岗位的自行检查,一般应制定检查路线、检查项目、检查标准,并有专门的检查记录。

岗位经常性检查发现的问题记录在记录本上，并及时通过信息系统和电话逐级上报。一般来讲，对危及人身和设备安全的情况，岗位作业人员应根据操作规程、应急处置措施的规定，及时采取应急处置措施。

### 3. 季节性及假日前后安全生产检查

由生产经营单位统一组织，检查内容和范围则根据季节变化，按事故发生的规律对易发的潜在危险，突出重点进行检查，如冬季防冻保温、防火、防煤气中毒，夏季防暑降温、防汛、防雷电的检查。

由于节假日前后容易发生事故，因而应在节假日前后进行有针对性的安全检查。

### 4、专业（项）安全检查

专业（项）安全生产检查是对某个专业（项）问题或在施工（生产）中存在的普遍性安全问题进行的单项定性或定量检查。

如对危险性较大的在用设备、设施、作业场所环境条件的管理性或监督性定量检测检验则属专业（项）安全检查。专业（项）检查具有较强的针对性和专业要求，用于检查难度较大的项目。

### 5. 综合性安全生产检查

综合性安全生产检查一般是由上级主管部门或地方政府有安全生产监督管理职责的部门，组织对生产单位进行的安全检查。

### 6. 职工代表不定期对安全生产的巡查

根据《工会法》及《安全生产法》的有关规定，生产经营单位的工会应定期或不定期组织职工代表进行安全检查。重点检查国家安全生产方针、法规的贯彻执行情况，各级人员安全生产责任制和规章制度的落实情况，从业人员安全生产保障情况，生产现场的安全状况等。

## （二）安全生产检查的内容

安全生产检查的内容包括：软件系统和硬件系统。软件系统主要是查思想、查意识、查制度、查管理、查事故处理、查隐患、查整改。硬件系统主要是查生产设备、查辅助设施、查安全设施、查作业环境。

安全生产检查具体内容应本着突出重点的原则进行确定。对于危险性大、易发事故、事故危害性较大的生产系统、部位、装置、设备等应加强检查。一般应重点检查：易造成重大损失的易燃易爆危险物品、剧毒物、锅炉、压力容器、起重设备、运输设备、电气设备、冲压机械、高处作业和本企业易发生工伤、火灾、爆炸等事故的设备、工种、场所及其作业人员；易造成职业中毒或职业病的尘毒产生点及其岗位作业人员；直接管理的重要危险点和有害点的部门及其负责人。

## （三）安全生产检查的方法

### 1. 常规检查

常规检查是常见的一种检查方法。通常由安全管理人员作为检查工作的主体，到作业现场，通过感官或辅助一定的简单工具、仪表等，对作业人员的行为、作业场所的环境条件、生产设备设施等进行的定性检查。安全检查人员通过这一手段，及时发现现场存在的安全隐患并采取措施予以消除，纠正施工人员的不安全行为。

常规检查主要依靠安全检查人员的经验和能力，检查的结果直接受安全检查人员个人素质的影响。

### 2. 安全检查表法

为使安全检查工作更加规范，将个人的行为对检查结果的影响减少到最小，常采用安全检查表法。安全检查表一般由工作小组讨论制定。安全检查表一般包括检查项目、检查内容、检查标准、检查结果及评价等内容。

### 3. 仪器检查及数据分析法

有些生产经营单位的设备、系统运行数据具有在线监视和记录的系统设计，对设备、系统的运行状况可通过对数据的变化趋势进行分析得出结论。对没有在线数据检测系统的机器、设备、系统，只能通过仪器检查法来进行定量化的检验与测量。

## （四）安全生产检查的工作程序

### 1. 安全检查准备

（1）确定检查对象、目的、任务。
（2）掌握有关法律、标准、规程的要求。
（3）了解检查对象的工艺流程、生产情况、可能出现危险和危害的情况。
（4）制定检查计划，安排检查内容、方法、步骤。
（5）编写安全检查表或检查提纲。
（6）准备必要的测量工具、仪器、书写表格或记事本。
（7）挑选和训练检查人员进行必要的分工等。

### 2. 实施安全检查

实施安全检查就是通过访谈、查阅文件和记录、现场观察、仪器测量的方式获取信息。
（1）访谈。通过与有关人员谈话来检查安全意识和规章制度执行的情况等。
（2）查阅文件盒记录。检查设计文件、作业规程、安全措施、责任制度、操作规程等是否齐全，是否有效；查阅相应记录，判断上述文件是否被执行。

（3）现场观察。对作业现场的生产设备、安全防护设施、作业环境、人员操作等进行观察，寻找不安全因素、事故隐患、事故征兆等。

（4）仪器测量。利用一定的检测检验仪器设备，对在用的设施、设备、器材状况及作业环境条件等进行测量，以发现隐患。

### 3. 综合分析

经现场检查和数据分析后，检查人员应对检查情况进行综合分析，提出检查的结论和意见。一般来讲，生产经营单位自行组织的各类安全检查，应由安全管理部门会同有关部门对检查结果进行分析；上级主管部门或地方政府负有安全生产监督管理职责的部门组织的安全检查，统一研究得出检查意见或结论。

## （五）安全生产检查发现问题的整改与落实

针对检查发现的问题，应根据问题性质的不同，提出立即整改、限期整改等措施要求。生产经营单位自行组织的安全检查，由安全管理部门会同有关部门，共同制定整改措施计划并组织实施。上级主管部门或地方政府负有安全生产监督管理职责的部门组织的安全检查，提出书面的整改要求，生产经营单位制定整改措施计划。

对安全检查发现的问题和隐患，生产经营单位应从管理的高度，举一反三，制定整改计划并积极落实整改。在整改措施计划完成后，安全管理部门应组织有关人员进行验收。对于上级主管部门或地方政府负有安全生产监督管理职责的部门组织的安全检查，在整改措施完成后，应及时上报整改完成情况，申请复查或验收。

对安全检查中经常出现的问题或反复发现的问题，生产经营单位应从规章制度的健全和完善、从业人员的安全教育培训、设备系统的更新改造、加强现场检查和监督等环节入手，做到持续改进，不断提高安全生产管理水平，防范生产安全事故的发生。

# 八、编制安全事故应急救援预案

## （一）编制安全事故应急救援预案有关应急响应程序的内容

安全事故应急救援的相应程序按过程可以分为接警、响应级别确定、应急启动、救援行动、应急恢复和应急结束等几个过程。

### 1. 接警与响应级别确定

接到事故报警后，按照工作程序，对警情作出判断，初步确定相应的响应级别。如果事故不足以启动应急救援体系的最低响应级别，响应关闭。

### 2. 应急启动

应急响应级别确定后，按所确定的响应级别启动应急程序，如通知应急中心有关人员到位、开通信息与通信网络、通知调配救援所需的应急资源（包括应急队伍和物资、装备等）、成立现场指挥部等。

### 3. 救援行动

有关应急队伍进入事故现场后，迅速开展事故侦测、警戒、疏散、人员救助、工程抢险等有关应急救援工作，专家组为救援决策提供建议和技术支持。当事态超出相应级别无法得到有效控制时，向应急中心请求实施更高级别的应急响应。

### 4. 应急恢复

该阶段主要包括现场清理、人员清点和撤离、警戒解除、善后处理和事故调查等。

### 5. 应急结束

执行应急关闭程序，由事故总指挥宣布应急结束。

### 6. 针对多发性安全事故制定相应的应急救援措施

## （二）多发性安全事故应急救援预案

### 1. 高处坠落事故的预防及其应急救援预案

建筑行业施工过程中，高处作业的机会比较多，经常在四边临空的高处进行作业，施工条件差，危险因素多。多年来，高坠伤亡事故占全部事故的比例较高，这种事情对社会影响较大，要作为公司的头等大事来预防。避免发生高处坠落事故，必须加强监控管理。对职工及民工进行预防高处坠落的技术知识教育，使他们熟悉操作时必须使用的工具和防护用具。同时，在技术上采取有效的防护措施。

(1) 防止高处坠落事故的基本要求

以预防坠落事故为目标，对于有可能发生坠落等事故的特定危险施工，在施工前制定防范措施，并应在日常安全检查中加以确认。

1) 凡患高血压、低血糖等身体不适合从事高处作业的人员不得从事高处作业。从事高处作业的人员要按规定进行体检和定期体检。登高作业人员必须要求持有健康证。

2) 严禁穿硬塑料底等易滑鞋、高跟鞋。

3) 作业人员严禁互相打闹，以免失足发生坠落危险。

4) 不得攀爬脚手架。

5) 进行悬空作业时，应有牢靠的立足点并正确系挂安全带。

6) 作业层上部周边、基坑周边等，必须设置1.2m高且能承受任何方向的1000N外力的临时护栏，护栏围密目式（2000目）安全网。

7) 边长大于250mm的边长预留洞口采用贯穿于混凝土板内的钢筋构成防护网，面用木板做盖板加砂浆封固；边长大于150mm的洞口，四周设置防护栏杆并围密目式（2000目）安全网，洞口下张挂安全平网。

8) 各种架子搭好后，项目部必须组织架子工和使用的班组共同检查验收，验收合格后，方准上架操作。

9) 施工使用的临时梯子要牢固，踏步300～400mm，与地面角度成60°～70°，梯脚要有防滑措施，顶端捆绑牢固并要设扶手栏杆。

(2) 发生高处坠落事故应急预案

当发生高处坠落事故后，抢救的重点放在对休克、骨折和出血上进行处理。

1) 发生高处坠落事故，应马上组织挽救伤者，首先观察伤者的受伤情况、部位、伤害性质，如伤员发生休克，应先处理休克。遇呼吸、心跳停止者，应立即进行人工呼吸，胸外心脏按压。处于休克状态的伤员要让其安静、保暖、平卧、少动，并将下肢抬高约20°左右，尽快送医院进行抢救治疗。

2) 出现颅脑损伤时，必须维持呼吸道畅通。昏迷者应平卧，面部转向一侧，以防舌根下坠或分泌物、呕吐物吸入，发生喉阻塞。有骨折者，应初步固定后再搬运。遇有凹陷骨折、严重的颅底骨折及严重的脑损伤症状出现，创伤处用消毒的纱布或清洁布等覆盖伤口，用绷带或布条包扎后，及时送往就近有条件的医院治疗。

3) 发现脊椎受伤者，创伤处消毒的纱布或清洁布等覆盖伤口，用绷带或布条包扎，搬运时，将伤者平卧放在帆布担架或硬板上，以免受伤的脊椎移位、断裂造成截瘫，招致死亡。抢救脊椎受伤者，搬运过程中，严禁只抬伤者的两肩与两腿或单肩背运。

4) 发现伤者手足骨折者，不要盲目搬动伤者。应在骨折部位用夹板把受伤的位置临时固定，使断端不再移位或刺伤肌肉、神经或血管。固定方法：以固定骨折处上下关节为原则，可就地取材，用木板、竹子等，在无材料的情况下，上肢可固定在身侧，下肢与健康侧下肢缚在一起。

5）遇有创伤性出血的伤员，应迅速包扎止血，使伤员保持在头低脚高的卧位，并注意保暖。正确的现场止血处理措施：

① 一般伤口的止血法：先用生理盐水（0.9%Nacl溶液）冲洗伤口，涂上红汞水，然后盖上消毒纱布，用绷带较紧地包扎。

② 加压包扎止血法：用纱布、棉花等做成软件垫，放在伤口上再加包扎，来增强压力而达到止血。

③ 止血带止血法：选择弹性好的橡皮管、橡皮带或三角巾、毛巾、带状布条等，上肢出血结扎在上臂 1/2 处（靠近心脏位置），下肢出血结扎在大腿上 1/3 处（靠近心脏位置）。结扎时，在止血带与皮肤之间垫上纱布棉垫。每隔 25~40 分钟放松一次，每次放松 0.5~1 分钟。

6）动用最快的交通工具或其他措施，及时把伤者送往邻近医院抢救，运送途中应尽量减少颠簸。同时密切注意伤者的呼吸、脉搏、血压及伤口的情况。

## 2. 物体打击事故的预防及其应急救援预案

物体打击伤害是建筑行业常见事故的四大伤害的其中一种，特别在施工周期短，劳动力、施工机具、物料投入较多，交叉作业时常有出现。这就要求在高处作业的人员在机械运行、物料转接、工具的存放过程中，都必须确保安全，防止物体坠落伤人的事故发生。

（1）防止物体打击事故的基本要求

1）人员进入施工现场必须正确佩戴安全帽。应在规定的安全通道内出入和上下，不得在非规定通道位置行走。

2）安全通道上方应搭设双层防护棚，防护棚使用的材料要能防止高空坠落物穿透。

3）临时设施的盖顶不得使用石棉瓦作盖顶。

4）边长小于或等于 250mm 的预留洞口必须用坚实的盖板封闭，用砂浆固定。

5）作业过程一般常用工具必须放在工具袋内，物料传递不准往下或向上乱抛材料和工具等物件。所有物料应堆放平稳，不得堆在临边及洞口附近，并不可妨碍通行。

6）高空安装起重设备或垂直运输机具，要注意零部件落下伤人。

7）吊运一切物料都必须由持有司索工上岗证人员进行绑码，散料应用吊篮装置好后才能起吊，并且注意不能超载、超高。

8）拆除或拆卸作业要在设置警戒区域、有人监护的条件下进行。

9）高处拆除作业时，对拆卸下的物料、建筑垃圾要及时清理和运走，不得在走道上任意乱放或向下丢弃。

（2）发生物体打击的应急预案

当发生物体打击事故后，抢救的重点放在对颅脑损伤、胸部骨折和出血上进行处理。

1）发生物体打击事故，应马上组织挽救伤者，首先观察伤者的受伤情况、部位、伤害性质，如伤员发生休克，应先处理休克。遇呼吸、心跳停止者，应立即进行人工呼吸、胸外心脏按压。处于休克状态的伤员要让其安静、保暖、平卧、少动，并将下肢抬高约 20°左右，尽快送医院进行抢救治疗。

2）出现颅脑损伤时，必须维持呼吸道畅通。昏迷者应平卧，面部转向一侧，以防舌根下坠或分泌物、呕吐物吸入，发生喉阻塞。有骨折者，应初步固定后再搬运。遇有凹陷骨折、严重的颅底骨折及严重的脑损伤症状出现，创伤处用消毒的纱布或清洁布等覆盖伤口，用绷带或布条包扎后，及时送往就近有条件的医院治疗。

**3. 触电事故的预防及其应急救援预案**

触电事故与其他事故比较，其特点是事故的预兆性不直观、不明显，而事故的危害性非常大。当流经人体的电流小于10mA时，人体不会产生危险的病理生理效应；但当流经人体的电流大于10mA时，人体将会产生危险的病理生理效应，并随着电流的增大、时间的增长会产生心室纤维性颤动，乃至人体窒息（"假死"），在瞬间或在2～3min内就会夺去人的生命。因此，在保护设施不完备的情况下，人体触电伤害极易发生。所以，施工中要做好预防工作，发生触电事故时要正确处理，抢救伤者。

（1）防止触电伤害的基本安全要求

根据安全用电"装得安全、拆得彻底、用得正确、修得及时"的基本要求，为防止发生触电事故，在日常施工（生产）用电中要严格执行有关用电的安全要求。

1）用电应编制独立的施工组织设计（方案），并经企业技术负责人审批，盖有企业的法人公章。必须按施工组织设计（方案）进行敷设，竣工后办理验收手续。

2）一切线路敷设必须按技术规程进行，按规范保持安全距离，距离不足时，应采取有效措施进行隔离防护。

3）非电工严禁接拆电气线路、插头、插座、电气设备、电灯等。

4）根据不同的环境，正确选用相应额定值的安全电压作为供电压。安全电压必须由双绕组变压器降压获得。

5）带电体之间、带电体与地面之间、带电体与其他设施之间、工作人员与带电体之间必须保持足够的安全距离，距离不足时，应采取有效措施进行隔离防护。

6）在有触电危险的处所或容易产生误判断、误操作的地方，以及存在不安全因素的现场，设置醒目的文字或图形标志，提醒人们识别、警惕危险因素。

7）采取适当的绝缘防护措施将带电导体封护或隔壁起来，使电气设备及线路能正常工作，防止人身触电。

8）采用适当的保护接地措施，将电气装置中平时不带电，但可能因绝缘损坏而带上危险的对地电压的外露导电部分（设备的金属外壳或金属结构）与大地做电气连接，减轻触电的危险。

9）施工现场供电必须采用TN-S或TT的四相五线的保护接零系统，把工作零线和保护零线区分开，通过保护接零作为防止间接触电的安全技术措施，同一工地不能同时存在TN-S或TT两个供电系统。注意事项有：

① 在同一台变压器供电的系统中，不得将一部分设备做保护接零，而将另一部分设备做保护接地。

② 采用保护接零的系统，总电房配电柜两侧做重复接地，配电箱（二级）及开关箱（三级）均应做重复接地。其工作接地装置必须可靠，接地电阻值≤4Ω。

③ 所有振动设备的重复接地必须有两个接地点。

④ 保护接零必须有灵敏可靠的短路保护装置配合。

⑤ 电动设备和机具实行"一机一闸一漏一箱",严禁一闸多机,闸刀开关选用合格的熔丝,严禁用铜丝或铁丝代替保险熔丝。按规定选用合格的漏电保护装置并定期进行检查。

⑥ 电源线必须通过漏电开关,开关箱漏电开关控制电源线长度≤30m。

(2) 发生触电事故的应急预案

1) 触电急救的要点是动作迅速,救护得法,切不可惊慌失措,束手无策。要贯彻"迅速、就地、正确、坚持"的触电急救八字方针。发现有人触电,首先要尽快使触电者脱离电源,然后根据触电者的具体症状进行对症施救。

2) 脱离电源的基本方法有:

① 将出事附近电源开关刀拉掉或将电源插头拔掉,以切断电源。

② 用干燥的绝缘木棒、竹竿、布带等物将电源线从触电者身上剥离或者将触电者剥离电源。

③ 必要时可用绝缘工具(如带有绝缘柄的电工钳、木柄斧头以及锄头)切断电源线。

④ 救护人员可戴上手套或在手上包缠干燥的衣服、围巾、帽子等绝缘物品拖拽触电者,使之脱离电源。

⑤ 如果触电者由于痉挛手指紧握导线缠绕在身上,救护人员可先用干燥的木板塞进触电者身下使其与地绝缘来隔断入地电源,然后再采取其他办法把电源切断。

⑥ 如果触电者触及断落在地上的带电高压导线,且尚未确认线路无电之前,救护人员不可进入断线落地点8~10m的范围内,以防止跨步电压触电。进入该范围的救护人员应穿上绝缘靴或临时双脚并拢跳跃地接近触电者。触电者脱离带电导线后应迅速将其带至8~10m以外立即开始触电急救。只有在确认线路已经无电,才可在触电者离开触电导线后就地急救。

3) 使触电者脱离电源时应注意的事项:

① 未采取绝缘措施前,救护人员不得直接触及触电者的皮肤和潮湿的衣服。

② 严禁救护人员直接用手推、拉和触摸触电者;救护人员不得采用金属或其他绝缘性能较差的物体(如潮湿木棒、布带等)作为救护工具。

③ 在拉拽触电者脱离电源的过程中,救护人员宜用单手操作,这样对救护人比较安全。

④ 当触电者位于高位时,应采取措施预防触电者在脱离电源后坠地摔伤或摔死(电击二次伤害)。

⑤ 夜间发生触电事故时,应考虑切断电源后的临时照明问题,以利救护。

4) 触电者未失去知觉的救护措施:应让触电者在比较干燥、通风暖和的地方静卧休息,并派人严密观察,同时请医生前来或送往医院诊治。

5) 触电者已失去知觉但尚有心跳和呼吸的抢救措施:应使其舒适地平卧着,解开衣服以利呼吸,四周不要围人,保持空气流通,冷天应注意保暖,同时请医生前来或送往医院诊治。若发现触电者呼吸困难或心跳停止,应立即施行人工呼吸及胸外心脏按压。

6) 对"假死"者的急救措施：当判定触电者呼吸和心跳停止时，应立即按心肺复苏法就地抢救，方法如下：

① 通畅气道。第一，清除口中异物。使触电者仰面躺在平硬的地方，迅速解开其领扣、围巾、紧身衣和裤带。若发现触电者口内有食物、假牙、血块等异物，可将其身体及头部同时侧转，迅速用一只手指或两只手指交叉从口角处插入，从口中取出异物，操作中要注意防止将异物推到咽喉深入。第二，采用仰头抬颏法畅通气道。操作时，救护人用一只手放在触电者前额，另一只手的手指将其颌骨向上抬起，两手协同将头部向后推，舌根自然随之抬起、气道即可畅通。为使触电者头部后仰，可于其颈部下方垫适量厚度的物品，但严禁用枕头或其他物品垫在触电者头下。

② 口对口（鼻）人工呼吸。使病人仰卧，松解衣扣和腰带，清除伤者口腔内痰液、呕吐物、血块、泥土等，保持呼吸道畅通。救护人员一手将伤者下颌托起，使其头尺量后仰，另一只手捏住伤者的鼻孔，深吸一口气，对住伤者的口用力吹气，然后立即离开伤者口部，同时松开捏住鼻孔的手。吹气力量要适中，次数以每分钟16～18次为宜。

③ 胸外心脏按压。将伤者仰卧在地上或硬板床上，救护人员跪或站于伤者一侧，面对伤者，将右手掌置于伤者胸骨下段及剑突部偏左，左手置于右手之上，以上身的重量用力把胸骨下段向后压向脊柱，随后将手腕放松，每分钟挤压60～80次。在进行胸外心脏按压时，宜将伤者头部放低以利静脉血回流。若伤者同时伴有呼吸停止，在进行胸外心脏按压时，还应进行人工呼吸。一般做4次胸外心脏按压，做一次人工呼吸。

## 4. 中暑事故的预防及其应急救援预案

夏期施工气候炎热，建筑工人普遍在露天和高处作业，劳动强度大，时间长，随时都有发生中暑事故的可能。因此，加强夏季的防暑降温工作是保护职工身体健康，保证完成生产任务的一项重要措施。

（1）预防中暑事故的基本安全要求

采取综合的措施，切实预防中暑事故的发生，从技术、保健、组织等多方面去做好防暑降温工作。

1）组织措施

加强防暑降温工作的领导，在入暑以前，制定防暑降温计划和落实具体措施。

① 要加强对全体职工防暑降温知识教育，增加自防中暑和工伤事故的能力。注意保持充足的睡眠时间。

② 应根据本地气温情况，适当调整作息时间，利用早晨、傍晚气温较低时工作，延长休息时间等办法，减少阳光辐射热，以防中暑。还可根据施工工艺合理调整劳动组织，缩短一次性作业时间，增加施工过程中的轮换休息。

③ 贯彻《劳动法》，控制加班加点，加强工人集体宿舍管理；切实做到劳逸结合，保证工人吃好、睡好、休息好。

2）技术措施

① 进行技术革新，改革工艺和设备，尽量采用机械化、自动化，减轻建筑业劳动强度。

② 在工人较集中的露天作业施工现场中设置休息室，室内通风良好，室温不超过

30℃；工地露天作业较为固定时，也可采用活动幕布或凉棚，减少阳光辐射。

③ 在车间内操作时，应尽量利用自然通风天窗排气，侧窗进气，也可采用机械通风措施，向高温作业点输送凉风，或抽走热风，降低车间气温。

3）卫生保健措施

① 入暑前组织医务人员对从事高温和高处作业的人员进行一次健康检查。凡患持久性高血压、贫血、肺气肿、肾脏病、心血管系统和中枢神经系统疾病者，一般不宜从事高温和高处作业工作。

② 对露天和高温作业者，应供给足够的符合卫生标准的饮料；供给含盐浓度0.1%～0.3%的清凉饮料。暑期还可供工人绿豆汤、茶水，但切忌暴饮，每次最好不超过300mL。

③ 加强个人防护。一般宜选用浅蓝色或灰色的工作服，颜色越浅阻率越大。对辐射强度大的工种应供给白色工作服，并根据作业需要佩戴好各种防护用具。露天作业应戴白色安全帽，防止阳光暴晒。

(2) 发生中暑的表现及其应急预案

1）中暑症状的表现

① 先兆中暑。其症状为：在高温环境中劳动一段时间后，出现大量流汗、口渴、身感无力、注意力不能集中、动作不能协调等症状，此时体温正常或略有升高，但不会超过37.5°。

② 轻症中暑。其症状为：除有先兆中暑外，还可能出现头晕乏力、面色潮红、胸闷气短、皮肤灼热而干燥，还有可能出现呼吸循环系统衰竭的早期症状，如面色苍白、恶心、呕吐、血压下降、脉搏细弱而快、体温上升至38.5℃以上。此时如不及时救护，就会发生热晕厥或热虚脱。

③ 重症中暑。一般是因为未及时适当处理出现的轻症中暑（病人），导致病情继续严重恶化，随着出现昏迷、痉挛或手脚抽搐。稍作观察会发现，此时中暑病人皮肤往往干燥无汗，体温升至40℃以上，若不赶紧抢救，很可能危及生命安全。

2）发生中暑事故的应急预案

① 发生中暑事故后，应立即将病人扶（抬）至通风良好且阴凉的地方，将病人的领扣松开，以利呼吸，同时给病人服下解暑药十滴水，采取适当的降温措施。

② 对重症中暑者，除按上述条件施救外，还应对病人进行严密观察，并动用工地的交通工具或拦截出租车及时将病人送往就近有条件的医院进行治疗。

## 5. 中毒事故的预防及其应急预案

中毒分为职业中毒和食物中毒。职业中毒是指劳动者在从事生产劳动的过程中，由于接触毒物及有毒有害气体（一氧化碳、硫化氢、甲烷、苯）含量超标造成缺氧而发生的窒息及中毒现象。食物中毒是指由于人体食用了含有有毒有害物质的食品而引起的急性、亚性中毒现象。中毒事故在建筑工地时有发生，特别是食物中毒，更容易造成群死群伤的严重后果。因此，必须提高劳动者对防止中毒的认识，加强宣传教育工作和预防措施的落实。

(1) 预防职业中毒事故的基本要求

1）根除毒物。从生产工艺流程中消除有毒物质，用无毒或低毒物质代替有害物质是最理想的防毒措施。

2）降低毒物浓度

① 革新技术，改造工艺。尽量采用先进技术和工艺过程，避免开放式生产，消除毒物逸散的条件。有可能时采用遥控乃至程序控制，最大限度地减少工人接触毒物的机会。采用新技术、新方法，亦可从根本上控制毒物的逸散。

② 通风排毒。安装通风装置时，首先要考虑在毒物逸出的局部就地排出，尽量缩小其扩散范围。最常用的是局部抽出式通风。在地下室和密闭房间内作业以及储存油漆等有毒化学物品的仓库，都必须安装通风设备，保持新鲜空气流通。局部排毒装置的结构和样式，以尽量接近毒物逸出处，最大限度地阻止毒物扩散，而又不妨碍生产操作，以便于检修为原则。经通风排出的废气，要加以净化回收，综合利用。当建筑物地下室外侧回填土方仅剩下后浇带部分，而且正要进行该部分的防水施工时，必须定时监测防水材料可能产生的有毒气体的浓度，并采取适当的通风措施。

③ 布局卫生。不同生产工序的布局，不仅要满足生产上的需要，而且要考虑卫生上的要求。有毒物逸散的作业，应设在单独的房间内；可能发生剧毒物质泄漏的生产设备应隔离。使用容易积存或被吸附的毒物（如汞），或能发生有毒粉尘飞扬的工房，其内部装饰应符合卫生要求。

3）搞好个体防护和个人卫生。除普通工作服外，对某些作业工人还需提供特殊质地或式样的防护服装、防毒口罩和防毒面具。应设置盥洗设备、淋浴室及存衣室，配备个人专用更衣箱。接触经皮肤吸收及局部作用危险性大的毒物，要有皮肤洗消和冲洗眼的设施。

4）增强体质。合理实施有毒作业保健待遇制度，因地制宜地开展体育活动，注意安排夜班工人的休息睡眠，做好季节性多发病的预防。

5）安全卫生管理。对于特殊有毒作业，应制定有针对性的规章制度，及时调整劳动制度与劳动组织。

6）健康监护和环境监测

① 实施就业前健康检查，排除有职业禁忌病者（心脏病、高血压、过敏性皮炎及外伤者）参加接触毒物的作业。坚持定期健康检查，尽早发现工人健康受损情况并及时处理。

② 要定期监测作业场所空气中毒物的浓度。

③ 在人工挖孔桩施工中，当桩井深度超过5m，每天下井作业前必须进行有毒气体检测，检测合格后才能下井；否则，应先采取井下换气措施，符合要求后才能下井。

④ 人工挖孔桩井下及地下室防水作业施工，操作人员与监护人员定好联络信号，此外还应采取轮换作业方式。

（2）预防食物中毒事故的基本要求

1）应当有与产品品种、数量相适应的食品原料处理、加工、储存等场所。门、窗、锁要牢固，钥匙要专人保管。

2）保持食品加工场所内外环境整洁，采取消除苍蝇、老鼠、蟑螂和其他有害昆虫及其滋生条件的措施，与有毒、有害场所保持规定的距离。

3）应当有相应的消毒、更衣、盥洗、采光、照明、通风、防腐、防尘、防蝇、防鼠、洗涤、污水排放、存放垃圾和废弃物的设施。

4）设备布局和工艺流程应当合理，防止生食品与熟食品、原料与成品交叉污染，食品不得接触有毒物、不洁物，食品过夜要上锁封存。茶缸、饮用水热水器必须上锁，钥匙由专人保管。

5）设置卫生消毒柜。盛放直接入口食品的容器，使用前必须洗净、消毒，其他用具用后必须洗净，保持清洁。

6）用水必须符合国家规定生活饮用水卫生标准。

7）卫生许可证要挂在显目处，从业人员每年进行健康检查，持有效合格的健康证上岗。食品生产人员应当经常保持个人卫生，穿戴清洁工作衣帽。非厨房工作人员不得擅自进入厨房。

8）生、熟食品要定点采购。

9）从市场上购回的蔬菜要先用清水洗净，浸泡约半小时后，用开水烫过才可煮炒。

10）切菜的砧板、盛食品的容器要生熟分开，碗筷和洗碗布要经常消毒。

11）所有食品均应实行 24 小时留样。

12）不进食含有毒素的食物，如河豚、发芽的土豆和发霉的米、面、花生、甘蔗、瓜菜等食品。

13）不要自行采摘、进食山上及野外的野生蘑菇。

14）不售卖、食用腐烂变质或过期的食品。隔餐的饭菜要加热煮透才可食用。

15）不食用因病因毒死亡的禽、畜和已死亡的黄鳝、甲鱼、虾、蟹、贝类等水产品。

(3) 发生中毒事故的应急预案

1）食物中毒的症状：表现为起病急骤，轻者有恶心、呕吐、腹痛、腹泻、发热等现象；重者出现呼吸困难、抽搐、昏迷等症状，如不及时抢救，极易死亡。

2）食品中毒的特点

① 突然暴发。在短期内（一般 2~24 小时）有多人发病，所有发病者与进食某种食品有明显的关系。如果停止食用引起食品中毒的食品，则发病迅速停止。

② 发病者多是在同一伙食单位里食同一种食品。进食量多的人，病情较重。

③ 细菌性食物中毒多发生在夏、秋季节。误食毒蘑菇中毒多发生在春、夏多雨及暖湿的季节。

3）一旦发生食物中毒，要报告当地卫生局和防疫站。中毒者应及时送医院治疗。在送医院前，如果发现中毒者口服的毒物并非强酸、强碱或其他腐蚀物，又清醒合作，可即让其饮水 2~3 碗，至感饱满为度。随即用手刺激其咽部与舌根，引起迷走神经兴奋而发生呕吐，将毒物吐出。

4）当发生职业中毒事故时，首先必须切断毒物来源，立即使患者停止接触毒物，对中毒地点进行送风输氧处理，然后派有经验的救护人员佩戴防毒器具进入事故地点将患者移至空气流通处，使其呼吸新鲜空气和氧气，并对患者进行紧急抢救。

5）在切断毒物来源之前，严禁未佩戴防毒器具的任何人员进入现场抢救。

6）人工挖孔桩井下及地下室外壁下的中毒、窒息者时应将安全带系在其两腿根部及上体，避免影响其呼吸或触及受伤部位。

## 6. 粉尘事故的预防及其应急预案

生产性粉尘是指在工农业生产中形成的，并能够长时间浮游在空气中的固体微粒。在生产和使用水泥的过程中，往往要接触大量水泥粉尘，如不注意防护，对人体是有害的。因此，不断改善劳动条件，保护职工的安全健康，做到安全生产、文明施工，是保证完成生产任务的一项重要措施，也是企业管理水平的一个重要标志。

（1）粉尘的分类

1）无机性粉尘。根据来源不同，可分为：金属性粉尘，如"铝、铁、锡、铅、锰等金属及化合物粉尘"；非金属的矿物粉尘，如"石英、石棉、滑石、煤"等；人工无机粉尘，如"水泥、玻璃纤维、金刚砂"等。

2）有机性粉尘。可分为：植物性粉尘和动物性粉尘。

3）合成材料粉尘。主要见于塑料加工过程中。塑料的基本成分除高分子聚合物外，还含有填料、增塑剂、稳定剂、色素及其他添加剂。

（2）接触机会

在各种不同生产场所，可以接触到不同性质的粉尘。在建筑施工行业，主要接触的粉尘是游离二氧化硅、石英、硅藻土等。

（3）粉尘的危害

1）根据不同特性，粉尘可对机体引起各种损害。如可溶性有毒粉尘进入呼吸道后，能很快被收入血流，引起中毒；放射性粉尘，则可造成放射性损伤；某些硬质粉尘可损伤角膜及结膜，引起角膜混浊及结膜炎等；粉尘堵塞皮脂腺和机械性刺激皮肤时，可引起粉刺及皮肤皲裂等；粉尘进入外耳道混在皮脂中，可形成耳垢等。

2）粉尘对机体影响最大的是呼吸系统损害，包括上呼吸道炎症、肺炎（如锰尘）、肺肉芽肿（如铍尘）、肺癌（如石棉尘、砷尘）、尘肺（如二氧化硅等尘）以及其他职业性肺部疾病等。

3）尘肺是由于在生产环境中长期吸入生产性粉尘而引起的肺弥漫性间质纤维性改变为主的疾病。它是职业性疾病中影响面最广、危害最严重的一类疾病。

（4）预防

1）革：即积极通过深化工艺改革和技术革新，来大幅降低工作粉尘的产生，这是消除粉尘危害的根本途径。

2）水：即湿式作业，可防止粉尘飞扬，降低环境粉尘浓度。

3）风：加强通风及抽风措施，常在密闭、半密闭发尘源的基础上，采用局部抽出机械通风，将工作面的含尘空气抽出，并可同时采用局部送入式机械通风，将新鲜空气送入大气。

4）密：将发尘源密闭，对产生粉尘的设备，尽可能中罩密闭，并与排风结合，经除尘处理后再排入大气。

5）护：做好个人防护工作，对从事粉尘、有毒作业人员下班必须沐浴后，换上自己服装，以防将粉尘等带回家。

6）管：加强管理，对从事有粉尘的作业人员，必须佩戴纱布口罩，如达不到目的，必须配戴过滤式防尘口罩，从事苯、高锰作业人员，必须佩戴供氧、送风或防毒面具。

7）查：定期检查环境空气中粉尘浓度入接触者的定期体检检查，凡发现有不适宜某种有害作业的疾病患者，应及时调换工作岗位。

8）教：加强宣传教育，教育工人不得在有害作业场所内吸烟、吃食物，饭前班后必须洗手，严防有害物随着食物进入体内，加强卫生宣传教育，到有害作业场所，要搞好场内清洁卫生。

### 7. 发生坍塌事故的预防及应急预案

在市政工程施工或深基础建筑中，深坑作业的机会较多，如排水基坑、隧道开挖施工、人工挖孔桩、桥梁基础开挖、桥梁支顶架搭设施工、钢筋安装等都较易发生坍塌事故，而作为市政集团类似的事故发生较多，且比较重大。事故一旦发生抢救难度较大，故需要引起高度重视，必须加强监控管理，在技术上采取有效的防护措施。

（1）防止坍塌事故的基本安全要求

1）大型土方和开挖较深的基坑工程，施工前要认真研究整个施工区域和施工场内的工程地质和水文资料、邻居建筑物或构筑物的质量和分布情况、挖土和弃土要求、施工环境及气候条件等，编制专项施工组织设计（方案），制定有针对性的安全技术措施，并报公司有关部门审核、审批，严禁盲目施工。

2）基坑开挖工程应验算边坡或基坑的稳定性，并注意由于土体内应力场变化和淤泥土的塑性流动而导致周围土体向基坑开挖方向位移，使邻居建筑物产生相应的位移和下沉。验算时应考虑地面堆载、地表面积水和邻居建筑物的影响等不利因素，决定是否需要支护，选择合理的支护形式，在基坑开挖期间应加强监测。

3）基坑开挖后应及时修筑基础，不得长期暴露。基础施工完毕后，应抓紧基坑的回填工作。回填基坑时，必须事先清除基坑中不符合回填要求的杂物。在相应的两侧或四周同时均匀进行。

4）挖土方前对周围环境要认真检查，不能在危险岩石后建筑物下面进行作业。

5）人工开挖时两人操作间距应保持2～3m，并应从上到下挖，严禁偷岩取土。

6）大型支顶架的搭设，必须根据工程的特点按照规范规定，制定施工方案并验算其整体稳定性及地基承载力，同时制定搭设的安全技术措施。

7）施工用的其他类型脚手架、临时设施，必须严格按有关规范、规程进行搭设。

8）脚手架搭设作业时，应按形式基本构架单元的要求逐排、逐跨和逐步地进行搭设，矩形周边脚手架宜从其中的一个角部开始向两边方向延伸搭设，确保已搭部分稳定。

9）架上作业应按规范或设计规定的荷载使用，严禁超载，架面荷载应力求均匀分布，避免荷载集中于一侧。

10）架上作业时，不得随意拆除基本结构杆件，因作业需要必须拆除某些杆件时必须取得项目总工的同意，并采取可靠的加固措施后方可拆除。

11）支顶架、脚手架、临时设施使用前，必须按要求进行验算，验算合格后方可交付使用，进入下一工序施工。

12) 绑扎基础钢筋时,应按施工设计规定摆放钢筋支架或马凳架起上部钢筋,不得任意减少支架或马凳。操作前应检查基坑上和支撑是否牢固。

(2) 发生坍塌事故应急预案

当发生坍塌事故后,抢救重点是集现场的人力、物力、设备尽快把压在人上面的土方构件搬离,把受伤者抬出来并立即抢救。

1) 如伤员发生休克,应先处理休克。处于休克状态的伤员要让其安静、保暖、平卧、少动,并将下肢抬高约20°左右,尽快送医院进行抢救治疗。遇呼吸、心跳停止者,应立即进行人工呼吸,胸外心脏按压。

2) 出现×脑损伤,必须维持呼吸道通畅,昏迷者立即平卧,面部转向一侧,以防舌根下坠或分泌物、呕吐物吸入,发生喉堵塞。有骨折者,应初步固定后再搬运。遇有凹陷骨折,严重的××骨及严重的脑损伤症状出现,创伤处用消毒纱布或清洁布等覆盖伤口,用绷带或布条包扎后,及时送就近有条件的医院治疗。

3) 发现脊椎受伤者,创伤处用消毒纱布或清洁布等覆盖伤口,用绷带或布条包扎后,搬运时,将伤者平卧放在帆布担架或硬板上,以免受伤的脊椎移位、断裂造成截瘫或致死亡。抢救脊椎受伤者,搬运过程中严禁只抬伤者的两肩与两腿。

4) 发现伤者手足骨折,不要盲目搬运伤者。应在骨折部位用夹板把受伤位置临时固定,使断端不再移位或刺伤肌肉、神经或血管。固定方法:固定骨折处上、下关节,可就地取材,用木板、竹头等。无材料的情况下,上肢可固定在身侧、下肢与健康下肢固定在一起。

5) 遇有创伤性出血的伤员,应迅速包扎止血,使伤员保持在头低脚高的卧位,并注意保暖。

① 一般伤口的止血法:先用生理盐水(0.9%NaCl溶剂)冲洗伤口,涂上红药水,然后盖上消毒纱布,用绷带较紧地包扎。

② 加压包扎止血法:用纱布、棉花等作软垫,放在伤口上再包扎,来增加压力而达到止血。

③ 止血带止血法:选择弹性好的橡皮管、橡皮带或三角巾、毛巾、带状布条等,上肢出血结扎在上臂1/2处(靠近心脏位置),下肢出血者扎在大腿上1/3处(靠近心脏位置)。结扎时,在止血带与皮肤之间垫上消毒纱布棉垫。每隔25~40min放松一次,每次放松0.5~1min。

6) 动用最快的交通工具或其他措施,及时把伤者送往邻近医院抢救,运送途中应尽量减少波动。同时密切注意伤者的呼吸、脉搏、血压及伤口的情况。

## 8. 火灾和爆炸事故的预防及其应急预案

市政施工需要一定数量的可燃板材,这些材料如果处理不妥,防火措施不力极易发生火灾,在施工阶段,也需要用大量的乙炔和氧气,对钢筋进行焊割,如盛装乙炔和氧气的钢瓶储存方法不当,使用不规范,也容易发生因气体泄露而产生的气瓶爆炸事故。因此,加强对可燃物的易燃易爆物品的管理是有效防止火灾和爆炸事故的发生,保护员工生命安全,企业利益和国家财产不受损失的有效措施。

(1) 预防火灾和爆炸事故的基本安全措施

1) 组织措施

① 要建立、健全消防机构。项目部要成立义务消防队，并明确公司、项目的消防安全责任人和消防安全管理人，负责管理本单位的消防安全工作。

② 项目部要加强对员工、外来工进行消防知识的教育，并义务对员工进行灭火技能的培训，提高自防自救能力，每年要进行不少于一次的消防演练。

③ 办公场所、集体宿舍、设备、材料堆放场所要配备充足有效的灭火器材。

④ 制定事故发生时的扑救方案和人员疏散步骤、方法和路线，使事故的损失降低到最低。

2) 管理措施

① 各单位要按规定设置乙炔和氧气瓶的库房，气瓶储室通风要良好，在库房门口张挂醒目的防火警示标志，配备充足有效的灭火器材。

② 乙炔和氧气的使用和存放要符合有关规定。

③ 在易燃、易爆场所动火作业，必须先办理"三级"动火审批手续，领取动火作业许可证，并做足防火安全措施，方可动火作业，动火时要设专人值班，随时观察动火情况。

④ 严禁对盛装过可燃气体的容器进行焊割。

⑤ 焊割（动火）作业操作人员必须参加劳动、消防部门的培训，考试合格取得焊工证后，方可上岗，在作业时应做到"八不"、"四要"、"一清"。

⑥ 集体宿舍的用电要由持证电工安装，不准乱拉乱接电线，不准在电线上晾挂衣物，不准在宿舍内使用明火、电炉、气化炉具，不准使用电热器具和烧香拜神，严禁躺在床上吸烟。

⑦ 仓库存放物品应分类、分堆储存，甲、乙类物品和一般物品以及容易相互发生化学反应或者灭火方法不同的物品，必须分间、分库储存。

⑧ 储存丙类固体物品的库房，不准使用碘钨灯和超过60W以上的白炽灯高温照明工具。

⑨ 库房内设置的配电线路，需穿金属管或用非燃硬塑管保护，每个库房应当在库外单独安装开关箱，做到人离断电，禁止使用不合格的保险装置。

⑩ 厨房不准同时使用煤气炉、柴炉和油炉。

(2) 发生火灾和爆炸事故的应急预案

发生火灾和爆炸，首先是迅速扑灭火源和报警，及时疏散有关人员，对伤者进行救治。

1) 火灾发生初期，是扑救的最佳时机，发生火灾部位的人员要及时把握好这一时机，尽快把火扑灭。

2) 在扑救火灾的同时拨打"119"电话报警并及时向上级有关部门及领导报告。

3) 在现场的消防安全管理人员，应立即指挥员工撤离火场附近的可燃物，避免火灾区域扩大。

4) 组织有关人员对事故区域进行保护。

5) 及时指挥、引导员工按预定的线路、方法疏散，撤离事故区域。

6）发生员工伤亡，要马上进行施救，将伤员撤离危险区域，同时打"120"电话求救。

## 9. 地震灾害防护应急预案

（1）地震的概念

由于地球及其内部物质的不断运动，产生巨大的力，导致地下岩层断裂或错动，就形成了地震。

（2）地震相关概念

1）震源：地球内部直接发生断裂的地方。

2）震中：震源在地表的投影。

3）震中距：震中到观测点的距离。

4）震源深度：震源到震中的距离。

5）震级：表示地震能量大小的等级。

6）烈度：地震对地面影响和破坏的程度。通常，震级越高，震源越浅，地震的烈度越强。

（3）地震烈度歌谣

三级地震难知晓，四级五级吊灯摇；六级物倒房微损，七八房坏地裂掉；九十桥断房屋倒，十一十二重灾到。

（4）地震前兆

1）水

无雨水变浑，变色变味又难闻；

喷气又发响，既翻水花又冒泡；

天旱井水冒，反常升降有门道。

2）动物

震前动物有前兆，发现异常要报告。

牛马骡羊不进圈，猪不吃食狗乱咬。

鸭不下水岸上闹，鸡飞上树高声叫。

冰天雪地蛇出洞，老鼠痴呆搬家逃。

兔子竖耳蹦又撞，鱼儿惊慌水面跳。

蜜蜂群迁闹哄哄，鸽子惊飞不回巢。

综合分析辨真假，群测群防很重要。

3）地光

大地震发生前，在震中或附近地区常常出现形态各异的地光，以白、红、黄、蓝色较为常见。

4）地声

在地光发生后，有时会有地声。多数像打雷，有时像狂风、炮鸣、狮吼等。

（5）紧急防护措施

注意地震中的标准求生姿势：身体尽量蜷曲缩小，卧倒或蹲下；用手或其他物件护住头部,一手捂口鼻,另一手抓住一个固定的物品。如果没有任何可抓的固定物或保护头部的物件,则应采取自我保护姿势:头尽量向胸靠拢,闭口,双手交叉放在脖后,保护头部和颈部。地震中应做到:不要惊慌,伏而待定。不要站在窗户边或阳台上。救人过程中要注意安全,小心余震。

## 10. 深沟槽(基坑)开挖应急预案

深沟槽(基坑)开挖是管道施工安全工作的重要环节,因沟槽有 2m 的深度,所以在沟槽(基坑)开挖施工时,必须抓好各环节的安全工作,根据所采用的不同开挖方法和土质情况,正确地选择开挖断面形式,确定合理的边坡来保证施工安全。为了有利于施工和安全,沟槽(基坑)开挖所放边坡大小要适当,边坡放的太小,就会造成坍塌事故。所以边坡度应根据挖方深度土的物理性质和地下水的实际情况而定。

(1) 开挖前准备

1) 开挖前,应对地质、水文和地下管线(如电缆、电信管、排水管、给水管等)做好必要的调查勘察工作。并针对不同的具体情况,拟订好安全技术措施。

2) 工程所需管材、砖、砂等均应堆放整齐,距沟边 2m 以外,土质较好、现场狭窄时,堆放位置至少也应距沟边 0.8m 以上,以免造成沟槽塌方。

3) 沟槽两边应设置临时排水沟,以免雨水流入沟内造成塌方。

4) 沟槽两端和交通道口均应设置明显的安全标志、护栏等,晚间还应加挂红灯。

5) 危险作业区应悬挂"危险"或"禁止通行"的明显标志,如沟槽两端、易塌方地段等。夜间应悬挂红灯示警。

6) 场地狭窄,来往行人、车辆频繁地段、岔路等,应设临时交通指挥人员。

(2) 堆土

在开挖中,必须考虑回填土的余量及合理的堆放位置。如不能合理堆放,将直接影响到施工安全。

1) 堆土位置的选择

堆土位置的选择根据工程现场的具体情况,施工现场开阔,周围环境不受影响和限制,为了方便进料、堆料和施工,采取一侧堆土,另一侧作为施工临时便道。

2) 堆土的要求

① 沟边一侧,均应距沟边 1m 以外,其高度不超过 1.5m,堆土顶部要向外侧做流水坡度。还应考虑留出现场便道,以利施工和安全。

② 堆土不得埋压构筑物和设施,如上水井、煤气井、雨污水检查井。如必须堆土时,应采取相应的措施。

(3) 机械挖土

机械开挖应严格控制中线和边坡,以免造成挖偏或超挖等,而影响沟槽的直顺和沟壁的稳定性。

(4) 人工挖土

人工挖土应遵守以下安全要求:

1) 槽内施工人员必须戴好安全帽,施工现场禁止穿拖鞋、高跟鞋或赤脚。施工期间严禁槽内休息。

2）上下沟槽必须设置立梯，立梯应坚固，不得缺层。严禁攀登支撑或乘吊运机械设备上下沟槽。

3）挖土时，两人间距要保持 1.5m 以上的安全距离，对所用工具要经常检查是否完好无损，安全可靠。

4）沟槽应挖的直顺，上下口尺寸、中线和边坡要符合要求，槽壁应平整，不得出现凹凸现象，以免影响沟壁的稳定性而造成沟壁坍塌。

5）机械挖土时，跟机修坡底操作人员应距铲斗保持一定的安全距离，必要时应先停机，然后再操作。同时还应及时采取必要的支撑措施和沟边翻土工作，以减轻沟壁压力，以利于沟壁稳定。车辆配合外运土方时，在机械装土时，任何人不得在车上停留，以保证装土安全。若有不安全因素，应立即采取相应的措施，以确保施工安全。

# 九、施工现场安全检查

## （一）安全检查的内容

### 1. 安全检查的目的

（1）了解安全生产的状态，为分析研究、加强安全管理提供信息依据。

（2）发现问题、暴露隐患，以便及时采取有效措施，消除事故隐患，保障安全生产。

（3）发现、总结及交流安全生产的成功经验，推动地区乃至行业和企业安全生产水平的提高。

（4）利用检查，进一步宣传、贯彻、落实安全生产方针、政策和各项安全生产规章制度。

（5）增强领导和群众安全意识，制止违章指挥，纠正违章作业，提高安全生产的自觉性和责任感。安全检查是主动性的安全防范。

### 2. 建筑工程施工安全检查的主要内容

建筑工程施工安全检查主要是以查安全思想、查安全责任、查安全制度、查安全措施、查安全防护、查设备设施、查教育培训、查操作行为、查劳动防护用品使用和查伤亡事故处理等为主要内容。

安全检查要根据施工生产特点，具体确定检查的项目和检查的标准。(1) 查安全思想主要是检查以项目经理为首的项目全体员工（包括分包作业人员）的安全生产意识和对安全生产工作的重视程度。(2) 查安全责任主要是检查现场安全生产责任制度的建立；安全生产责任目标的分解与考核情况；安全生产责任制与责任目标是否已落实到了每一个岗位和每一个人员，并得到了确认。(3) 查安全制度主要是检查现场各项安全生产规章制度和安全技术操作规程的建立和执行情况。(4) 查安全措施主要是检查现场安全措施计划及各项安全专项施工方案的编制、审核、审批及实施情况；重点检查方案的内容是否全面、措施是否具体并有针对性，现场的实施运行是否与方案规定的内容相符。(5) 查安全防护主要是检查现场临边、洞口等各项安全防护设施是否到位，有无安全隐患。(6) 查设备设施主要是检查现场投入使用的设备设施的购置、租赁、安装、验收、使用、过程维护保养等各个环节是否符合要求；设备设施的安全装置是否齐全、灵敏、可靠，有无安全隐患。(7) 查教育培训主要是检查现场教育培训岗位、教育培训人员、教育培训内容是否明确、具体、有针对性；三级安全教育制度和特种作业人员持证上岗制度的落实情况是否到位；教育培训档案资料是否真实、齐全。(8) 查操作行为主要是检查现场施工作业过程中有无违章指挥、违章作业、违反劳动纪律的行为发生。(9) 查劳动防护用品的使用主要是检查现场劳动防护用品、用具的购置、产品质量、配备数量和使用情况是否符合安全与职业卫生的要求。(10) 查伤亡事故处理主要是检查现场是否发生伤亡事故，对发生的伤亡事故是否已按照"四不放过"的原则进行了调查处理，是否已有针对性地制定了纠正与预防措施；制定的纠正与预防措施是否已得到落实并取得实效。

### 3. 建筑工程施工安全检查的主要形式

建筑工程施工安全检查的主要形式一般可分为日常巡查、专项检查、定期安全检查、经常性安全检查、季节性安全检查、节假日安全检查、开工、复工安全检查、专业性安全检查和设备设施安全验收检查等。

安全检查的组织形式应根据检查的目的、内容而定，因此参加检查的组成人员也就不完全相同。(1) 定期安全检查。建筑施工企业应建立定期分级安全检查制度，定期安全检查属全面性和考核性的检查，建筑工程施工现场应至少每旬开展一次安全检查工作，施工现场的定期安全检查应由项目经理亲自组织。(2) 经常性安全检查。建筑工程施工应经常开展预防性的安全检查工作，以便于及时发现并消除事故隐患，保证施工生产正常进行。施工现场经常性的安全检查方式主要有：现场专（兼）职安全生产管理人员及安全值班人员每天例行开展的安全巡视、巡查；现场项目经理、责任工程师及相关专业技术管理人员在检查生产工作的同时进行的安全检查；作业班组在班前、班中、班后进行的安全检查。(3) 季节性安全检查。季节性安全检查主要是针对气候特点（如：暑期、雨期、风季、冬期等）可能给安全生产造成的不利影响或带来的危害而组织的安全检查。(4) 节假日安全检查。在节假日，特别是重大或传统节假日（如："五一"、"十一"、元旦、春节等）前后和节日期间，为防止现场管理人员和作业人员思想麻痹、纪律松懈等进行的安全检查。节假日加班，更要认真检查各项安全防范措施的落实情况。(5) 开工、复工安全检查。针对工程项目开工、复工之前进行的安全检查，主要是检查现场是否具备保障安全生产的条件。(6) 专业性安全检查。由有关专业人员对现场某项专业安全问题或在施工生产过程中存在的比较系统性的安全问题进行的单项检查。这类检查专业性强，主要应由专业工程技术人员、专业安全管理人员参加。(7) 设备设施安全验收检查。针对现场塔吊等起重设备、外用施工电梯、龙门架及井架物料提升机、电气设备、脚手架、现浇混凝土模板支撑系统等设备设施在安装、搭设过程中或完成后进行的安全验收、检查。

### 4. 安全检查的要求

(1) 根据检查内容配备力量，抽调专业人员，确定检查负责人，明确分工。

(2) 应有明确的检查目的和检查项目、内容及检查标准、重点、关键部位。对大面积或数量多的项目可采取系统的观感和一定数量的测点相结合的检查方法。检查时尽量采用检测工具，用数据说话。

(3) 对现场管理人员和操作工人不仅要检查是否有违章指挥和违章作业行为，还应进行"应知应会"的抽查，以便了解管理人员及操作工人的安全素质。对于违章指挥、违章作业行为，检查人员可以当场指出、进行纠正。

（4）认真、详细进行检查记录，特别是对隐患的记录必须具体，如隐患的部位、危险性程度及处理意见等。采用安全检查评分表的，应记录每项扣分的原因。

（5）检查中发现的隐患应该进行登记，并发出隐患整改通知书，引起整改单位的重视，并作为整改的备查依据。对即发性事故危险的隐患，检察人员应责令其停工，被查单位必须立即整改。

（6）尽可能系统、定量地做出检查结论，进行安全评价。以利受检单位根据安全评价研究对策进行整改，加强管理。

（7）检查后应对隐患整改情况进行跟踪复查，查被检单位是否按"三定"原则（定人、定期限、定措施）落实整改，经复查整改合格后，进行销案。

## （二）安全检查的方法

建筑工程安全检查在正确使用安全检查表的基础上，可以采用"听"、"问"、"看"、"量"、"测"、"运转试验"等方法进行。

（1）"听"。听取基层管理人员或施工现场安全员汇报安全生产情况，介绍现场安全工作经验、存在的问题、今后的发展方向。

（2）"问"。主要是指通过询问、提问，对以项目经理为首的现场管理人员和操作工人进行应知应会抽查，以便了解现场管理人员和操作工人的安全意识和安全素质。

（3）"看"。主要是指查看施工现场安全管理资料和对施工现场进行巡视。例如：查看项目负责人、专职安全管理人员、特种作业人员等的持证上岗情况；现场安全标志设置情况；劳动防护用品使用情况；现场安全防护情况；现场安全设施及机械设备安全装置配置情况等。

（4）"量"。主要是指使用测量工具对施工现场的一些设施、装置进行实测实量。例如：对脚手架各种杆件间距的测量；对现场安全防护栏杆高度的测量；对电气开关箱安装高度的测量；对在建工程与外电边线安全距离的测量等。

（5）"测"。主要是指使用专用仪器、仪表等监测器具对特定对象关键特性技术参数的测试。例如：使用漏电保护器测试仪对漏电保护器漏电动作电流、漏电动作时间的测试；使用地阻仪对现场各种接地装置接地电阻的测试；使用兆欧表对电机绝缘电阻的测试；使用经纬仪对塔吊、外用电梯安装垂直度的测试等。

（6）"运转试验"。主要是指由具有专业资格的人员对机械设备进行实际操作、试验，检验其运转的可靠性或安全限位装置的灵敏性。例如：对塔吊力矩限制器、变幅限位器、起重限位器等安全装置的试验；对施工电梯制动器、限速器、上下极限限位器、门联锁装置等安全装置的试验；对龙门架超高限位器、断绳保护器等安全装置的试验等。

## （三）安全检查的评分办法

《建筑施工安全检查标准》JGJ 59—2011 使建筑工程安全检查由传统的定性评价上升到定量评价，使安全检查进一步规范化、标准化。建筑施工安全检查评定中，保证项目应全数检查。分项检查评分表和检查评分汇总表的满分分值均应为 100 分，评分表的实得分值应为各检查项目所得分值之和；评分应采用扣减分值的方法，扣减分值总和不得超过该检查项目的应得分值；当按分项检查评分表评分时，保证项目中有一项未得分或保证项目小计得分不足 40 分，此分项检查评分表不应得分。

**1. 《建筑施工安全检查标准》**

（1）《建筑施工安全检查评分汇总表》主要内容包括：安全管理、文明施工、脚手架、基坑工程、模板支架、高处作业、施工用电、物料提升机与施工升降机、塔式起重机与起重吊装、施工机具 10 项，所示得分作为对一个施工现场安全生产情况的综合评价依据。

（2）《安全管理检查评分表》检查项目：保证项目包括：安全生产责任制、施工组织设计及专项施工方案、安全技术交底、安全检查、安全教育、应急救援。一般项目包括：分包单位安全管理、持证上岗、生产安全事故处理、安全标志。

（3）《文明施工检查评分表》检查项目：保证项目包括：现场围挡、封闭管理、施工场地、材料管理、现场办公与住宿、现场防火。一般项目包括：综合治理、公示标牌、生活设施、社区服务。

（4）脚手架检查评分表分为《扣件式钢管脚手架检查评分表》、《悬挑式脚手架检查评分表》、《门式钢管脚手架检查评分表》、《碗扣式钢管脚手架检查评分表》、《附着式升降脚手架检查评分表》、《承插型盘扣式钢管脚手架检查评分表》、《高处作业吊篮脚手架检查评分表》、《满堂脚手架检查评分表》8 种脚手架的安全检查评分表。

（5）《基坑支护安全检查评分表》检查项目：保证项目包括：施工方案、基坑支护、降排水、基坑开挖、坑边荷载、安全防护。一般项目包括：基坑监测、支撑拆除、作业环境、应急预案。

（6）《模板支架安全检查评分表》检查项目：保证项目包括：施工方案、支架基础、支架稳定、施工荷载、交底与验收。一般项目包括：杆件连接、底座与托撑、构配件材质、支架拆除。

（7）《高处作业检查评分表》是对安全帽、安全网、安全带、临边防护、洞口防护、通道口防护、攀登作业、悬空作业、移动式操作平台、物料平台、悬挑式钢平台等项目的检查评定。

（8）《施工用电检查评分表》检查项目：保证项目包括：外电防护、接地与接零保护系统、配电线路、配电箱与开关箱。一般项目包括：配电室与配电装置、现场照明、用电档案。

（9）《物料提升机检查评分表》检查项目：保证项目包括：安全装置、防护设施、附墙架与缆风绳、钢丝绳、安拆、验收与使用。一般项目包括：基础与导轨架、动力与传动、通信装置、卷扬机操作棚、避雷装置。

（10）《施工升降机检查评分表》检查项目：保证项目包括：安全装置、限位装置、防护设施、附墙架、钢丝绳、滑轮与对重、安拆、验收与使用。一般项目包括：导轨架、基础、电气安全、通信装置。

（11）《塔式起重机检查评分表》检查项目：保证项目包括：载荷限制装置、行程限位装置、保护装置、吊钩、滑轮、卷筒与钢丝绳、多塔作业、安拆、验收与使用。一般项目包括：附着、基础与轨道、结构设施、电气安全。

（12）《起重吊装检查评分表》检查项目：保证项目包括：施工方案、起重机械、钢丝绳与地锚、索具、作业环境、作业人员。一般项目包括：起重吊装、高处作业、构件码放、警戒监护。

（13）《施工机具检查评分表》是对施工中使用的平刨、圆盘锯、手持电动工具、钢筋机械、电焊机、搅拌机、气瓶、翻斗车、潜水泵、振捣器、桩工机械等施工机具的检查评定。

## 2. 检查评分方法

（1）汇总表分数分配

汇总表满分为 100 分。各分项检查表在汇总表中均占 10 分，10 项检查内容为：安全管理、文明施工、脚手架、基坑工程、模板支架、高处作业、施工用电、物料提升机与施工升降机、塔式起重机与起重吊装、施工机具。

（2）汇总表中各分值的评分方法

1）分项检查评分表和检查评分汇总表的满分分值均应为 100 分，评分表的实得分值应为各检查项目所得分值之和。

2）评分应采用扣减分值的方法，扣减分值总和不得超过该检查项目的应得分值。

3）当按分项检查评分表评分时，保证项目中有一项未得分或保证项目小计得分不足 40 分，此分项检查评分表不应得分。

4）检查评分汇总表中各分项项目实得分值应按下式计算：

$$A_1 = \frac{B \times C}{100}$$

式中　$A_1$——汇总表各分项项目实得分值；

　　　$B$——汇总表中该项应得满分值；

　　　$C$——该项检查评分表实得分值。

5）当评分遇有缺项时，分项检查评分表或检查评分汇总表的总得分值应按下式计算：

$$A_2 = \frac{D}{E} \times 100$$

式中　$A_2$——遇有缺项时总得分值；

　　　$D$——实查项目在该表的实得分值之和；

　　　$E$——实查项目在该表的应得满分值之和。

6）在检查评分表中，遇有多个，如脚手架、物料提升机与施工升降机、塔式起重机与起重吊装项目的实得分值，应为所对应专业的分项检查评分表实得分值的算术平均值。

## 3. 等级的划分原则

施工安全检查的评定结论分为优良、合格、不合格三个等级，依据是汇总表的总得分和分项检查评分表的得分情况。

（1）优良

1）分项检查评分表无零分；2）汇总表得分值应在 80 分及以上。

(2) 合格

1) 分项检查评分表无零分；2) 汇总表得分值应在 80 分以下，70 分及以上。

(3) 不合格

1) 当汇总表得分值不足 70 分时；2) 当有一分项检查评分表得零分时。

(4) 当建筑施工安全检查评定的等级为不合格时，必须限期整改达到合格。

## （四）施工机械的安全检查和评价

### 1. 施工起重机械使用安全常识

塔式起重机、施工电梯、物料提升机等施工起重机械的操作（也称为司机）、指挥、司索等作业人员属特种作业，必须按国家有关规定经专门安全作业培训，取得特种作业操作资格证书，方可上岗作业。

施工起重机械（也称垂直运输设备）必须由相应的制造（生产）许可证企业生产，并有出厂合格证。其安装、拆除、加高及附墙施工作业，必须由相应作业资格的队伍作业，作业人员必须按国家有关规定经专门安全作业培训，取得特种作业操作资格证书，方可上岗作业。其他非专业人员不得上岗作业。

安装、拆卸、加高及附墙施工作业前，必须有经审批、审查的施工方案，并进行方案及安全技术交底。

(1) 塔式起重机

1) 起重机"十不吊"：

超载或被吊物重量不清不吊；

指挥信号不明确不吊；

捆绑、吊挂不牢或不平衡不吊；

被吊物上有人或浮置物不吊；

结构或零部件有影响安全的缺陷或损伤不吊；

斜拉歪吊和埋入地下物不吊；

单根钢丝不吊；

工作场地光线昏暗，无法看清场地、被吊物和指挥信号不吊；

重物棱角处与捆绑钢丝绳之间未加衬垫不吊；

易燃易爆物品不吊。

2) 塔式起重机吊运作业区域内严禁无关人员入内，起吊物下方不准站人。

3) 司机（操作）、指挥、司索等工种应按有关要求配备，其他人员不得作业。

4) 六级以上强风不准吊运物件。

5) 作业人员必须听从指挥人员的指挥，吊物起吊前作业人员应撤离。

6) 吊物的捆绑要求。

吊运物件时，应清楚重量，吊运点及绑扎应牢固可靠。

吊运散件物时，应用铁制合格料斗，料斗上应设有专用的牢固的吊装点；料斗内装物高度不得超过料斗上口边，散粒状的轻浮易撒物盛装高度应低于上口边线10cm。

吊运长条状物品（如钢筋、长条状木方等），所吊物件应在物品上选择两个均匀、平衡的吊点，绑扎牢固。

吊运有棱角、锐边的物品时，钢丝绳绑扎处应做好防护措施。

（2）施工电梯

施工电梯也称外用电梯，也有称为（人、货两用）施工升降机，是施工现场垂直运输人员和材料的主要机械设备。

1）施工电梯投入使用前，应在首层搭设出入口防护棚，防护棚应符合有关高处作业规范。

2）电梯在大雨、大雾、六级以上大风以及导轨架、电缆等结冰时，必须停止使用。并将梯笼降到底层，切断电源。暴风雨后，应对电梯各安全装置进行一次检查，确认正常，方可使用。

3）电梯梯笼周围2.5m范围，应设置防护栏杆。

4）电梯各出料口运输平台应平整牢固，还应安装牢固可靠的栏杆和安全门，使用时安全门应保持关闭。

5）电梯使用应有明确的联络信号，禁止用敲打、呼叫等联络。

6）乘坐电梯时，应先关好安全门，再关好梯笼门，方可启动电梯。

7）梯笼内乘人或载物时，应使载荷均匀分布，不得偏重；严禁超载运行。

8）等候电梯时，应站在建筑物内，不得聚集在通道平台上，也不得将头手伸出栏杆和安全门外。

9）电梯每班首次载重运行时，当梯笼升离地1~2m时，应停机试验制动器的可靠性；当发现制动效果不良时，应调整或修复后方可投入使用。

10）操作人员应根据指挥信号操作。作业前应鸣声示意。在电梯未切断总电源开关前，操作人员不得离开操作岗位。

11）施工电梯发生故障的处理

当运行中发现有异常情况时，应立即停机并采取有效措施将梯笼降到底层，排除故障后方可继续运行。

在运行中发现电气失控时，应立即按下急停按钮；在未排除故障前，不得打开急停按钮。

在运行中发现制动器失灵时，可将梯笼开至底层维修；或者让其下滑防坠安全器制动。

在运行中发现故障时，不可惊慌，电梯的安全装置将提供可靠的保护；并且听从专业人员的安排，或等待修复，或按专业人员指挥撤离。

12）作业后，应将梯笼降到底层，各控制开关拨到零位，切断电源，锁好开关箱，闭锁梯笼门和围护门。

（3）物料提升机

物料提升机有龙门架、井字架式的，也有的称为（货用）施工升降机，是施工现场物料垂直运输的主要机械设备。

1）物料提升机用于运载物料，严禁载人上下；装卸料人员、维修人员必须在安全装置可靠或采取了可靠的措施后，方可进入吊笼内作业。

2）物料提升机进料口必须加装安全防护门，并按高处作业规范搭设防护棚，并设安全通道，防止从棚外进入架体中。

3）物料提升机在运行时，严禁对设备进行保养、维修，任何人不得攀登架体和从架体内穿过。

4）运载物料的要求

运送散料时，应使用料斗装载，并放置平稳；使用手推斗车装置于吊笼时，必须将手推斗车平稳并制动放置，注意车把手及车不能伸出吊笼。

运送长料时，物料不得超出吊笼；物料立放时，应捆绑牢固。

物料装载时，应均匀分布，不得偏重，严禁超载运行。

5）物料提升机的架体应有附墙或缆风绳，并应牢固可靠，符合说明书和规范的要求。

6）物料提升机的架体外侧应用小网眼安全网封闭，防止物料在运行时坠落。

7）禁止在物料提升机架体上焊接、切割或者钻孔等作业，防止损伤架体的任何构件。

8）出料口平台应牢固可靠，并应安装防护栏杆和安全门。运行时安全门应保持关闭。

9）吊笼上应有安全门，防止物料坠落；并且安全门应与安全停靠装置连锁。安全停靠装置应灵敏可靠。

10）楼层安全防护门应有电气或机械锁装置，在安全门未可靠关闭时，停止吊笼运行。

11）作业人员等待吊笼时，应在建筑材料内或者平台内距安全门1m以上处等待。严禁将头手伸出栏杆或安全门。

12）进出料口应安装明确的联络信号，高架提升机还应安装可视系统。

## 2. 起重吊装作业安全常识

起重吊装是指建筑工程中，采用相应的机械设备和设施来完成结构吊装和设施安装。其作业属于危险作业，作业环境复杂，技术难度大。

（1）作业前应根据作业特点编制专项施工方案，并对参加作业人员进行方案和安全技术交底。

（2）作业时周边应置警戒区域，设置醒目的警示标志，防止无关人员进入；特别危险处应设监护人员。

（3）起重吊装作业大多数作业点都必须由专业技术人员作业；属于特种作业的人员必须按国家有关规定经专门安全作业培训，取得特种作业操作资格证书，方可上岗作业。

（4）作业人员现场作业应选择条件安全的位置作业。卷扬机与地滑轮穿越钢丝绳的区域，禁止人员站立和通行。

（5）吊装过程必须设有专人指挥，其他人员必须服从指挥。起重指挥不能兼作其他工种。并应确保起重司机清晰准确地听到指挥信号。

（6）作业过程必须遵守起重机"十不吊"原则。

（7）被吊物的捆绑要求，按塔式起重机中被吊物捆绑的作业要求。

(8) 构件存放场地应该平整坚实。构件叠放用方木垫平,必须稳固,不准超高(一般不宜超过 1.6m)。构件存放除设置垫木外,必要时要设置相应的支撑,提高其稳定性。禁止无关人员在堆放的构件中穿行,防止发生构件倒塌挤人事故。

(9) 在露天有六级以上大风或大雨、大雪、大雾等天气时,应停止起重吊装作业。

(10) 起重机作业时,起重臂和吊物下方严禁有人停留、工作或通过。重物吊运时,严禁人从上方通过。严禁用起重机载运人员。

(11) 经常使用的起重工具注意事项

1) 手动捯链:操作人员应经培训合格,方可上岗作业,吊物时应挂牢后慢慢拉动捯链,不得斜向拽拉。当一人拉不动时,应查明原因,禁止多人一齐猛拉。

2) 手搬捯链:操作人员应经培训合格,方可上岗作业,使用前检查自锁夹钳装置的可靠性,当夹紧钢丝绳后,应能往复运动,否则禁止使用。

3) 千斤顶:操作人员应经培训合格,方可上岗作业,千斤顶置于平整坚实的地面上,并垫木板或钢板,防止地面沉陷。顶部与光滑物接触面应垫硬木防止滑动。开始操作应逐渐顶升,注意防止顶歪,始终保持重物的平衡。

### 3. 中小型施工机械使用的安全常识

施工机械的使用必须按"定人、定机"制度执行。操作人员必须经培训合格,方可上岗作业,其他人员不得擅自使用。机械使用前,必须对机械设备进行检查,各部位确认完好无损;并空载试运行,符合安全技术要求,方可使用。

施工现场机械设备必须按其控制的要求,配备符合规定的控制设备,严禁使用倒顺开关。在使用机械设备时,必须严格按安全操作规程,严禁违章作业;发现有故障,或者有异常响动,或者温度异常升高,都必须立即停机;经过专业人员维修,并检验合格后,方可重新投入使用。

操作人员应做到"调整、紧固、润滑、清洁、防腐"十字作业的要求,按有关要求对机械设备进行保养。操作人员在作业时,不得擅自离开工作岗位。下班时,应先将机械停止运行,然后断开电源,锁好电箱,方可离开。

(1) 混凝土(砂浆)搅拌机

1) 搅拌机的安装一定要平稳、牢固。长期固定使用时,应埋置地脚螺栓;在短期使用时,应在机座上铺设木枕或撑架找平牢固放置。

2) 料斗提升时,严禁在料斗下工作或穿行。清理料斗坑时,必须先切断电源,锁好电箱,并将料斗双保险钩挂牢或插上保险插销。

3) 运转时,严禁将头或手伸入料斗与机架之间查看,不得用工具或物件伸入搅拌筒内。

4) 运转中严禁保养维修。维修保养搅拌机,必须拉闸断电,锁好电箱挂好"有人工作严禁合闸"牌,并有专人监护。

(2) 混凝土振动器

混凝土振动器常用的有插入式和平板式。

1) 振动器应安装漏电保护装置,保护接零应牢固可靠。作业时操作人员应穿戴绝缘胶鞋和绝缘手套。

2) 使用前，应检查各部位无损伤，并确认连接牢固，旋转方向正确。

3) 电缆线应满足操作所需的长度。严禁用电缆线拖拉或吊挂振动器。振动器不得在初凝的混凝土、地板、脚手架和干硬的地面上进行试振。在检修或作业间断时，应断开电源。

4) 作业时，振动棒软管的弯曲半径不得小于500mm，并不得多于两个弯，操作时应将振动棒垂直地沉入混凝土，不得用力硬插、斜推或让钢筋夹住棒头，也不得全部插入混凝土中，插入深度不应超过棒长的3/4，不宜触及钢筋、芯管及预埋件。

5) 作业停止需移动振动器时，应先关闭电动机，再切断电源。不得用软管拖拉电动机。

6) 平板式振动器工作时，应使平板与混凝土保持接触，待表面出浆，不再下沉后，即可缓慢移动；运转时，不得搁置在已凝或初凝的混凝土上。

7) 移动平板式振动器应使用干燥绝缘的拉绳，不得用脚踢电动机。

（3）钢筋切断机

1) 机械未达到正常转速时，不得切料。切料时，应使用切刀的中、下部位，紧握钢筋对准刃口迅速投入，操作者应站在固定刀片一侧用力压住钢筋，应防止钢筋末端弹出伤人。

2) 不得剪切直径及强度超过机械铭牌规定的钢筋和烧红的钢筋。一次切断多根钢筋时，其总截面积应在规定范围内。

3) 切断短料时，手和切刀之间的距离应保持在150mm以上，如手握端小于400mm时，应采用套管或夹具将钢筋短头压住或夹牢。

4) 运转中严禁用手直接清除切刀附近的断头和杂物。钢筋摆动周围和切刀周围，不得停留非操作人员。

（4）钢筋弯曲机

1) 应按加工钢筋的直径和弯曲半径的要求，装好相应规格的芯轴和成型轴、挡铁轴。芯轴直径应为钢筋直径的2.5倍。挡铁轴应有轴套，挡铁轴的直径和强度不得小于被弯钢筋的直径和强度。

2) 作业时，应将钢筋需弯曲一端插入在转盘固定销的间隙内，另一端紧靠机身固定销，并用手压紧；应检查机身固定销并确认安放在挡住钢筋的一侧，方可开动。

3) 作业中，严禁更换轴芯、销子和变换角度以及调整，也不得进行清扫和加油。

4) 对超过机械铭牌规定直径的钢筋严禁进行弯曲。不直的钢筋，不得在弯曲机上弯曲。

5) 在弯曲钢筋的作业半径内和机身不设固定销的一侧严禁站人。

6) 转盘换向时，应待停稳后进行。

7) 作业后，应及时清除转盘及插入座孔内的铁锈、杂物等。

（5）钢筋调直切断机

1) 应按调直钢筋的直径，选用适当的调直块及传动速度。调直块的孔径应比钢筋直径大2~5mm，传动速度应根据钢筋直径选用，直径大的宜选用慢速，经调试合格，方可作业。

2）在调直块未固定、防护罩未盖好前不得送料。作业中严禁打开各部防护罩并调整间隙。

3）当钢筋送入后，手与轮应保持一定的距离，不得接近。

4）送料前应将不直的钢筋端头切除。导向筒前应安装一根 1m 长的钢管，钢筋应穿过钢管再送入调直前端的导孔内。

（6）钢筋冷拉机

1）卷扬机的位置应使操作人员能见到全部的冷拉场地，卷扬机与冷拉中线的距离不得少于 5m。

2）冷拉场地应在两端地锚外侧设置警戒区，并应安装防护栏及醒目的警示标志。严禁非作业人员在此停留。操作人员在作业时必须离开钢筋 2m 以外。

3）卷扬机操作人员必须看到指挥人员发出的信号，并待所有的人员离开危险区后方可作业。冷拉应缓慢、均匀。当有停车信号或碰到有人进入危险区时，应立即停拉，并稍稍放松卷扬机钢丝绳。

4）夜间作业的照明设施，应装设在张拉危险区外。当需要装设在场地上空时，其高度就超过 5m。灯泡应加防护罩。

（7）圆盘锯

1）锯片必须平整，锯齿尖锐，不得连续缺齿 2 个，裂纹长度不得超过 20mm。

2）被锯木料厚度，以锯片能露出木料 10～20mm 为限。

3）启动后，必须等待转速正常后，方可进行锯料。

4）关料时，不得将木料左右晃动或者高抬。锯料长度不小于 500mm。接近端头时，应用推棍送料。

5）若锯线走偏，应逐渐纠正，不得猛扳。

6）操作人员不应站在与锯片同一直线上操作。手臂不得跨越锯片工作。

（8）蛙式夯实机

1）夯实作业时，应一人扶夯，一人传递电缆线，且必须戴绝缘手套和穿绝缘鞋。电缆线不得扭结或缠绕，且不得张拉过紧，应保持有 3～4m 的余量。移动时，应将电缆线移至夯机后方，不得隔机扔电缆线，当转向困难时，应停机调整。

2）作业时，手握扶手应保持机身平衡，不得用力向后压，并应随时调整行进方向。转弯时不得用力过猛，不得急转弯。

3）夯实填高土方时，应在边缘以内 100～150mm 夯实 2～3 遍后，再夯实边缘。

4）在较大基坑作业时，不得在斜坡上夯行，应避免造成夯头后折。

5）夯实房心土时，夯板应避开房心地下构筑物、钢筋混凝土基桩、机座及地下管道等。

6）在建筑物内部作业时，夯板或偏心块不得打在墙壁上。

7）多机作业时，平列间距不得小于 5m，前后间距不得小于 10m。

8）夯机前进方向和夯机四周 1m 范围内，不得站立非操作人员。

（9）振动冲击夯

1）内燃冲击夯起动后，内燃机应急速运转 3～5min，然后逐渐加大油门，待夯机跳动稳定后,方可作业。

2) 电动冲击夯在接通电源启动后,应检查电动机旋转方向,有错误时应倒换联系线。

3) 作业时应正确掌握夯机,不得倾斜,手把不宜握得过紧,能控制夯机前进速度即可。

4) 正常作业时,不得使劲往下压手把,影响夯机跳起高度。在较松的填料上作业或上坡时,可将手把稍向下压,并应能增加夯机前进速度。

5) 电动冲击夯操作人员必须戴绝缘手套,穿绝缘鞋。作业时,电缆线不应拉得过紧,应经常检查线头安装,不得松动及引起漏电。严禁冒雨作业。

(10) 潜水泵

1) 潜水泵宜先装在坚固的篮筐里再放入水中,也可在水中将泵的四周设立坚固的防护围网。泵应直立于水中,水深不得小于 0.5m,不得在含有泥沙的水中使用。

2) 潜水泵放入水中或提出水面时,应先切断电源,严禁拉拽电缆或出水管。

3) 潜水泵应装设保护接零和漏电保护装置,工作时泵周围 30m 以内水面,不得有人、畜进入。

4) 应经常观察水位变化,叶轮中心至水平距离应在 0.5~3.0m 之间,泵体不得陷入污泥或露出水面。电缆不得与井壁、池壁相擦。

5) 每周应测定一次电动机定子绕组的绝缘电阻,其值应无下降。

(11) 交流电焊机

1) 外壳必须有保护接零,应有二次空载降压保护器和触电保护器。

2) 电源应使用自动开关,接线板应无损坏,有防护罩。一次线长度不超过 5m,二次线长度不得超过 30m。

3) 焊接现场 10m 范围内,不得有易燃、易爆物品。

4) 雨天不得在室外作业。在潮湿地点焊接时,要站在胶板或其他绝缘材料上。

5) 移动电焊机时,应切断电源,不得用拖拉电缆的方法移动。当焊接中突然停电时,应立即切断电源。

(12) 气焊设备

1) 氧气瓶与乙炔瓶使用时间距不得小于 5m,存放时间距不得小于 3m,并且距高温、明火等不得小于 10m;达不到上述要求时,应采取隔离措施。

2) 乙炔瓶存放和使用必须立放,严禁倒放。

3) 在移动气瓶时,应使用专门的抬架或小推车;严禁氧气瓶与乙炔混合搬运;禁止直接使用钢丝绳、链条。

4) 开关气瓶应使用专用工具。

5) 严禁敲击、碰撞气瓶,作业人员工作时不得吸烟。

## 4. 施工机械监控与管理

一般可分为机械设备和建筑起重机械两类进行管理。

(1) 机械设备日常检查内容

1) 机械设备管理制度。

2）机械设备进场验收记录。

3）机械设备管理台账。

4）机械设备安全资料。

5）机械设备入场前，项目部机械管理人员应进行登记，建立"机械设备安全管理台账"，并应收集生产厂家生产许可证、产品合格证及使用说明书。

6）机械设备进入施工现场后，项目负责人应组织项目技术负责人、机械管理人员、专职安全管理人员、使用单位有关人员、租赁单位有关人员进行验收，应形成机械设备进场验收记录，各方人员签字确认。

7）机械设备在安装、使用、拆除前，应由项目施工技术人员对机械设备操作人员进行安全技术交底，形成安全技术交底记录，经双方签字确认后方可实施，并及时存档。

8）机械设备安装完毕后，项目负责人应组织项目技术负责人，机械管理人员，专职安全管理人员，安装、使用、租赁单位有关人员进行验收签字，形成机械设备安装验收记录和安全检查记录。

9）机械设备在日常使用过程中，项目部机械管理人员应形成"机械设备日常运行记录"。

10）项目部机械管理人员应按使用说明书要求对机械设备进行维护保养，形成"机械设备维修保养记录"。

（2）建筑起重机械日常检查内容

1）项目部应收集整理建筑起重机械特种设备制造许可证、产品合格证、制造监督检验证明、使用说明书、备案证书。

2）项目部应收集整理建筑起重机械安拆单位的资质证书、安全生产许可证，安拆人员的建筑施工特种作业人员操作资格证书，安装、拆卸工程安全协议书。

3）项目部应在建筑起重机械安装、拆卸前，分别编制安装工程专项施工方案、拆卸工程专项施工方案。

4）群塔（两台及两台以上）作业时，应绘制"群塔作业平面布置图"。

5）建筑起重机械安装前，安装单位应填写"建筑起重机械安装告知"记录，报施工总承包单位和项目监理部审核后，告知工程所在地建筑安全监督管理机构。

6）建筑起重机械安装、使用、拆卸前，应由项目施工技术人员对起重机械操作人员进行安全技术交底，经双方签字确认后方可实施，并及时存档。

7）建筑起重机械基础工程资料包括地基承载力资料、地基处理情况资料、施工资料、检测报告、建筑起重机械基础工程验收记录。

8）起重机械安装（拆卸）过程中，安装（拆卸）单位安装（拆卸）人员应根据施工需要填写建筑起重机械安装（拆卸）过程记录。

9）建筑起重机械安装完毕后，安装单位应进行自检，形成安装自检记录，龙门架及井架物料提升机也应按规范要求进行自检，安装（拆卸）人员应做好记录。

10）建筑起重机械自检合格后，安装单位应当委托有相应资质的检验检测机构检测，检测合格报告留项目部存档。

11）建筑起重机械检测合格后，总包单位应报项目监理，组织租赁单位、安装单位、使用单位、监理单位等对起重机械共同验收，形成塔式起重机（施工升降机、龙门架及井架物料提升机）安装验收记录，各方签字共同确认。

12）总包单位应按有关规定取得建筑起重机械使用登记证书，存档。

13）塔式起重机每次顶升时，由项目机械管理人员填写形成"塔式起重机顶升检验记录"；施工升降机每次加节时，由项目机械管理人员填写形成"施工升降机加节验收记录"。

14）塔式起重机每次附着锚固时，由项目机械管理人员填写形成"塔式起重机附着锚固检验记录"。

15）建筑起重机械操作人员应将起重机械的运行情况进行记录，形成"建筑起重机械运行记录"。

16）项目部应对建筑起重机械定期进行检查维护保养，形成"建筑起重机械定期维护检测记录"。

**5. 施工机械的检查评分表**

按照《建筑施工安全检查标准》JGJ 59—2011 的要求进行现场检查评分。主要检查评分表有《物料提升机检查评分表》、《施工升降机检查评分表》、《塔式起重机检查评分表》、《起重吊装检查评分表》、《施工机具检查评分表》等。详见《建筑施工安全检查标准》JGJ 59—2011 中的附表。

## （五）临时用电的安全检查和评价

**1. 施工现场临时用电安全要求**

（1）基本原则

1）建筑施工现场的电工、电焊工属于特种作业工种，必须按国家有关规定经专门安全作业培训，取得特种作业操作资格证书，方可上岗作业。其他人员不得从事电气设备及电气线路的安装、维修和拆除。

2）建筑施工现场必须采用 TN-S 接零保护系统，即具有专用保护零线（PE 线）、电源中性点直接接地的 220/380V 三相五线制系统。

3）建筑施工现场必须按"三级配电二级保护"设置。

4）施工现场的用电设备必须实行"一机、一闸、一漏、一箱"制，即每台用电设备必须有自己专用的开关箱，专用开关箱内必须设置独立的隔离开关和漏电保护器。

5）严禁在高压线下方搭设临建、堆放材料和进行施工作业；在高压线一侧作业时，必须保持至少 6m 的水平距离，达不到上述距离时，必须采取隔离防护措施。

6）在宿舍工棚、仓库、办公室内严禁使用电饭煲、电水壶、电炉、电热杯等较大功率电器。如需使用，应由项目部安排专业电工在指定地点安装可使用较高功率电器的电气线路和控制器。严禁使用不符合安全的电炉、电热棒等。

7）严禁在宿舍内乱拉乱接电源，非专职电工不准乱接或更换熔丝，不准以其他金属丝代替熔丝（保险）丝。

8）严禁在电线上晾衣服和挂其他东西等。

9）搬运较长的金属物体，如钢筋、钢管等材料时，应注意不要碰触到电线。

10）在临近输电线路的建筑物上作业时，不能随便往下扔金属类杂物；更不能触摸、拉动电线或电线接触钢丝和电杆的拉线。

11）移动金属梯子和操作平台时，要观察高处输电线路与移动物体的距离，确认有足够的安全距离，再进行作业。

12）在地面或楼面上运送材料时，不要踏在电线上；停放手推车、堆放钢模板、跳板、钢筋时不要压在电线上。

13）在移动有电源线的机械设备时，如电焊机、水泵、小型木工机械等，必须先切断电源，不能带电搬动。

14）当发现电线坠地或设备漏电时，切不可随意跑动和触摸金属物体，并保持10m以上距离。

(2) 安全电压

1）安全电压是指50V以下特定电源供电的电压系列。

安全电压是为防止触电事故而采用的50V以下特定电源供电的电压系列，分为42V、36V、24V、12V和6V五个等级，根据不同的作业条件，选用不同的安全电压等级。建筑施工现场常用的安全电压有12V、24V、36V。

2）特殊场所必须采用电压照明供电。

以下特殊场所必须采用安全电压照明供电：

① 室内灯具离地面低于2.4m，手持照明灯具，一般潮湿作业场所（地下室、潮湿室内、潮湿楼梯、隧道、人防工程以及有高温、导电灰尘等）的照明，电源电压应不大于36V。

② 在潮湿和易触及带电体场所的照明电源电压，应不大于24V。

③ 在特别潮湿的场所，锅炉或金属容器内，导电良好的地面使用手持照明灯具等，照明电源电压不得大于12V。

3）正确识别电线的相色。

电源线路可分工作相线（火线）、专用工作零线和专用保护零线。一般情况下，工作相线（火线）带电危险，专用工作零线和专用保护零线不带电（但在不正常情况下，工作零线也可以带电）。

一般相线（火线）分为A、B、C三相，分别为黄色、绿色、红色；工作零线为黑色；专用保护零线为黄绿双色线。

严禁用黄绿双色、黑色、蓝色线当相线，也严禁用黄色、绿色、红色线作为工作零线和保护零线。

(3) "用电示警"标志

正确识别"用电示警"标志或标牌，不得随意靠近、随意损坏和挪动标牌（表9-1）。

进入施工现场的每个人都必须认真遵守用电管理规定，见到以上用电示警标志或标牌时，不得随意靠近，更不准随意损坏、挪动标牌。

"用电示警"标志　　　　　　　　　　　　　　　表 9-1

| 使用分类 | 颜　色 | 使用场所 |
| --- | --- | --- |
| 常用电力标志 | 红色 | 配电房、发电机房、变压器等重要场所 |
| 高压示警标志 | 字体为黑色，箭头和边框为红色 | 需高压示警场所 |
| 配电房示警标志 | 字体为红色，边框为黑色（或字与边框交换颜色） | 配电房或发电机房 |
| 维护检修示警标志 | 底为红色、字为白色（或字为红色、底为白色、边框为黑色） | 维护检修时相关场所 |
| 其他用电示警标志 | 箭头为红色、边框为黑色、字为红色或黑色 | 其他一般用电场所 |

## 2. 施工现场临时用电的安全技术措施

（1）电气线路的安全技术措施

1）施工现场电气线路全部采用"三相五线制"（TN-S 系统）专用保护接零（PE 线）系统供电。

2）施工现场架空线采用绝缘铜线。

3）架空线设在专用电杆上，严禁架设在树木、脚手架上。

4）导线与地面保持足够的安全距离。

导线与地面最小垂直距离：施工现场应不小于 4m；机动车道应不小于 6m；铁路轨道应不小于 7.5m。

5）无法保证规定的电气安全距离，必须采取防护措施。

如果由于在建工程位置限制而无法保证规定的电气安全距离，必须采取设置防护性遮拦、栅栏，悬挂警告标志牌等防护措施，发生高压线断线落地时，非检修人员要远离落地 10m 以外，以防跨步电压危害。

6）为了防止设备外壳带电发生触电事故，设备应采用保护接零，并安装漏电保护器等措施。作业人员要经常检查保护零线连接是否牢固可靠，漏电保护器是否有效。

7）在电箱等用电危险地方，挂设安全警示牌。如"有电危险"、"禁止合闸，有人工作"等。

（2）照明用电的安全技术措施

施工现场临时照明用电的安全要求如下：

1）临时照明线路必须使用绝缘导线。

临时照明线路必须使用绝缘导线，户内（工棚）临时线路的导线必须安装在离地 2m 以上支架上；户外临时线路必须安装在离地 2.5m 以上支架上，零星照明线不允许使用花线，一般应使用软电缆线。

2）建设工程的照明灯具宜采用拉线开关。

拉线开关距地面高度为 2～3m，与出、入口的水平距离为 0.15～0.2m。

3）严禁在床头设立开关和插座。

4）电器、灯具的相线必须经过开关控制。

不得将相线直接引入灯具,也不允许以电气插头代替开关来分合电路,室外灯具距地面不得低于3m;室内灯具不得低于2.4m。

5) 使用手持照明灯具(行灯)应符合一定的要求:

① 电源电压不超过36V。

② 灯体与手柄应坚固,绝缘良好,并耐热防潮湿。

③ 灯头与灯体结合牢固。

④ 灯泡外部要有金属保护网。

⑤ 金属网、反光罩、悬吊挂钩应固定在灯具的绝缘部位上。

6) 照明系统中每一单相回路上,灯具和插座数量不宜超过25个,并应装设熔断电流为15A以下的熔断保护器。

(3) 配电箱与开关箱的安全技术措施

施工现场临时用电一般采用三级配电方式,即总配电箱(或配电室),下设分配电箱,再以下设开关箱,开关箱以下就是用电设备。

配电箱和开关箱的使用安全要求如下:

1) 配电箱、开关箱的箱体材料,一般应选用钢板,亦可选用绝缘板,但不宜选用木质材料。

2) 电箱、开关箱应安装端正、牢固,不得倒置、歪斜。

固定式配电箱、开关箱的下底与地面垂直距离应大于或等于1.3m,小于或等于1.5m;移动式分配电箱、开关箱的下底与地面的垂直距离应大于或等于0.6m,小于或等于1.5m。

3) 进入开关箱的电源线,严禁用插销连接。

4) 电箱之间的距离不宜太远。

分配电箱与开关箱的距离不得超过30m。开关箱与固定式用电设备的水平距离不宜超过3m。

5) 每台用电设备应有各自专用的开关箱。

施工现场每台用电设备应有各自专用的开关箱,且必须满足"一机、一闸、一漏、一箱"的要求,严禁用同一个开关电器直接控制两台及两台以上用电设备(含插座)。

开关箱中必须设漏电保护器,其额定漏电动作电流应不大于30mA,漏电动作时间应不大于0.1s。

6) 所有配电箱门应配锁,不得在配电箱和开关箱内挂接或插接其他临时用电设备,开关箱内严禁放置杂物。

7) 配电箱、开关箱的接线应由电工操作,非电工人员不得乱接。

(4) 配电箱和开关箱的使用要求

1) 在停、送电时,配电箱、开关箱之间应遵守合理的操作顺序:

送电操作顺序:总配电箱→分配电箱→开关箱;

断电操作顺序:开关箱→分配电箱→总配电箱。

正常情况下,停电时首先分断自动开关,然后分断隔离开关;送电时先合隔离开关,后合自动开关。

2) 使用配电箱、开关箱时，操作者应接受岗前培训，熟悉所使用设备的电气性能和掌握有关开关的正确操作方法。

3) 及时检查、维修，更换熔断器的熔丝，必须用原规格的熔丝，严禁用铜线、铁线代替。

4) 配电箱的工作环境应经常保持设置时的要求，不得在其周围堆放任何杂物，保持必要的操作空间和通道。

5) 维修机器停电作业时，要与电源负责人联系停电，要悬挂警示标志，卸下保险丝，锁上开关箱。

## 3. 手持电动机具使用安全

手持电动机具在使用中需要经常移动，其振动较大，比较容易发生触电事故。而这类设备往往是在工作人员紧握之下运行的，因此，手持电动机具比固定设备更具有较大的危险性。

(1) 手持电动机具的分类

手持电动机具按触电保护分为Ⅰ类工具、Ⅱ类工具和Ⅲ类工具。

1) Ⅰ类工具（即普通型电动机具）

其额定电压超过50V。工具在防止触电的保护方面不仅依靠其本身的绝缘，而且必须将不带电的金属外壳与电源线路中的保护零线做可靠连接，这样才能保证工具基本绝缘损坏时不成为导电体。这类工具外壳一般都是全金属。

2) Ⅱ类工具（即绝缘结构皆为双重绝缘结构的电动机具）

其额定电压超过50V。工具在防止触电的保护方面不仅依靠基本绝缘，而且还提供双重绝缘或加强绝缘的附加安全预防措施。这类工具外壳有金属和非金属两种，但手持部分是非金属，非金属处有"回"符号标志。

3) Ⅲ类工具（即特低电压的电动机具）

其额定电压不超过50V。工具在防止触电的保护方面依靠由安全特低电压供电和在工具内部不含产生比安全特低电压高的电压。这类工具外壳均为全塑料。

Ⅱ、Ⅲ类工具都能保证使用时电气安全的可靠性，不必接地或接零。

(2) 手持电动机具的安全使用要求

1) 一般场所应选用Ⅰ类手持式电动工具，并应装设额定漏电动作电流不大于15mA、额定漏电动作时间小于0.1s的漏电保护器。

2) 在露天、潮湿场所或金属构架上操作时，必须选用Ⅱ类手持式电动工具，并装设漏电保护器，严禁使用Ⅰ类手持式电动工具。

3) 负荷线必须采用耐用的橡皮护套铜芯软电缆。

单相用三芯（其中一芯为保护零线）电缆；三相用四芯（其中一芯为保护零线）电缆；电缆不得有破损或老化现象，中间不得有接头。

4) 手持电动工具应配备装有专用的电源开关和漏电保护器的开关箱，严禁一台开关接两台以上设备，其电源开关应采用双刀控制。

5) 手持电动工具开关箱内应采用插座连接，其插头、插座应无损坏、无裂纹，且绝缘良好。

6）使用手持电动工具前，必须检查外壳、手柄、负荷线、插头等是否完好无损，接线是否正确（防止相线与零线错接）；发现工具外壳、手柄破裂，应立即停止使用并进行更换。

7）非专职人员不得擅自拆卸和修理工具。

8）作业人员使用手持电动工具时，应穿绝缘鞋，戴绝缘手套，操作时握其手柄，不得利用电缆提拉。

9）长期搁置不用或受潮的工具在使用前应由电工测量绝缘阻值是否符合要求。

### 4. 施工现场临时用电安全检查主要内容

（1）检查标准规范依据

1）《建筑施工安全检查标准》JGJ 59—2011；2）《施工现场临时用电安全技术规范》JGJ 46—2005。

（2）检查的主要项目

施工用电检查评分表是对施工现场临时用电情况的评价。检查的项目应包括：外电防护、接地与接零保护系统、配电箱、开关箱、现场照明、配电线路、电器装置、变配电装置和用电档案九项内容。

### 5. 施工现场临时用电安全检查方法

施工现场临时用电检查主要采用现场检查和用检查评分表打分的办法。

（1）施工用电检查评分表

按《建筑施工安全检查标准》JGJ 59—2011 附表 B.14 进行检查打分。

（2）日常检查管理用表

临时用电工程检查验收记录见表9-2所列。

临时用电工程检查验收记录　　　　表 9-2

| 工程名称 | | | 供电方式 | |
|---|---|---|---|---|
| 计算用电电流（A） | | 计算用电负荷（kV·A） | 选择变压器容量（kV·A） | |
| 选择电源电缆或导线截面积（mm²） | | 供电局变压器容量（kV·A） | 保护方式 | |
| 序号 | 验收项目 | 验收内容 | | 验收结果 |
| 1 | 施工方案 | 用电设备在5台及以上或设备总容量50kW及以上者应编制临时用电施工组织设计，施工单位技术负责人批准、总监理工程师审批 | | |
| | | 用电设备在5台以下或设备总容量50kW以下者应制定安全用电和电气防火措施，施工单位技术负责人批准、总监理工程师审批 | | |
| | | 应有用电工程总平面图、配电装置布置图、配电系统接线图（总配电箱、分配电箱、开关箱）、接地装置设计图 | | |
| 2 | 安全技术交底 | 有安全技术交底 | | |

续表

| 序号 | 验收项目 | 验收内容 | 验收结果 |
|---|---|---|---|
| 3 | 外电防护 | 外电架空路线下方应无生活设施、作业棚、堆放材料、施工作业区 | |
| | | 与外电架空线之间的最小安全操作距离符合规范要求 | |
| | | 达不到最小安全距离要求时,应设置坚固、稳定的绝缘隔离防护设施,并悬挂醒目的警告标志 | |
| 4 | 配电路线 | 架空线、电杆、横担应符合规定要求,架空线应架设在专用电杆上,不得架设在树木、脚手架及其他设施上。架空线在一个档距内,每层导线的接头数不得超过该层导线条数的50%,且一条导线应只有一个接头 | |
| | | 架空线路布设符合规范要求。架空线路的档距≤35m,架空线路的线间距≥0.3m | |
| | | 架空线与邻近线路或固定物的距离符合规范要求 | |
| | | 电杆埋地、接线符合规范要求 | |
| | | 电缆中应包含全部工作芯线和用做保护零线或保护线的芯线。需要三相四线制配电的电缆线路必须采用五芯电缆 | |
| | | 五芯电缆应包含淡蓝、绿/黄二种颜色绝缘芯线。淡蓝色芯线必须用做工作零线(N线);绿/黄双色芯线必须用做保护零线(PE线),严禁混用 | |
| | | 架空电缆敷设应符合规范要求 | |
| | | 埋地电缆敷设方式、深度应符合规范要求,埋地电缆路径应设方位标志 | |
| | | 埋地电缆在穿越建筑物、构筑物、道路、易受机械损伤、介质腐蚀场所及引出地面2m至地下0.2m处,应采用可靠的安全防护措施 | |
| | | 在建工程内的电缆线路严禁穿越脚手架引入,垂直敷设固定点每楼层不得少于一处 | |
| | | 装饰装修工程或其他特殊阶段,应补充编制单项施工用电方案。电源线可沿墙角、地面敷设,但应采取防机械损伤和防火措施 | |
| | | 室内配线必须是绝缘导线或电缆,过墙处应穿管保护 | |
| 5 | 接地与接零保护系统 | 应采用TN-S接零保护系统供电,电气设备的金属外壳必须与PE线连接 | |
| | | 当施工现场与外电线路共用同一供电系统时,电气设备的接地、接零保护应与原系统保持一致 | |
| | | PE线采用绝缘导线。PE线上严禁装设开关或熔断器,严禁通过工作电流,且严禁断线 | |
| | | TN系统中,PE线除必须在配电室或总配电箱处做重复接地外,还必须在配电系统的中间处和末端处做重复接地。接地装置符合规范要求,每一处重复接地装置的接地电阻值不应大于10Ω | |
| | | 工作接地电阻值符合规范要求 | |
| | | 不得采用铝导体做接地体或地下接地线。垂直接地体不得采用螺纹钢。接地可利用自然接地体,但应保证其电气连接和热稳定 | |
| | | 需设防雷接地装置的,其冲击接地电阻值不得大于30Ω | |
| | | 做防雷接地机械上的电气设备,所连接的PE线必须同时做重复接地,同一台机械电气设备的重复接地和机械的防雷接地可共用同一接地体,但接地电阻应符合重复接地电阻值的要求 | |

续表

| 序号 | 验收项目 | 验收内容 | 验收结果 |
|---|---|---|---|
| 6 | 配电箱 | 符合三级配电两级保护要求，箱体符合规范要求，有门、有锁、有防雨、有防尘措施 | |
| | | 每台用电设备必须有各自专用的开关箱，动力开关箱与照明开关箱必须分设 | |
| | | 配电箱设置位置应符合有关要求，有足够二人同时工作的空间或通道 | |
| | | 配电柜（总配电箱）、分配电箱、开关箱内的电器配置与接线应符合有关要求，连接牢固，完好可靠 | |
| | | 配电箱的电器安装板上必须分设 N 线端子板和 PE 线端子板。N 线端子板必须与金属电器安装板绝缘；PE 线端子板必须与金属电器安装板做电气连接 | |
| | | 隔离开关应设置于电源进线端，应采用分断时具有可见分断点，并能同时断开电源所有极的隔离电器 | |
| | | 配电箱、开关箱的电源进线端严禁采用插头或插座做活动连接；开关箱出线端如连接需接 PE 线的用电设备，不得采用插头或插座做活动连接 | |
| | | 漏电保护装置应灵敏、有效，参数应匹配 | |
| | | 开关箱中漏电保护器的额定漏电动作电流不应大于 30mA，额定漏电动作时间不应大于 0.1s | |
| | | 总配电箱中漏电保护器的额定漏电动作电流应大于 30mA，额定漏电动作时间应大于 0.1s，但其额定漏电动作电流与额定漏电动作时间的乘积不应大于 30mA·s | |
| 7 | 现场照明 | 照明回路有单独开关箱，应装设隔离开关、短路与过载保护电器和漏电保护器 | |
| | | 灯具金属外壳应做接零保护。室外灯具安装高度不低于 3m，室内安装高度不低于 2.5m | |
| | | 照明器具选择符合规范要求。照明器具、器材应无绝缘老化或破损 | |
| | | 按规定使用安全电压。隧道、人防工程、高温、有导电灰尘、比较潮湿或灯具离地面高度低于 2.5m 等场所的照明，电源电压不应大于 36V | |
| | | 照明变压器必须使用双绕组型安全隔离变压器，严禁使用自耦变压器 | |
| | | 照明装置符合规范要求 | |
| | | 对夜间影响飞机或车辆通行的在建工程及机械设备，必须设置醒目的红色信号灯，其电源应设在施工现场总电源开关的前侧，并应设置外电线路停止供电时的应急自备电源 | |
| 8 | 变配电装置 | 配电室布置应符合有关要求，自然通风，应有防止雨雪侵入和动物进入的措施 | |
| | | 发电机组电源必须与外电线路电源连锁，严禁并列运行 | |
| | | 发电机组并列运行时，必须装设同期装置，并在机组同步运行后再向负载供电 | |

| 项目经理部验收结论：<br><br>项目负责人：<br>项目技术负责人：<br>专职安全员：<br>电工：<br>其他人员：<br>　　　　　　年　月　日（章） | 施工单位验收意见：<br><br><br>验收负责人：　　　　　年　月　日（章）<br><br>监理单位意见：<br><br><br><br>总监理工程师：　　　　年　月　日（章） |
|---|---|

## （六）消防设施的安全检查和评价

建筑消防设施主要分为两大类，一类为灭火系统，另一类为安全疏散系统。应使建筑消防设施始终处于完好有效的状态，保证建筑物的消防安全。

我国建筑消防设施立法起步较晚，但发展很快，在 1987 年后颁布的《建筑设计防火规范》等一系列消防技术法规中，规定了在一些高层建筑、地下建筑和大体量的建筑中，强制设置自动消防设施和消防控制室。20 年来，在扑救建筑火灾中发挥了巨大的作用，有效地保护了公民的生命安全和国家财产的安全。

经济发达国家建筑消防设施建设比较成熟，例如美国在 1904 年就立法，强制现代建筑设置消防安全设施，据美国消防学会统计，最近 69 年中，安装自动消防设施的建筑中发生火灾，消防设施的有效率高达 96.1%。确实起到了保证建筑物消防安全的作用。

但我们不能不看到，我国的城市建筑中，建筑消防设施在产品质量和安装质量以及维修管理上，存在着严重的缺欠和隐患。近期我省一些城市的调查结果，让人触目惊心，建筑消防设施完好率不足 25%，尤其是自动报警系统，问题尤为突出。要知道，建筑消防设施不能有效的工作，等于建筑不设防，本身就是重大火灾隐患。我们必须对此要有深刻认识，万万不可等闲视之。

我们必须加大监督检查管理的力度，提高建筑消防设施的完好率，保证公民人身安全和建筑物的消防安全。建筑消防设施种类很多，适应于施工现场的种类不多，主要有施工现场消火栓给水系统、手提灭火器和推车灭火器、现场灭火沙包等。

### 1. 施工现场消火栓给水系统

在高层建筑的施工现场，我们必须配置现场消火栓给水系统保证施工现场的消防安全，最主要的是保证水泵有效运行，在高层发生火灾险情时，能及时保证高压用水。

（1）消防水池：有效容量偏小、合用水池无消防专用的技术措施、较大容量水池无分格措施。

（2）消防水泵：流量偏小或扬程偏大，一组消防水泵只有一根吸水管或只有一根出水管，出水管上无压力表、无试验放水阀、无泄压阀，引水装置设置不正确，吸水管的管径偏小，普通水泵与消防水泵偷梁换柱。

（3）增压设施：增压泵的流量偏大。

（4）水泵接合器：与室外消火栓或消防水池的取水口距离大于 40m、数量偏少、未分区设置。

（5）减压装置：消火栓口动压大于 0.5MPa 的未设减压装置，减压孔板孔径偏小。

（6）消防水箱：屋顶合用水箱无直通消防管网水管、无消防水专用措施、出水管上未设单向阀。

（7）消火栓：阀门关闭不严，有渗水现象；冬期地上室外消火栓冻裂；室外地上消火栓开启时剧烈振动；室内消火栓口处的静水压力超过 80m 水柱，没有采用分区给水系统；室内消火栓口方向与墙平行（另外，目前新上市的消火栓口可旋转的消防栓质量有一部分不过关，用过一段时间消火栓口生锈，影响使用）；屋顶未设检查用的试验消火栓。

（8）消火栓按钮：临时高压给水系统部分消火栓箱内未设置直接启泵按钮，功能不齐（常见错误有 4 种类型：消火栓按钮不能直接启泵，只能通过联动控制器启动消防水泵；消火栓按钮启动后无确认信号；消火栓按钮不能报警，显示所在部位；消火栓按钮通过 220V 强电启泵）。

（9）消火栓管道：直径小；采用镀锌管，有的安装单位违章进行焊接（致使防腐层破坏，管道易锈蚀烂穿，造成漏水）。

（10）常见问题

1）高层建筑下层水压超过 0.4MPa，无减压装置；这样给使用带来很大问题，压力过大无法操作使用，还容易造成事故。

2）消火栓箱内的水枪、水带、接口、消防卷盘（水喉）等器材缺少、不全，水泵启动按钮失效。

3）供水压力不足，不能满足水枪充实水柱的要求。影响火灾火场施救。

4）消火栓箱内器材锈蚀、水带发霉、阀门锈蚀无法开启。

5）水泵接合器故障、失效。

### 2. 手提灭火器和推车灭火器

手提式灭火器和推车式灭火器是扑救建筑初期火灾最有效的灭火器材，使用方便，容易掌握，是施工现场配置的最常见的消防器材。它的类型有很多种，分别适用于不同类型的火灾。保证灭火器的有效好用是扑救初期火灾的必备条件。

检查各种灭火器，是对施工现场消防检查的一项重要内容。我们应当熟练地掌握检查的内容和重点，以及不同场所灭火器的配置计算。

（1）常见问题

1）数量不足、灭火器选型与场所环境火灾类型不符。

2）灭火器超期；无压力表，或压力不足。

3）夏季酷热时节灭火器在阳光下直接暴晒（可能引起爆炸），冬天严寒时期灭火器在室外存放（导致失效）。

4）灭火器放置在灭火器箱内上锁，不方便取用。

5）配置的灭火器是非正规厂家的假冒伪劣产品，或非法维修的灭火器。

（2）现场检查

1）根据危险等级检查灭火器数量是否充足，场所灭火器选型是否合适。

2）有无灭火器锈蚀、过期或压力不足现象。

3）是否取用方便。灭火器是否是国家认证合格产品，是否是认证厂家维修。

（3）检查检测

建筑消防设施的检查检测，要耐心细致，不可走马观花、蜻蜓点水，要认真测试，详细记录在案。作为维护检测的依据。

建筑消防设施随着科技进步在不断的更新换代，新的设施与旧的设施能否很好的配套结合是不容忽视的问题，许多新设施安装后由于未能很好地解决与原设施的结合调试问题，结果使整个系统陷于瘫痪。我们在检查时遇到设备更新时，要注意这方面的问题。

有的建筑消防设施比较多，一次检查完有困难，可以将其余设施在下次检查。

养兵千日，用兵一时，建筑消防设施的维护检查，是长期不辍的事情，要想保证消防设施的完好有效，保证建筑场所的消防安全，就必须耐心坚持，认真负责，一丝不苟。对于消防监督人员是这样，对于建筑中从事消防设施管理的人员也应是这样。

### 3. 施工现场消防设施检查内容

（1）消防管理方面应检查的内容有：消防安全管理组织机构的建立，消防安全管理制度，防火技术方案，灭火及应急疏散预案和演练记录，消防设施平面图，消防重点部位明细，消防设备、设施和器材登记，动火作业审批。

（2）施工现场主要消防器材有：灭火器、消防锹、消防钩、消防钳，消防用钢管、配件，消防管道等。

（3）施工现场应编制消防重点部位明细，做到分区分责任落实到位。

（4）消火栓系统的检查

1）现场用消火栓水枪射水（直接插入排水管道）检查消防水压。

2）消火栓箱内的启动按钮启动消防水泵。

3）检查消火栓箱内的枪、带、接口、压条、阀门、卷盘是否齐全好用。

4）检查室内消火栓系统内的单向阀、减压阀等有无阀门锈蚀现象；水带有无破损、发霉的情况。

5）消火栓的使用方法是否正确。打开消火栓门，按下内部火警按钮（按钮用做报警和启动消防泵）→一人接好枪头和水带奔向起火点→另一人接好水带和阀门口→逆时针打开阀门水喷出即可（注：电起火要确定切断电源）。

（5）手提灭火器和推车灭火器的检查

1）根据危险等级检查灭火器数量是否充足，场所灭火器选型是否合适。

2）有无灭火器锈蚀、过期或压力不足现象。

3）是否取用方便。灭火器是否是国家认证合格产品，是否是认证厂家维修。

### 4. 消防保卫安全资料检查内容

（1）消防安全管理主要包括下列内容：

1）项目部应建立消防安全管理组织机构。

2）项目部应制定消防安全管理制度。

3）项目部应编制施工现场防火技术专项方案。

4）项目部应编制施工现场灭火及应急疏散预案，定期组织演练，并有文字和图片记录。

5）项目部应绘制消防设施平面图，应明确现场各类消防设施、器材的布置位置和数量。

6）项目部应对施工现场消防重点部位进行登记，填写"消防重点部位明细表"。

7）项目部应将各类消防设备、设施和器材进行登记，填写"消防设备、设施、器材登记表"。

8）施工现场动火作业前，应由动火作业人提出动火作业申请，填写动火作业审批手续。

(2) 保卫管理主要包括下列内容：

1) 项目部应制定安全保卫制度。

2) 项目部值班保卫人员应每天记录当班期间工作的主要事项，做好保卫人员值班、巡查等工作记录。

3) 项目部应建立门卫制度，设置门卫室，门卫每天对外来人员、车辆进行登记，做好有关记录。

**5. 施工现场消防管理常用表格**

施工现场常用的管理表格有：消防重点部位明细记录和消防设备、设施、器材登记记录等（表9-3、表9-4）。

消防重点部位明细记录　　　　　　　　　　　　　　　　表9-3

| 序号 | 消防重点部位名称 | 消防器材配备情况 | 防火责任人 | 检查时间和结果 |
|---|---|---|---|---|
|  |  |  |  |  |
|  |  |  |  |  |
|  |  |  |  |  |
|  |  |  |  |  |
|  |  |  |  |  |

项目负责人：　　　　　　　　　　　　　　　消防安全管理人员：

消防设备、设施、器材登记记录　　　　　　　　　　　　表9-4

| 工程名称 |  | 地　址 |  |  |  |
|---|---|---|---|---|---|
| 工程高度 |  | 层数 |  | 水泵台数 |  |
| 扬　程 |  | 水压情况 |  | 设水箱否 |  |
| 水箱容量 |  | 泵房是否设专用线路 |  |  |  |
| 消防竖管口径 |  | 水口如何配备 |  |  |  |
| 器材箱的配备 |  | 水龙带数 |  | 现场消火栓数 |  |
| 灭火器材数量 |  | 维修时间 |  | 是否有效 |  |
| 制定的措施及泵房配电线路图 |  |  |  |  |  |
|  |  |  |  | 年　月　日 |  |

项目负责人：　　　　　　　　　　　　　　　消防安全管理人员：

# （七）施工现场临边、洞口的安全防护

对施工现场临边、洞口的防护一般就是指对施工现场"四口"和"五临边"的防护。

"四口"指在建工程的通道口、预留洞口、楼梯口和电梯井口。

"五临边"防护是指在建工程的楼面临边、屋面临边、阳台临边、升降口临边、基坑临边。而《建筑施工安全检查标准》JGJ 59—2011 是对高处作业的检查项目的检查评定。主要内容是对安全帽、安全网、安全带、临边防护、洞口防护、通道口防护、攀登作业、悬空作业、移动式操作平台、物料平台、悬挑式钢平台等项目的检查评定。

在建工程如何做到全封闭：在安全检查标准中，用密目网式安全网全封闭，这是一项技术进步。一般在多层建筑施工用里脚手架时，应在外围搭设距墙面10cm的防护架用密目式安全网封闭。高层建筑无落地架时，除施工区段脚手架外转用密目式安全网封闭外，下部各层的临边及窗口、洞口等也应用密目式安全网或其他防护措施全封闭。

现场封闭与脚手架检查表中的外转防护：一个是指用里脚手架施工时的外转封闭，另一个是指外脚手架作业时的外转防护。两者是对不同作业环境提出的全封闭要求。

电梯井应每间隔不大于10m设置一道平网防护层，以兜住掉下去的人。用脚手板或钢筋网会给人造成二次伤害。

防护设施的定型化、工具化。所谓防护设施的定型化、工具化是指临边和洞口处的防护栏杆和防护门应改变过去随意性和临时观念，制作成定型的、工具式的，以便重复使用。这既可保证安全可靠，又做到方便经济。

"三宝"与"四口"施工现场安全检查：在施工现场进行日常安全检查时，"三宝"与"四口"两者之间没有有机的联系，但因这两部分防护做得不好，在施工现场引起的伤亡事故是相互交叉的，既有高处坠落事故又有物体打击事故。因此，在《建筑施工安全检查标准》JGJ 59—2011 中将这两部分内容放在一张检查表内，但不设保证项目。我们利用《建筑施工安全检查标准》标准中的附表 B.13《高处作业检查评分表》进行日常检查评价。

## （八）危险性较大的分部分项工程的安全管理

为了进一步规范和加强对危险性较大的分部分项工程的安全管理，2009 年 5 月，住房和城乡建设部颁发了《危险性较大的分部分项工程安全管理办法》（建质 [2009] 87 号），这是对 2004 年颁发的《危险性较大工程安全专项施工方案编制及专家论证审查办法》的补充和修订。

### 1. 相关概念

危险性较大的分部分项工程是指建筑工程在施工过程中存在的、可能导致作业人员群死群伤或造成重大不良社会影响的分部分项工程。

危险性较大的分部分项工程安全专项施工方案（以下简称"专项方案"），是指施工单位在编制施工组织（总）设计的基础上，针对危险性较大的分部分项工程单独编制的安全技术措施文件。

所以对施工现场分部分项工程施工安全技术措施的落实最重要的就是做好危险性较大的分部分项工程专项方案的控制和管理。

## 2. 管理制度的建立

(1) 建设单位在申请领取施工许可证或办理安全监督手续时,应当提供危险性较大的分部分项工程清单和安全管理措施。

(2) 施工单位、监理单位应当建立危险性较大的分部分项工程安全管理制度。

(3) 各地住房和城乡建设主管部门应当根据本地区实际情况,制定专家资格审查办法和管理制度并建立专家诚信档案,及时更新专家库。

(4) 建设单位未按规定提供危险性较大的分部分项工程清单和安全管理措施,未责令施工单位停工整改的,未向住房和城乡建设主管部门报告的;施工单位未按规定编制、实施专项方案的;监理单位未按规定审核专项方案或未对危险性较大的分部分项工程实施监理的,住房和城乡建设主管部门应当依据有关法律法规予以处罚。

## 3. 安全专项施工方案的管理

(1) 施工单位应当在危险性较大的分部分项工程施工前编制专项方案;对于超过一定规模的危险性较大的分部分项工程,施工单位应当组织专家对专项方案进行论证。

(2) 专项方案应当由施工单位技术部门组织本单位施工技术、安全、质量等部门的专业技术人员进行审核。经审核合格的,由施工单位技术负责人签字。实行施工总承包的,专项方案应当由总承包单位技术负责人及相关专业承包单位技术负责人签字。不需专家论证的专项方案,经施工单位审核合格后报监理单位,由项目总监理工程师审核签字。

(3) 超过一定规模的危险性较大的分部分项工程专项方案应当由施工单位组织召开专家论证会。实行施工总承包的,由施工总承包单位组织召开专家论证会。

(4) 施工单位应当严格按照专项方案组织施工,不得擅自修改、调整专项方案。

(5) 专项方案实施前,编制人员或项目技术负责人应当向现场管理人员和作业人员进行安全技术交底。

## 4. 安全专项施工方案的编制内容

(1) 管理要求

根据国务院令第 393 号《建设工程安全生产管理条例》、《建筑施工安全检查标准》JGJ 59—2011 和《危险性较大的分部分项工程管理办法》(建质〔2009〕87 号文)的规定,对专业性强、危险性大的施工项目,如基坑支护与降水工程、土方开挖工程、模板工程、起重吊装工程、脚手架工程、拆除与爆破工程,以及国务院建设行政主管部门或其他有关部门规定的其他危险性较大的工程,如:垂直运输设备的拆装等,应单独编制专项安全技术方案。其中超出一定范围的危险性较大的分部分项工程,比如深基坑高大模板工程等的专项施工方案,企业应组织专家进行论证。

企业对专项安全技术方案的编制内容、审批程序、权限等应有具体规定。

专项安全技术方案的编制必须结合工程实际,针对不同的工程特点,从施工技术上采取措施保证安全;针对不同的施工方法、施工环境,从防护技术上采取措施保证安全;针对所使用的各种机械设备,从安全保险的有效设置方面采取措施保证安全。

(2) 安全专项施工方案编制应当包括以下内容：

1) 工程概况：危险性较大的分部分项工程概况、施工平面布置、施工要求和技术保证条件。

2) 编制依据：相关法律、法规、规范性文件、标准、规范及图纸（国标图集）、施工组织设计等。

3) 施工计划：包括施工进度计划、材料与设备计划。

4) 施工工艺技术：技术参数、工艺流程、施工方法、检查验收等。

5) 施工安全保证措施：组织保障、技术措施、应急预案、监测监控等。

6) 劳动力计划：专职安全生产管理人员、特种作业人员等。

7) 计算书及相关图纸。

## 5. 检查落实的措施

(1) 各单位是否建立分部分项工程管理制度。

(2) 安全专项施工方案编审程序是否符合要求。

(3) 需要进行专家论证分部分项工程的专项方案专家论证程序是否规范，所选专家是否在本省专家库范围内，专家认证的主要内容是否准确。

专家论证的主要内容：专项方案内容是否完整、可行；专项方案计算书和验算依据是否符合有关标准规范；安全施工的基本条件是否满足现场实际情况。专项方案经论证后，专家组应当提交论证报告，对论证的内容提出明确的意见，并在论证报告上签字。该报告作为专项方案修改完善的指导意见。

(4) 施工单位是否指定专人对专项方案实施情况进行现场监督和按规定进行监测。发现不按照专项方案施工的，是否按要求对其立即整改；发现有危及人身安全紧急情况的，是否立即组织作业人员撤离危险区域。

(5) 施工单位技术负责人是否定期巡查专项方案实施情况。

(6) 对于按规定需要验收的危险性较大的分部分项工程，施工单位和监理单位是否组织有关人员进行验收。

(7) 监理单位是否将危险性较大的分部分项工程列入监理规划和监理实施细则，是否针对工程特点、周边环境和施工工艺等，制定安全监理工作流程、方法和措施。

(8) 监理单位是否对专项方案实施情况进行现场监理；对不按专项方案实施的，是否责令整改。

(9) 专项方案实施前，编制人员或项目技术负责人是否向现场管理人员和作业人员进行了安全技术交底。

(10) 专项方案实施过程中的危险性较大的作业行为必须列入危险作业管理范围，作业前，必须办理作业申请，明确安全监控人，实施监控，并有监控记录。安全监控人必须经过岗位安全培训。建筑施工企业负责人及项目负责人也要履行施工现场带班的有关监督检查职责。

## 6. 有关表格

有关表格见表9-5～表9-7所列。

**危险性较大的分部分项工程清单（专项施工方案）报审** 表 9-5

| 工程名称： |
| --- |
| 致＿＿＿＿＿＿＿＿＿＿＿＿＿＿＿＿（监理单位）：<br>　　我单位已对该工程中危险性较大的分部分项工程清单和超过一定规模的危险性较大的分部分项工程清单进行确认，请予以审查。<br>　　我单位已经编写了＿＿＿＿＿＿＿＿＿＿＿＿＿＿＿＿（分部分项工程）的专项施工方案，并经我单位（具有法人资格单位）的技术负责人批准，请予以审查。<br>附：1. 危险性较大的分部分项工程清单<br>　　2. 超过一定规模的危险性较大的分部分项工程清单<br>附：专项施工方案<br><br>　　　　　　　　　　　　　　　　　　　　　　　　施工单位项目经理部（章）<br>　　　　　　　　　　　　　　　　　　　　　　　　项目负责人：＿＿＿＿＿＿＿＿＿＿<br>　　　　　　　　　　　　　　　　　　　　　　　　日　　　期：＿＿＿＿＿＿＿＿＿＿ |
| 审查意见：<br><br><br>　　　　　　　　　　　　　　　　　　　　　　　　监理工程师：＿＿＿＿＿＿＿＿＿＿<br>　　　　　　　　　　　　　　　　　　　　　　　　日　　　期：＿＿＿＿＿＿＿＿＿＿ |
| 审核意见：<br><br><br>　　　　　　　　　　　　　　　　　　　　　　　　监理单位项目监理部（章）<br>　　　　　　　　　　　　　　　　　　　　　　　　总监理工程师：＿＿＿＿＿＿＿＿＿＿<br>　　　　　　　　　　　　　　　　　　　　　　　　日　　　　期：＿＿＿＿＿＿＿＿＿＿ |

**危险性较大的分部分项工程验收** 表 9-6

| 工程名称： |
| --- |
| 　　致＿＿＿＿＿＿＿＿＿＿＿＿＿＿＿＿（监理单位）：<br>　　我单位已对＿＿＿＿＿＿＿＿＿＿＿＿＿＿＿＿（分部分项工程）进行了自检，并自检验收合格，现上报请予以验收。<br>附：1. ＿＿＿＿＿＿＿＿＿＿＿＿＿＿（分部分项工程）自检验收表<br>　　2. 主要材料产品合格证或检验检测证<br>　　3. 特种作业人员操作资格证<br><br>　　　　　　　　　　　　　　　　　　　　　　　　施工单位项目经理部（章）<br>　　　　　　　　　　　　　　　　　　　　　　　　项目负责人：＿＿＿＿＿＿＿＿＿＿<br>　　　　　　　　　　　　　　　　　　　　　　　　日　　　期：＿＿＿＿＿＿＿＿＿＿ |
| 验收意见：<br><br><br>　　　　　　　　　　　　　　　　　　　　　　　　监理工程师：＿＿＿＿＿＿＿＿＿＿<br>　　　　　　　　　　　　　　　　　　　　　　　　日　　　期：＿＿＿＿＿＿＿＿＿＿ |
| 验收意见：<br><br><br>　　　　　　　　　　　　　　　　　　　　　　　　监理单位项目监理部（章）<br>　　　　　　　　　　　　　　　　　　　　　　　　总监理工程师：＿＿＿＿＿＿＿＿＿＿<br>　　　　　　　　　　　　　　　　　　　　　　　　日　　　　期：＿＿＿＿＿＿＿＿＿＿ |

危险性较大的分部分项工程监理巡视检查记录　　　　　　表 9-7

| 工程名称： |
| --- |
| 危险性较大的分部分项工程： |
| 检查部位及实施情况： |
| 存在问题： |
| 处理意见： |
| 监理单位项目监理部（章）<br>监 理 工 程 师：_____<br>总监理工程师：_____<br>日　　　　　期：_____ |

# （九）劳动防护用品的安全管理

## 1. 劳动防护用品

劳动防护用品，是指保护劳动者在生产过程中的人身安全与健康所必备的一种防御性装备，对于减少职业危害起着相当重要的作用。

劳动防护用品按照防护部位分为九类：

（1）头部护具类。是用于保护头部，防撞击、挤压伤害、防物料喷溅、防粉尘等的护具。主要有玻璃钢、塑料、橡胶、玻璃、胶纸、防寒和竹藤安全帽以及防尘帽、防冲击面罩等。

（2）呼吸护具类。是预防尘肺和职业病的重要护品。按用途分为防尘、防毒、供养三类，按作用原理分为过滤式、隔绝式两类。

（3）眼防护具。用以保护作业人员的眼睛、面部，防止外来伤害。分为焊接用眼防护具、炉窑用眼防护具、防冲击眼防护具、微波防护具、激光防护镜以及防 X 射线、防化学、防尘等眼防护具。

（4）听力护具。长期在 90dB（A）以上或短时在 115dB（A）以上环境中工作时应使用听力护具。听力护具有耳塞、耳罩和帽盔三类。

（5）防护鞋。用于保护足部免受伤害。目前主要产品有防砸、绝缘、防静电、耐酸碱、耐油、防滑鞋等。

（6）防护手套。用于手部保护，主要有耐酸碱手套、电工绝缘手套、电焊手套、防 X 射线手套、石棉手套等。

（7）防护服。用于保护职工免受劳动环境中的物理、化学因素的伤害。防护服分为特殊防护服和一般作业服两类。

（8）防坠落护具。用于防止坠落事故发生。主要有安全带、安全绳和安全网。

（9）护肤用品。用于外露皮肤的保护，分为护肤膏和洗涤剂。

在目前各产业中，劳动防护用品都是必须配备的。根据实际使用情况，应按时间更换。在发放中，应按照工种不同分别发放，并保存台账。

## 2. 劳动防护用品配备标准

（1）为了指导用人单位合理配备、正确使用劳动防护用品，保护劳动者在生产过程中的安全和健康，确保安全生产，国家经贸委依据《中华人民共和国劳动法》，组织制定了《劳动防护用品配备标准（试行）》（国经贸安全 [2000] 189 号）。

（2）标准有关规定

1）标准中劳动防护用品，是指在劳动过程中为保护劳动者的安全和健康，由用人单位提供的必需物品。用人单位应指导、督促劳动者在作业时正确使用。

2）国家对特种劳动防护用品实施安全生产许可证制度。用人单位采购、发放和使用的特种劳动防护用品必须具有安全生产许可证、产品合格证和安全鉴定证。

3）用人单位应建立和健全劳动防护用品的采购、验收、保管、发放、使用、更换、报废等管理制度。安技部门应对购进的劳动防护用品进行验收。

4）标准参照《中华人民共和国工种分类目录》，选择了 116 个工种为典型工种，其他工种的劳动防护用品的配备，可参照附录 B《相近工种对照表》确定。

5）标准参照国家标准《个体防护装备选用规范》GB/T 11651—2008，根据各工种的劳动环境和劳动条件，配备具有相应安全、卫生性能的劳动防护用品，用标有代表各种防护性能的字母表示（如 cc、fg、hw 等，详见《防护性能字母对照表》）。标准中工作服的材质、式样和颜色必须符合有关工种操作安全的要求。

6）凡是从事多种作业或在多种劳动环境中作业的人员，应按其主要作业的工种和劳动环境配备劳动防护用品。如配备的劳动防护用品在从事其他工种作业时或在其他劳动环境中确实不能适用的，应另配或借用所需的其他劳动防护用品。

7）标准要求为一部分工种的作业人员配备防尘口罩，纱布口罩不得作防尘口罩使用。

8）防毒护具的发放应根据作业人员可能接触毒物的种类，准确地选择相应的滤毒罐（盒），每次使用前应仔细检查是否有效，并按国家标准规定，定时更换滤毒罐（盒）。

9）标准中将帆布、纱、绒、皮、橡胶、塑料、乳胶等材质制成的手套统称为"劳防手套"，用人单位应根据劳动者在作业中防割、磨、烧、烫、冻、电击、静电、腐蚀、浸水等伤害的实际需要，配备不同防护性能和材质的手套。

10）本标准中的"护听器"是耳塞、耳罩和防噪声头盔的统称，用人单位可根据作业场所噪声的强度和频率，为作业人员配备。

11）绝缘手套和绝缘鞋除按期更换外，还应做到每次使用前做绝缘性能的检查和每半年做一次绝缘性能复测。

12）对眼部可能受铁屑等杂物飞溅伤害的工种，使用普通玻璃镜片受冲击后易碎，会引起佩戴者眼睛间接受伤，必须佩戴防冲击眼镜。

13）生产管理、调度、保卫、安全检查以及实习、外来参观者等有关人员，应根据其经常进入的生产区域，配备相应的劳动防护用品。

14）在生产设备受损或失效时，有毒有害气体可能泄漏的作业场所，除对作业人员配备常规劳动防护用品外，还应在现场醒目处放置必需的防毒护具，以备逃生、抢救时应急便用。用人单位还应有专人和专门措施，保护其处于良好待用状态。

15）建筑、桥梁、船舶、工业安装等高处作业场所必须按规定架设安全网，作业人员根据不同的作业条件合理选用和佩戴相应种类的安全带。

16）考虑到一个工种在不同企业中可能会有不同的作业环境、不同的实际工作时间和不同的劳动强度，以及各省市气候环境、经济条件的差异，本标准对各工种规定的劳动防护用品配备种类是最低配备标准，对劳动防护用品的使用期限未作具体规定，由省级安全生产综合管理部门在制定本省的配备标准时，根据实际情况增发必需的劳动防护用品，并规定使用期限。

17）对未列入本标准的工种，各省级安全生产综合管理部门在制定本省的配备标准时，应根据实际情况配备规定的劳动防护用品。

（3）建筑施工现场涉及的工种所需要配备的劳动防护用品表9-8为配备依据。

**劳动防护用品配备标准**（试行） 表9-8

| 序号 | 典型工种 \ 防护用品 使用期限（月） | 工作服（套） | 工作帽（顶） | 工作鞋（双） | 劳防手套（副） | 防寒服（套） | 雨衣（件） | 胶鞋（双） | 眼护具（副） | 防尘口罩（只） | 防毒护具（副） | 安全帽（顶） | 安全带（套） | 护听器（副） |
|---|---|---|---|---|---|---|---|---|---|---|---|---|---|---|
| 4 | 仓库保管工 | 24 | 24 | 18fz | 2 | | 36 | | | | | | | |
| 10 | 带锯工 | 24 | 24 | 12fz | 1fg | 36 | 24 | 12 | 24cj | 1 | | | | 3 |
| 11 | 铸造工 | 18zr | 18zr | 12fz | 1fz | 36 | | | 24hwcj | 1 | | 备 | | |
| 12 | 电镀工 | 18sj | 18sj | 18fz sj | 12sj | 36 | | | 12cj | 24fy | 备 | | | |
| 13 | 喷砂工 | 18 | 18 | 18fz | 1 | 36 | 24 | | 12jf | 24cj | 1 | 备 | | |
| 14 | 钳工 | 24 | 24 | 18fz | 1 | 36 | | | 24cj | | | 备 | | |
| 15 | 车工 | 24 | 24 | 18fz | | | | | 24cj | | | | | |
| 16 | 油漆工 | 18 | 18 | 18 | 1 | 36 | | | | | 备 | | | |
| 17 | 电工 | 24 | 24 | 12fz jy | 1jy | 36 | | | | | | 24 | | |
| 18 | 电焊工 | 18zr | 18zr | 18fz | 1 | 36 | | | 12hj | | | 24 | | |
| 19 | 冷作工 | 18 | 18 | 18fz | 1 | 36 | | | 24cj | | | | | |
| 20 | 绕线工 | 18 | 18 | 24fz | 1 | | | | 24fy | | | | | |
| 21 | 电机（汽机）装配工 | 18 | 18 | 18fz | 1 | | | | | | | 24 | | |
| 22 | 制铅粉工 | 18sj | 18 | 18fz sj | 1sj | 36 | | | 24fy | 1 | 备 | | | |
| 23 | 仪器调修工 | 18 | 18 | 24fz | 1 | | | | | | | | | |
| 24 | 势力运行工 | 24zr | 24 | 24fz | | 36 | | | | | | 备 | | |
| 25 | 电系操作工 | 18 | 18 | 18fz jy | 1jy | 36 | 12 | | 12jf jy | | | 24 | 24 | |
| 26 | 开挖钻工 | 12 | 12 | 12fz | 1/2 | 24 | 24 | | 12jf | 12cj | 1 | 备 | | 6 |
| 27 | 河道修防工 | 18 | 18 | 18 | 1/2 | 36 | 24 | | 12jf | | | | | |
| 28 | 木工 | 18 | 18 | 18fz cc | 1 | 36 | 24 | 18 | 12cj | 1 | | 备 | | |
| 29 | 砌筑工 | 12 | 12 | 12fz cc | 1/2 | 24 | 24 | | 12jf | | 2 | 24 | | |
| 30 | 泵站操作工 | 24 | 24 | 24fz | 1fs | 36 | 24 | 12 | | | | | | |
| 31 | 安装超重工 | 18 | 18 | 18fz | 1/2 | 36 | 24 | | 12jf | | | 24 | 备 | |
| 32 | 筑路工 | 12 | 12 | 12fz | 1/2 | 24 | 24 | | 12jf | 12fy | 1 | 24 | | 12 |

续表

| 序号 | 防护用品<br>使用期限（月）<br>典型工种 | 工作服（套） | 工作帽（顶） | 工作鞋（双） | 劳防手套（副） | 防寒服（套） | 雨衣（件） | 胶鞋（双） | 眼护具（副） | 防尘口罩（只） | 防毒护具（副） | 安全帽（顶） | 安全带（套） | 护听器（副） |
|---|---|---|---|---|---|---|---|---|---|---|---|---|---|---|
| 33 | 下水道工 | 18 | 18 | 12 | 1/2fs | 36 | 18 | 12 | 12fy | | 12 | 24 | | |
| 34 | 沥青加工工 | 18 | 18 | 12fz | 1/2fs | 36 | 12 | 12jf | 12fy | | 12 | 24 | | |
| 37 | 道路清扫工 | 18 | 18 | 12 | 1/2 | 36 | 12 | 12 | | 1 | | | | |
| 38 | 配料工 | 18 | 18 | 12fz | 1/2 | 36 | | | 12 | 1 | | 24 | | |
| 39 | 炉前工 | 12zr | 12zr | 12fz | 1/2zr | 36 | | | 12hw | 1 | | 24 | | |
| 41 | 拉丝工 | 18 | 18 | 18fz | 1/2 | 36 | | | 12cj | | | | | |
| 42 | 碳素制品加工工 | 12 | 12 | 18fz | 1 | 48 | | | 12 | 1 | | | | |
| 45 | 挡车工 | 24 | 24 | 12 | | | | | | | | | | |
| 47 | 电光源导丝制造工 | 18 | 18 | 18fz | 1 | | | | 12 | | | | | |
| 48 | 油墨颜料制作工 | 12 | 12 | 12fz ny | 1ny | | | | | | 12 | | | |
| 52 | 塑料注塑工 | 18 | 18 | 18fz | 1 | | | | | | | | | |
| 53 | 工具装配工 | 18 | 18 | 18fz cc | 1 | | | | 12 | | | | | |
| 54 | 试验工 | 24 | 24 | 18 | | | | | | | | | | |
| 55 | 机车司机 | 18 | 18 | 18 | 1 | 36 | 24 | | 12 | | | | | |
| 56 | 汽车驾驶员 | 24 | 24 | 24 | 3 | 48 | 24 | 24 | 24zw | | | | | |
| 57 | 汽车维修工 | 18 | 18 | 18fz | 1 | 36 | 24 | 18 | 12fy | | | | | |
| 61 | 中小型机械操作工 | 24 | 24 | 18fz | 1 | 48 | 24 | | 12jf | 1 | | 24 | | |
| 63 | 水泥制成工 | 18 | 18 | 18fz | 1 | 36 | | | 12jf | 24fy | 1 | | | |
| 65 | 玻璃切裁工 | 18 | 18 | 18fz | 1fg | 36 | | | 12cj | 1 | | | | |
| 66 | 玻纤拉丝工 | 12 | 12 | 12fz | | 36 | | | 12 | | | | | |
| 67 | 玻璃钢压型工 | 18 | 18 | 18fz | 1 | 48 | | | 18jf | 12 | 1 | 12 | | |
| 68 | 砖瓦成型工 | 12 | 12 | 12fz | 1 | 36 | 12 | 12jf | | 1 | | | | |
| 69 | 包装工 | 12 | 12 | 12fz | 1 | | | | | | | | | |
| 73 | 计算机调试工 | 24 | 24 | 24 | | | | | | | | | | |
| 75 | 配液工 | 12sj | 12sj | 12sj | 1sj | 36 | | | 12 | 1 | | | | |
| 76 | 挤压工 | 18 | 18 | 18fz ny | 1 | 36 | | | 12cj | | | 24 | | |
| 77 | 研磨工 | 18 | 18 | 18fz | 1 | 36 | | | 12 | 1 | | | | |
| 82 | 检验工 | 24 | 24 | 24fz | 1 | 48 | | | 12 | 1 | | | | |
| 87 | 釉料工 | 18 | 18 | 12 | 1 | | | | | | | | | |
| 93 | 建筑石膏制备工 | 18 | 18 | 18fz | 1 | 36 | 24 | 12 | | 1 | | | | |
| 94 | 塔台集中控制机务员 | 24 | 24 | 24 | | | | | | | | | | |
| 96 | 长度量具计量检定工 | 24 | 24 | 24 | | | | | | | | | | |
| 98 | 天文测量工 | 18 | 18 | 18 | | 36 | 12 | 12 | 12fy | | | | | |
| 106 | 中式烹调师 | 18 | 18 | 18 | | | 18 | | | | | | | |
| 111 | 制粉清理工 | 18 | 18 | 18 | 1 | | | | 12 | 1 | | | | |
| 112 | 化工操作工 | 18sj | 18sj | 18fz sj | 1sj | 36 | | | 12 | 1 | | | | |
| 113 | 化纤操作工 | 24 | 24 | 12 | 1 | | | | | | | | | |
| 114 | 超声探伤工 | 18ff | 18ff | 12fz | 1fs | 36 | | | | | | | | |
| 116 | 调剂工 | 12 | 12 | 12 | 1 | | | | 12 | | | | | |

## 3. "三宝"

"三宝"是指安全帽、安全带和安全网。

## 4. 安全帽

安全帽是对人体头部受外力伤害（如物体打击）起防护作用的帽子。安全帽防护的主要作用是当物体打击、高处坠落、机械损伤、污染等伤害因素发生时，安全帽的各个部件通过变形和合理的破坏，将冲击力分解、吸收。

（1）安全帽的组成与分类

安全帽主要由帽壳、帽衬、下颏带及附件等组成。帽壳包括帽舌、帽檐、顶筋、透气孔、插座等。帽衬是帽壳内部部件的总称。包括帽箍、顶带、护带、吸汗带、衬垫及拴绳等。

安全帽的分类。1）按材料分类：塑料、玻璃钢、橡胶、植物编织、铝合金和纸胶。2）按帽檐分类：50～70mm、30～50mm、0～30mm。3）按作业场所分类：一般作业类和特殊作业类，如低温、火源、带电作业等。

（2）安全帽的技术性能要求

1）冲击吸收性能

冲击吸收性能是指安全帽在受到坠落物冲击时对冲击能量的吸收能力。较好的安全帽在冲击吸收过程中能将所承受的冲击能力吸收80%～90%，使作用到人体上的冲击力降到最低，以达到最佳的保护效果。

冲击吸收指标的制定是以人体颈椎能够承受的最大冲击力为依据的。因此，《安全帽测试方法》GB/T 2812—2006规定：经高温、低温、浸水紫外线照射顶部处理后，用5kg钢锤自1m高度自由落下做冲击测试，传递到木制头模上的冲击力不超过4900N，帽壳不得有碎片脱落。

2）耐穿刺性能

耐穿刺性能是安全帽受到带尖角的坠物冲击时抗穿透的能力。这是对帽壳强度的检验。这就要求帽壳材料具有较好的强度和韧性，使安全帽在受到尖锐坠落物冲击时不会因帽壳太软而穿透，也不会因帽壳太脆而破裂。以防坠物扎伤人体头部。

《安全帽测试方法》GB/T 2812—2006规定：经高温、低温、浸水紫外线照射顶部处理后，用3kg钢锥自1m高度自由落下进行穿刺测试，钢锥不得接触到头模表面，帽壳不得有碎片脱落。

对一般作业安全帽而言，在其尺寸、质量、标识等方面均达到国家标准要求的前提下，冲击吸收性能和耐穿刺性能两项都合格者判为合格产品，两项之中有一项不合格则判为不合格产品。

（3）安全帽的尺寸和重量要求

1）安全帽的尺寸要求

安全帽的尺寸要求有10项，分别为帽壳内部尺寸、帽舌、帽檐、帽箍、垂直间距、佩戴高度和水平间距等。其中垂直间距和佩戴高度是安全帽的两个重要尺寸要求。垂直间距是安全帽佩戴时头顶与帽顶之间的垂直距离。塑料衬为25～50mm，棉织或化纤带衬为30～50mm。佩戴高度是安全帽在佩戴时，帽箍底边至头顶部的垂直距离，应为80～90mm，垂直间距太小，直接影响安全帽的冲击吸收性能，佩戴高度太小直接影响安全帽佩戴的稳定性。

任何一项不符合要求都直接影响安全帽的防护作用。

2) 安全帽的重量要求

在保护良好的技术性能的前提下安全帽的重量越轻越好，以减轻佩戴者头颈部的负担。小沿、中沿和卷沿安全帽的总重量不应超过430g，大沿安全帽不应超过460g。

(4) 安全帽的选择和使用

1) 安全帽的选用：①查看安全帽标志：在安全帽上应有合格证、安全鉴定证，并有以下永久性标识：生产厂名、商标和型号、制造年、月；生产合格证和检验证；生产许可证编号。②选购安全帽时应检查其生产许可证编号、产品合格证和有效期等证书。③做外观质量检查。如帽壳和帽衬的用材是否厚实，是否光洁；各部件装配连接是否牢固；帽壳颜色是否均匀；帽箍调节是否活络等。

2) 安全帽的使用：①在使用前一定要检查安全帽是否有裂纹、碰伤痕迹、凹凸不平、磨损（包括对帽衬的检查），安全帽上如存在影响其性能的明显缺陷就应及时报废，以免影响防护作用。②不能随意在安全帽上拆卸或添加附件，以免影响其原有的防护性能。③不能随意调节帽衬的尺寸。安全帽的内部尺寸如垂直间距、佩戴高度、水平间距，标准中是有严格规定的，这些尺寸直接影响安全帽的防护性能，使用者一定不能随意调节，否则，落物冲击一旦发生，安全帽会因佩戴不牢脱出或因冲击触顶而起不到防护作用，直接伤害佩戴者。④使用时一定要将安全帽戴正、戴牢，不能晃动，要系紧下颚带，调节好后箍以防安全帽脱落。⑤不能私自在安全帽上打孔，不要随意碰撞安全帽，不要将安全帽当板凳坐，以免影响其强度。⑥受过一次强冲击或做过试验的安全帽不能继续使用，应予以报废。⑦安全帽不能放置在有酸、碱、高温、日晒、潮湿或化学试剂的场所，以免其老化或变质。⑧应注意使用在有效期内的安全帽。安全帽使用期应从制造完成时算起。一般塑料安全帽的使用期不超过两年半、玻璃钢（维纶钢）安全帽的使用期限为三年半。到期后使用单位必须到有关部门进行抽查测试，合格后方可继续使用，否则该批安全帽即报废。

## 5. 安全带

(1) 安全带的组成与分类

1) 安全带的组成

安全带是由带子、绳子和金属配件组成。安全绳是安全带上保护人体不坠落的系绳。吊绳是自锁钩使用的绳，要预先挂好。垂直、水平和倾斜均可。自锁钩在绳上可自由移动，能适应不同作业点工作。自锁钩是装有自锁装置的钩，在人体坠落时，能立即卡住吊绳，防止坠落。

2) 安全带的分类：①围杆作业安全带。适用于电工、电信工及园林工等杆上作业。②悬挂作业安全带。适用建筑、造船及安装等企业。③攀登作业安全带。适用于各种攀登作业。

(2) 安全带的质量要求

1) 安全带必须到劳保定点专店采购，并符合国家《安全带》GB 6095—2009、《安全带测试方法》GB/T 6096—2009 的规定，即金属配件上有厂家代号；带体上有永久字样的商标、合格证、检验证；安全绳上加有色线代表生产厂；合格证应注明：制造厂家名称、产品名称、生产日期，拉力试验 4412.7N，冲击重量 100kg 等。

2) 安全带和绳必须由是锦纶、维纶、蚕丝等料制成的，金属配件必须是普通碳素钢或是铝合金钢。

3) 包裹绳子的套，必须是皮革、维纶或橡胶制的。

4) 腰带宽度为 40~50mm，长度为 1300~1600mm，必须是一整根。

5) 护腰带宽度不小于 80mm，长度应为 600~700mm，带子与腰部接触处应设有柔软材料，并用轻革或织带包好，保证边缘圆滑无角。

6) 带子缝合线处必须有直径大于 4.5mm 的光洁金属铆钉一个，下垫皮革和金属垫圈。

7) 安全绳直径不小于 13mm，吊绳或围杆绳直径不小于 16mm。电焊工使用的悬挂绳全部加套。

8) 金属钩必须有保险装置。自锁的钩体和钩舌的咬口必须平整，不得偏斜。

9) 金属配件圆环、半圆环、三角环、品字环、8字环、三道联等不得有焊接、麻点、裂纹，边缘呈圆弧形。

(3) 安全带的正确使用

1) 根据行业性质，工种的需要选择符合特定使用范围的安全带。如架子工、油漆工、电焊工种选用悬挂作业安全带，电工选用围杆作业安全带，在不同岗位应注意正确选用。

2) 安全带应高挂低用，使用大于 3m 长绳应加缓冲器（除自锁钩用吊绳外），并要防止摆动碰撞。

3) 安全绳不准打结使用。更不准将钩直接挂在安全绳上使用，钩子必须挂在连接环上用。

4) 在攀登和悬空等作业中，必须佩戴安全带并有牢靠的挂钩设施。严禁只在腰间佩戴安全带，不在固定的设施上拴挂钩环。

5) 油漆工刷外开窗、电焊工焊接梁柱（屋架）、架子工搭（拆）架子等都必须佩戴安全带，并将安全带挂在牢固的地方。

6) 在无法就接挂设安全带的地方，应设置挂安全带的安全拉绳、安全栏杆等。

(4) 安全带使用中的注意事项

1) 安全带上的各种部件不得任意拆掉，当需要换新绳时要注意加绳套。

2) 使用频繁的绳，要经常做外观检查，发现异常时应立即更换新绳，带子使用期为 3~5年，发现异常应提前报废。但使用 2 年后，按批量购入情况，必须抽验一次。如做悬挂式安全带冲击试验时，以 80g 重量做自由坠落试验，若不破断，可使用。围杆带做静负荷试验，以 2206N 拉力拉 5min 无破断可继续使用。对已抽试过的样带，应更换安全绳后才能继续使用。

3) 安全带应储藏在干燥、通风的仓库内，妥善保管，不可接触高温、明火、强酸、强碱和尖锐的坚硬物体，更不准长期暴晒雨淋。

## 6. 安全网

安全网是用来防止人、物坠落或用来避免、减轻坠落及物体打击伤害的网具。目前建筑工地所使用的安全网，按形式及其作用可分为平网和立网两种。由于这两种网使用中的受力情况不同，因此它们的规格、尺寸和强度要求等也有所不同。平网，指其安装平面平行于水平面，主要用来承接人和物的坠落；立网，指其安装平面垂直于水平面，主要用来阻止人和物的坠落。

(1) 安全网的构造和材料

安全网的材料，要求其比重小、强度高、耐磨性好、延伸率大和耐久性较强。此外还应有一定的耐气候性能，受潮受湿后其强度下降不太大。目前，安全网以化学纤维为主要材料。同一张安全网上所有的网绳，都要采用同一材料，所有材料的湿干强力比不得低于75%。通常，多采用维纶和尼龙等合成化纤作网绳。丙纶由于性能不稳定，禁止使用。此外，只要符合国际有关规定的要求，亦可采用棉、麻、棕等植物材料作原料。不论用何种材料，每张安全平网的重量一般不宜超过15kg，并要能承受800N的冲击力。

(2) 密目式安全网

《建筑施工安全检查标准》JGJ 59—2011 规定，P3×6 的大网眼的安全平网就只能在电梯井、外脚手架的跳板下面、脚手架与墙体间的空隙等处使用，密目式安全网的目数为在网上任意一处的 10cm×10cm＝100cm 的面积上，大于2000目。目前，生产密目式安全网的厂家很多，品种也很多，产品质量也参差不齐，为了能使用合格的密目式安全网，施工单位采购来以后，可以做现场试验，除外观、尺寸、重量、目数等的检查以外，还要做以下两项试验：

1) 贯穿试验。将 1.8m×6m 的安全网与地面成 30°夹角放好，四边拉直固定。在网中心的上方 3m 的地方，用一根中 48mm×3.5mm 的 5kg 重的钢管，自由落下，网不贯穿，即为合格，网贯穿，即为不合格。

2) 冲击试验。将密目式安全网水平放置，四边拉紧固定。在网中心上方 1.5m 处，有一个 100kg 重的砂袋自由落下，网边撕裂的长度小于 200mm，即为合格。

用密目式安全网对在建工程外围及外脚手架的外侧全封闭，密目式安全立网应张挂在脚手架外立杆内侧。安装时，间距≤450mm 的每个环扣都必须穿入断裂绳力不小于 1.96kN 的纤维绳或金属线，绑在脚手架步距间的纵向水平杆上，网间拼接严密，随脚手架搭放高度及时安装（张挂），形成全封闭的安全防护网。

高层建筑外脚手架、既有建筑外墙改造工程外脚手架、临时疏散通道的安全防护网采用阻燃型安全防护网。

(3) 安全网防护

1) 高处作业点下方必须设安全网。凡无外架防护的施工，必须在高度 4~6m 处设一层水平投影外挑宽度不小于 6m 的固定的安全网，每隔四层楼再设一道固定的安全网，并同时设一道随墙体逐层上升的安全网。

2) 施工现场应积极使用密目式安全网，架子外侧、楼层邻边井架等处用密目式安全网封闭栏杆，安全网放在杆件里侧。

3）单层悬挑架一般只搭设一层脚手板为作业层，故须在紧贴脚手板下部挂一道平网作防护层，当在脚手板下挂平网有困难时，也可沿外挑斜立杆的密目网里侧斜挂一道平网，作为人员坠落的防护层。

4）单层悬挑架包括防护栏杆及斜立杆部分，全部用密目网封严。多层悬挑架上搭设的脚手架，用密目网封严。

5）架体外侧用密目网封严。安装时，网上每个环扣都应用断裂强力不小于1960N的系绳固定在支撑物上，做到打结方便、牢固可靠、易于拆除。

6）安全网做防护层必须封挂严密牢靠，密目网用于立网防护，水平防护时必须采用平网，不准用立网代替平网。

7）安全网必须有产品生产许可证和质量合格证，不准使用无证不合格产品。

8）安全网若有破损、老化应及时更换。

9）安全网与架体连接不宜绷得太紧，系结点要沿边分布均匀、绑牢。

## 7. "三宝"与"四口"施工现场安全检查

在施工现场进行日常安全检查时，"三宝"与"四口"两者之间没有有机的联系，但因这两部分防护做得不好，在施工现场引起的伤亡事故是相互交叉的，既有高处坠落事故又有物体打击事故。因此，在《建筑施工安全检查标准》JGJ 59—2011中这些内容统一归入高处作业检查表中，我们要按标准附表B.13《高处作业检查评分表》进行日常检查评价。

# 十、组织实施项目作业人员的安全教育培训

## （一）根据施工项目安全教育管理规定制定工程项目安全培训计划

**1. 安全教育培训人员**

安全教育培训人员：公司安全管理人员、项目经理、安全员、特殊工种和技岗人员（包括新入场和转岗人员）。

**2. 企业员工培训工作重点**

企业员工培训工作重点是：对在施工过程中与质量、环境、职业安全健康有影响的员工进行的培训，包括新规程及规范培训、继续教育培训、特种作业培训、特殊工程培训等。

**3. 培训任务**

（1）相关员工培训

对所有新进入施工现场的员工进行职业安全健康培训；对原有部分员工进行整合型管理体系的补充培训。

（2）新规程、规范培训

对在岗的部分专业技术人员进行以新规程、规范为内容的培训。

（3）继续教育培训

对专业技术人员进行知识更新培训。

（4）特种作业人员培训

特殊岗位作业人员必须持证上岗，并定期进行培训、复检。

（5）特殊工种培训

对混凝土工、防水工、焊工进行特殊工种培训。

**4. 教育培训计划实施措施**

（1）员工培训工作是一项综合性的工作，它涉及各科室、项目部。各科室及项目部要使员工培训工作紧密地与公司生产需要相结合。

（2）培训、考核与使用相统一的制度：凡行政机关要求持证上岗的岗位，未经培训合格不准上岗；对未按要求培训的员工按公司培训管理规定处罚。

（3）各科室、项目部的主管负责员工的培训工作，要指定专人对此项工作进行日常管

理,项目部要求员工制定出实施计划方案,并对项目部工人培训实施情况监控。

## (二)组织施工现场安全教育培训

### 1. 三类人员

依据建设部《建筑施工企业主要负责人、项目负责人、专职安全生产管理人员安全生产考核管理暂行规定》(建质〔2004〕59号)的规定,为贯彻落实《安全生产法》、《建设工程安全生产管理条例》和《安全生产许可证条例》,提高建筑施工企业主要负责人、项目负责人、专职安全生产管理人员安全生产知识水平和管理能力,保证建筑施工安全生产,对建筑施工企业三类人员进行考核认定。三类人员应当经建设行政主管部门或者其他有关部门考核合格后方可任职,考核内容主要是安全生产知识和安全管理能力。

(1) 建筑施工企业主要负责人

建筑施工企业主要负责人指对本企业日常生产经营活动和对安全生产全面负责、有生产经营决策权的人员,包括企业法定代表人、经理、企业分管安全生产工作的副经理等。其安全教育的重点是:

1) 国家有关安全生产的方针政策、法律法规、部门规章、标准及有关规范性文件,本地区有关安全生产的法规、规章、标准及规范性文件;

2) 建筑施工企业安全生产管理的基本知识和相关专业知识;

3) 重、特大事故防范、应急救援措施,报告制度及调查处理方法;

4) 企业安全生产责任制和安全生产规章制度的内容、制定方法;

5) 国内外安全生产管理经验。

(2) 建筑施工企业项目负责人

建筑施工企业项目负责人指由企业法定代表人授权,负责建设工程项目管理的项目经理或负责人等。其安全教育的重点是:

1) 国家有关安全生产的方针政策、法律法规、部门规章、标准及有关规范性文件,地区有关安全生产的法规、规章、标准及规范性文件;

2) 工程项目安全生产管理的基本知识和相关专业知识;

3) 重大事故防范、应急救援措施,报告制度及调查处理方法;

4) 企业和项目安全生产责任制和安全生产规章制度内容、制定方法;

5) 施工现场安全生产监督检查的内容和方法;

6) 国内外安全生产管理经验;

7) 典型事故案例分析。

(3) 建筑施工企业专职安全生产管理人员

建筑施工企业专职安全生产管理人员指在企业专职从事安全生产管理工作的人员,包括企业安全生产管理机构的负责人及其工作人员和施工现场专职安全生产管理人员。其安全教育的重点是:

1) 国家有关安全生产的方针政策、法律法规、部门规章、标准及有关规范性文件,

本地区有关安全生产的法规、规章、标准及规范性文件;
　　2) 重大事故防范、应急救援措施,报告制度,调查处理方法以及防护、救护方法;
　　3) 企业和项目安全生产责任制和安全生产规章制度;
　　4) 施工现场安全监督检查的内容和方法;
　　5) 典型事故案例分析。

**2. 特种作业人员**

特种作业是指容易发生人员伤亡事故,对操作者本人、他人及周围设施的安全有重大危害的作业。包括:电工作业,金属焊接切割作业,起重机械(含电梯)作业,企业内机动车辆驾驶,登高架设作业,锅炉作业(含水质化验),压力容器操作,制冷作业,爆破业,矿山通风作业(含瓦斯检验),矿山排水作业(含尾矿坝作业);以及由省、自治区、直辖市安全生产综合管理部门或国务院行业主管部门提出,并经前国家经济贸易委员会批准的其他作业。如垂直运输机械作业人员、安装拆卸工、起重信号工等,都应当列为特种作业人员。

特种作业人员必须按照国家有关规定,经过专门的安全作业培训,并取得特种作业操作资格证书后,方可上岗作业。专门的安全作业培训,是指由有关主管部门组织的专门针对特种作业人员的培训,也就是特种作业人员在独立上岗作业前,必须进行与本工种相适应的、专门的安全技术理论学习和实际操作训练。经培训考核合格,取得特种作业操作资格证书后,才能上岗作业。特种作业操作资格证书在全国范围内有效,离开特种作业岗位一定时间后,应当按照规定重新进行实际操作考核,经确认合格后方可上岗作业。对于未经培训考核,即从事特种作业的,《建设工程安全生产管理条例》第六十二条规定了行政处罚;造成重大安全事故,构成犯罪的,对直接责任人员,依照刑法的有关规定追究刑事责任。

**3. 入场新工人**

1963年国务院明确规定必须对新工人进行三级安全教育,此后,建设部又多次对三级安全教育提出了具体要求。三级安全教育是每个刚进企业的新工人必须接受首次安全生产方面的基本教育,即三级安全教育。三级一般是指公司(即企业)、项目(或工程处、施工队、工区)、班组这三级。

三级安全教育一般是由企业的安全、教育、劳动、技术等部门配合进行的。受教育者必须经过考试,合格后才准予进入生产岗位;考试不合格者不得上岗工作,必须重新补课并进行补考,合格后方可工作。

加深新工人对三级安全教育的感性认识和理性认识。一般规定,在新工人上岗工作六个月后,还要进行安全知识复训,即安全再教育。复训内容可以从原先的三级安全教育的内容中有重点地选择,复训后再进行考核。考核成绩要登记到本人劳动保护教育卡上,不合格者不得上岗工作。

施工企业必须给每一名职工建立职工劳动保护(安全)教育卡,教育卡应记录包括三级安全教育、变换工种安全教育等的教育及考核情况,并由教育者与受教育者双方签字后入册,作为企业及施工现场安全管理资料备查。

(1) 公司安全教育

按建设部的规定，公司级的安全培训教育时间每年不得少于 15 学时。主要内容是：

1）国家和地方有关安全生产、劳动保护的方针、政策、法律、法规、规范、标准及规章；

2）企业及其上级部门（主管局、集团、总公司、办事处等）印发的安全管理规章制度；

3）安全生产与劳动保护工作的目的、意义等。

(2) 项目（施工现场）安全教育

按规定，项目安全培训教育时间不得少于 15 学时。主要内容是：

1）建设工程施工生产的特点，施工现场的一般安全管理规定、要求；

2）施工现场主要事故类别，常见多发性事故的特点、规律及预防措施，事故教训等；

3）本工程项目施工的基本情况（工程类型、施工阶段、作业特点等），施工中应当注意的安全事项。

(3) 班组教育

按规定，班组安全培训教育时间每年不得少于 20 学时，班组教育又称岗位教育。主要内容是：

1）本工种作业的安全技术操作要求；

2）本班组施工生产概况，包括工作性质、职责、范围等；

3）本人及本班组在施工过程中，所使用、所遇到的各种生产设备、设施、电气设备、机械、工具的性能、作用、操作要求、安全防护要求；

4）个人使用和保管的各类劳动防护用品的正确穿戴、使用方法及劳防用品的基本原理与主要功能；

5）发生伤亡事故或其他事故，如火灾、爆炸、设备及管理事故等，应采取的措施（救助抢险、保护现场、报告事故等）及要求。

## 4. 变换工种的工人

施工现场变化大，动态管理要求高，随着工程进度的进展，部分工人的工作岗位会发生变化，转岗现象较普遍。这种工种之间的互相转换，有利于施工生产的需要。但是，如果安全管理工作没有跟上，安全教育不到位，就可能给转岗工人带来伤害事故。因此，必须对他们进行转岗安全教育。根据建设部的规定，企业待岗、转岗、换岗的职工，在重新上岗前，必须接受一次安全培训，时间不得少于 20 学时，其安全教育的主要内容是：

(1) 本工种作业的安全技术操作规程；

(2) 本班组施工生产的概况介绍；

(3) 施工区域内各种生产设施、设备、工具的性能、作用、安全防护要求等。

## （三）组织各种形式的安全教育活动

### 1. 经常性教育

经常性的安全教育是施工现场开展安全教育的主要形式，目的是提醒、告诫职工遵章守纪，加强责任心，消除麻痹思想。

经常性安全教育的形式多样，可以利用班前会进行教育，也可以采取大小会议进行教育，还可以用其他形式，如安全知识竞赛、演讲、展览、黑板报、广播、播放录像等进行。总之，要做到因地制宜、因材施教、不摆花架子、不搞形式主义、注重实效，才能使教育收到效果。

经常性教育的主要内容是：

（1）安全生产法规、规范、标准、规定；

（2）企业及上级部门的安全管理新规定；

（3）各级安全生产责任制及管理制度；

（4）安全生产先进经验介绍，最近的典型事故教训；

（5）施工新技术、新工艺、新设备、新材料的使用及有关安全技术方面的要求；

（6）最近安全生产方面的动态情况，如新的法律、法规、标准、规章的出台，安全生产通报、文件、批示等；

（7）本单位近期安全工作回顾、讲评等。

总之，经常性的安全教育必须做到经常化（规定一定的期限）、制度化（作为企业、项目安全管理的一项重要制度）。教育的内容要突出一个"新"字，即要结合当前工作的最新要求进行教育；要做到一个"实"字，即要使教育不流于形式，注重实际效果；要体现一个"活"字，即要把安全教育搞成活泼多样、内容丰富的一种安全活动。这样，才能使安全教育深入人心，才能为广大职工所接受，才能收到促进安全生产的效果。

**2. 季节性教育**

季节性施工主要是指夏期与冬期施工。季节性施工的安全教育，主要是指根据季节变化，环境不同，人对自然的适应能力变得迟缓、不灵敏。因此，必须对安全管理工作重新调整和组合，同时，也要对职工进行有针对性的安全教育，使之适合自然环境的变化，以确保安全生产。

（1）夏期施工安全教育

夏季高温、炎热、多雷雨，是触电、雷击、坍塌等事故的高发期。闷热的气候容易造成中暑，高温使得职工夜间休息不好，打乱了人体的"生物钟"，往往容易使人乏力、走神、瞌睡，较易引起伤害事故。南方沿海地区在夏季还经常受到台风暴雨和大潮汛的影响，人的衣着单薄、身体裸露部分多，使人的电阻值减小，导电电流增加，容易引发触电事故。因此，夏期施工安全教育的重点是：

1）加强用电安全教育，讲解常见触电事故发生的原理、预防触电事故发生的措施、触电事故的一般解救方法，以加强职工的自我保护意识；

2）讲解触电事故的发生原因、避雷装置的避雷原理、预防雷击的方法；

3）大型施工机械、设施常见事故案例，预防事故的措施；

4）基础施工阶段的安全防护常识，特别是基坑开挖的安全和支护安全；

5）劳动保护的宣传教育。合理安排好作息时间，注意劳逸结合，白天上班避开中午高温时间，"做两头、歇中间"，保证职工有充沛的精力。

（2）冬期施工安全教育

冬季气候干燥、寒冷且常常伴有大风，受北方寒流影响，施工区域出现霜冻，造成作业面及道路结冰打滑，既影响生产的正常进行，又给安全带来隐患；同时，为了施工需要和取暖，使用明火、接触易燃易爆物品的机会增多，容易发生火灾、爆炸和中毒事故；寒冷使人们衣着笨重、反应迟钝、动作不灵敏，也容易发生事故。因此，冬期施工安全教育应从以下几方面进行：

1）针对冬期施工特点，避免冰雪结冻引发的事故。注重防滑、防坠安全意识教育。

2）加强防火安全宣传。

3）安全用电教育，侧重于防电气火灾教育。

4）冬期施工，人们习惯于关闭门窗、封闭施工区域，在深基坑、地下管道、沉井、涵洞及地下室内作业时，应加强对作业人员的防中毒自我保护意识教育。教育职工识别一般中毒症状，学会解救中毒人员的安全基本常识。

### 3. 节假日加班教育

节假日期间，大部分单位及职工已经放假休息，因此也往往影响到加班职工的思想和工作情绪，容易造成思想不集中，注意力分散，这给安全生产带来不利因素。加强对这部分职工的安全教育，是非常必要的。教育的内容是：

1）重点做好安全思想教育，稳定职工工作情绪，集中精力做好本职工作。

2）班组长做好班前安全教育，强调互相督促、互相提醒，共同注意安全。

3）对较易发生事故的薄弱环节，应进行专门的安全教育。

### 4. 安全教育的形式

开展安全教育应当结合建筑施工生产特点，采取多种形式，有针对性地进行，要考虑到安全教育的对象大部分是文化水平不高的工人，因此，教育的形式应当浅显、通俗、易懂。主要的安全教育形式有：

（1）会议形式。如安全知识讲座、座谈会、报告会、先进经验交流会、事故教训现场会、展览会、知识竞赛。

（2）报刊形式。订阅安全生产方面的书包杂志，企业自编自印的安全刊物及安全宣传小册子。

（3）张挂形式。如安全宣传横幅、标语、标志、图片、黑板报等。

（4）音像制品。如电视录像片、VCD、录音磁带等。

（5）固定场所展示形式。如劳动保护教育室、安全生产展览室等。

（6）文艺演出形式。

（7）现场观摩演示形式。如安全操作方法、消防演习、触电急救方法演示等。

# 十一、编制安全专项施工方案

## 1. 编制土方开挖与基坑支护工程安全专项施工方案

(1) 编制专项施工方案的范围

对于达到一定规模、危险性较大的分部、分项工程,应单独编制安全专项施工方案。1) 基坑支护工程:开挖深度超过 3m(含 3m)或虽未超过 3m 但地质条件和周边环境复杂的基坑(槽)支护工程;2) 土方开挖工程:开挖深度超过 3m(含 3m)的基坑(槽)的土方开挖工程。

下列工程:1) 开挖深度超过 5m(含 5m)的基坑、槽支护与降水工程,或基坑虽未超过 5m,但地质条件和周围环境复杂、地下水位在坑底以上的基坑支护与降水工程;2) 开挖深度超过 5m(含 5m)的基坑、槽的土方开挖工程,应单独编制安全专项施工方案并进行专家论证。

(2) 安全施工方案编制的要求

1) 工程概况:危险性较大的分部分项工程概况、施工平面布置、施工要求和技术保证条件。

2) 编制依据:相关法律、法规、规范性文件、图纸(国标图集)、施工组织设计等。

3) 施工计划:包括施工进度计划、材料与设备计划。

4) 施工工艺技术:技术参数、工艺流程、施工方法、检查验收、基坑开挖平面图、剖面图、土方开挖方向、顺序等。

5) 施工安全保证措施:组织保障、技术措施、应急预案、监测监控、监测点平面图、位移控制值等。

6) 劳动力计划:专职安全生产管理人员、特种作业人员等。

7) 计算书及相关图纸:支护结构进行设计计算、基坑边坡稳定性验算必须满足要求,并有必要的计算简图等。

(3) 安全施工方案编制的原则

安全专项施工方案的编制,必须考虑现场的实际情况、施工特点及周围作业环境,要有针对性。对施工现场及比邻区域内供水、排水、供电、供气、供热、通信、广播电视等地下管线有保护措施,要保证相邻建筑物和构筑物、地下工程的安全。

(4) 安全施工方案的审批

1) 安全施工方案审核

专项方案应当由施工单位技术部门组织本单位施工技术、安全、质量等部门的专业技术人员进行审核。经审核合格的,由施工单位技术负责人签字。实行施工总承包的,专项方案应当由总承包单位技术负责人及相关专业承包单位技术负责人签字。

不需专家论证的专项方案,经施工单位审核合格后报监理单位,由项目总监理工程师审核签字。

2) 专家论证审查

超过一定规模的危险性较大的分部分项工程专项方案应当由施工单位组织召开专家论证会。实行施工总承包的，由施工总承包单位组织召开专家论证会。

专项方案经论证后，专家组应当提交论证报告，对论证的内容提出明确的意见，并在论证报告上签字。该报告作为专项方案修改完善的指导意见。

施工单位应当根据论证报告修改完善专项方案，并经施工单位技术负责人、项目总监理工程师、建设单位项目负责人签字后，方可组织实施。

实行施工总承包的，应当由施工总承包单位、相关专业承包单位技术负责人签字。

(5) 安全施工方案的实施

施工过程中，必须严格遵照安全专项施工方案组织施工，做到：1) 施工前，应严格执行安全技术交底制度，进行分级交底；相应的施工设备设施搭建、安装完成后，要组织验收，合格后才能投入使用。2) 施工中，对安全施工方案要求的监测项目（如基坑边坡水平位移、垂直位移等），要落实监测，及时反馈信息；对危险性较大的作业，还应安排专业人员进行安全监控管理。

施工完成后，应及时对安全专项施工方案进行总结。

## 2. 编制降水工程安全专项施工方案

(1) 编制专项施工方案的范围

对于达到开挖深度超过3m（含3m）或虽未超过3m但地质条件和周边环境复杂的降水工程，应单独编制安全专项施工方案。

开挖深度超过5m（含5m）的降水工程；或基坑虽未超过5m，但地质条件和周围环境复杂、地下水位在坑底以上的降水工程，应单独编制安全专项施工方案并进行专家论证。

(2) 安全施工方案编制的要求

1) 工程概况：危险性较大的分部分项工程概况、施工平面布置、施工要求和技术保证条件。

2) 编制依据：相关法律、法规、规范性文件、标准、规范及图纸（国标图集）、施工组织设计等。

3) 施工计划：包括施工进度计划、材料与设备计划。

4) 施工工艺技术：技术参数、工艺流程、施工方法、检查验收、降水井平面图、剖面图、排水平面图等。

5) 施工安全保证措施：组织保障、技术措施、应急预案、监测监控、监测点平面图、位移控制值等。

6) 劳动力计划：专职安全生产管理人员、特种作业人员等。

7) 计算书及相关图纸：涌水量计算必须满足要求，并有必要的计算简图等。

(3) 安全施工方案编制的原则

安全专项施工方案的编制，必须考虑现场的实际情况、施工特点及周围作业环境，要有针对性。对施工现场及比邻区域内供水、排水、供电、供气、供热、通信、广播电视等地下管线有保护措施，要保证相邻建筑物和构筑物、地下工程的安全。

（4）安全施工方案的审批

1）安全施工方案审核

专项方案应当由施工单位技术部门组织本单位施工技术、安全、质量等部门的专业技术人员进行审核。经审核合格的，由施工单位技术负责人签字。实行施工总承包的，专项方案应当由总承包单位技术负责人及相关专业承包单位技术负责人签字。

不需专家论证的专项方案，经施工单位审核合格后报监理单位，由项目总监理工程师审核签字。

2）专家论证审查

超过一定规模的危险性较大的分部分项工程专项方案应当由施工单位组织召开专家论证会。实行施工总承包的，由施工总承包单位组织召开专家论证会。

专项方案经论证后，专家组应当提交论证报告，对论证的内容提出明确的意见，并在论证报告上签字。该报告作为专项方案修改完善的指导意见。

施工单位应当根据论证报告修改完善专项方案，并经施工单位技术负责人、项目总监理工程师、建设单位项目负责人签字后，方可组织实施。

实行施工总承包的，应当由施工总承包单位、相关专业承包单位技术负责人签字。

（5）安全施工方案的实施

施工过程中，必须严格遵照安全专项施工方案组织施工，做到：1）施工前，应严格执行安全技术交底制度，进行分级交底；相应的施工设备设施搭建、安装完成后，要组织验收，合格后才能投入使用。2）施工中，对安全施工方案要求的监测项目（如水平位移、沉降观测等），要落实监测，及时反馈信息；对危险性较大的作业，还应安排专业人员进行安全监控管理。

施工完成后，应及时对安全专项施工方案进行总结。

## 3. 编制模板工程安全专项施工方案

（1）编制专项施工方案的范围

对于达到一定规模、危险性较大的分部、分项工程，应单独编制安全专项施工方案。1）各类工具式模板工程：包括大模板、滑模、爬模、飞模等工程。2）混凝土模板支撑工程：搭设高度5m及以上；搭设跨度10m及以上；施工总荷载10kN/$m^2$及以上；集中线荷载15kN/m及以上；高度大于支撑水平投影宽度且相对独立无联系构件的混凝土模板支撑工程。3）重支撑体系：用于钢结构安装等满堂支撑体系。

对超过一定规模危险性较大分部分项工程：1）工具式模板工程：包括滑模、爬模、飞模等。2）混凝土模板支撑工程：搭设高度8m及以上；搭设跨度18m及以上；施工总荷载15kN/$m^2$及以上；集中线荷载20kN/m及以上。3）承重支撑体系：用于钢结构安装等满堂支撑体系，承受单点集中荷载700kg以上。应单独编制安全专项施工方案并进行专家论证。

（2）安全施工方案编制的要求

1）工程概况：危险性较大的分部分项工程概况、施工平面布置、施工要求和技术保证条件。

2）编制依据：相关法律、法规、规范性文件、标准、规范及图纸（国标图集）、施工组织设计等。

3) 施工计划：包括施工进度计划、材料与设备计划。

4) 施工工艺技术：技术参数、工艺流程、施工方法、检查验收、立管平面布置图、支撑模架剖面图、梁板模板图等。

5) 施工安全保证措施：组织保障、技术措施、应急预案、监测监控、监测点平面图、位移控制值等。

6) 劳动力计划：专职安全生产管理人员、特种作业人员等。

7) 计算书及相关图纸：混凝土梁板模板强度、刚度的验算，支撑架体的强度、刚度和稳定性的设计计算，架体基础承载力验算必须满足要求，并有必要的计算简图等。

(3) 安全施工方案编制的原则

安全专项施工方案的编制，必须考虑现场的实际情况、施工特点及周围作业环境，要有针对性和可操作性。

(4) 安全施工方案的审批

1) 安全施工方案审核

专项方案应当由施工单位技术部门组织本单位施工技术、安全、质量等部门的专业技术人员进行审核。经审核合格的，由施工单位技术负责人签字。实行施工总承包的，专项方案应当由总承包单位技术负责人及相关专业承包单位技术负责人签字。

不需专家论证的专项方案，经施工单位审核合格后报监理单位，由项目总监理工程师审核签字。

2) 专家论证审查

超过一定规模的危险性较大的分部分项工程专项方案应当由施工单位组织召开专家论证会。实行施工总承包的，由施工总承包单位组织召开专家论证会。

专项方案经论证后，专家组应当提交论证报告，对论证的内容提出明确的意见，并在论证报告上签字。该报告作为专项方案修改完善的指导意见。

施工单位应当根据论证报告修改完善专项方案，并经施工单位技术负责人、项目总监理工程师、建设单位项目负责人签字后，方可组织实施。

实行施工总承包的，应当由施工总承包单位、相关专业承包单位技术负责人签字。

(5) 安全施工方案的实施

施工过程中，必须严格遵照安全专项施工方案组织施工，做到：1) 施工前，应严格执行安全技术交底制度，进行分级交底；相应的施工设备设施搭建、安装完成后，要组织验收，合格后才能投入使用。2) 施工中，对安全施工方案要求的监测项目（如基坑边坡水平位移、垂直位移等），要落实监测，及时反馈信息；对危险性较大的作业，还应安排专业人员进行安全监控管理。

施工完成后，应及时对安全专项施工方案进行总结。

## 4. 编制起重吊装及安装拆卸工程安全专项施工方案

(1) 编制专项施工方案的范围

对于达到一定规模、危险性较大的分部、分项工程，应单独编制安全专项施工方案：

1) 采用非常规起重设备、方法,且单件起吊重量在10kN及以上的起重吊装工程。2) 采用起重机械进行安装的工程。3) 起重机械设备自身的安装、拆卸。

对于超过一定规模、危险性较大的分部、分项工程：1) 采用非常规起重设备、方法,且单件起吊重量在100kN及以上的起重吊装工程。2) 起重量300kN及以上的起重设备安装工程;高度200m及以上内爬起重设备的拆除工程。3) 采用爆破拆除的工程。4) 码头、桥梁、高架、烟囱、水塔或拆除中容易引起有毒有害气（液）体或粉尘扩散、易燃易爆事故发生的特殊建、构筑物的拆除工程。5) 可能影响行人、交通、电力设施、通信设施或其他建、构筑物安全的拆除工程。6) 文物保护建筑、优秀历史建筑或历史文化风貌区控制范围的拆除工程,应单独编制安全专项施工方案并进行专家论证。

(2) 安全施工方案编制的要求

1) 工程概况：危险性较大的分部分项工程概况、施工平面布置、施工要求和技术保证条件。

2) 编制依据：相关法律、法规、规范性文件、标准、规范及图纸（国标图集）、施工组织设计等。

3) 施工计划：包括施工进度计划、材料与设备计划。

4) 施工工艺技术：技术参数、工艺流程、施工方法、检查验收、吊装平面图、构件平面布置图、剖面图、起重机械开行路线图、吊装顺序等。

5) 施工安全保证措施：组织保障、技术措施、应急预案等。

6) 劳动力计划：专职安全生产管理人员、特种作业人员等。

7) 计算书及相关图纸：吊索吊环设计计算,起重机械抗倾覆验算,并有必要的计算简图等。

(3) 安全施工方案编制的原则

安全专项施工方案的编制,必须考虑现场的实际情况、施工特点及周围作业环境,要有针对性。

(4) 安全施工方案的审批

1) 安全施工方案审核

专项方案应当由施工单位技术部门组织本单位施工技术、安全、质量等部门的专业技术人员进行审核。经审核合格的,由施工单位技术负责人签字。实行施工总承包的,专项方案应当由总承包单位技术负责人及相关专业承包单位技术负责人签字。

不需专家论证的专项方案,经施工单位审核合格后报监理单位,由项目总监理工程师审核签字。

2) 专家论证审查

超过一定规模的危险性较大的分部分项工程专项方案应当由施工单位组织召开专家论证会。实行施工总承包的,由施工总承包单位组织召开专家论证会。

专项方案经论证后,专家组应当提交论证报告,对论证的内容提出明确的意见,并在论证报告上签字。该报告作为专项方案修改完善的指导意见。

施工单位应当根据论证报告修改完善专项方案,并经施工单位技术负责人、项目总监理工程师、建设单位项目负责人签字后,方可组织实施。

实行施工总承包的,应当由施工总承包单位、相关专业承包单位技术负责人签字。

(5) 安全施工方案的实施

施工过程中,必须严格遵照安全专项施工方案组织施工,做到:1)施工前,应严格执行安全技术交底制度,进行分级交底;相应的施工设备设施搭建、安装完成后,要组织验收,合格后才能投入使用。2)施工中,严格执行安全施工方案,及时反馈信息;对危险性较大的作业,还应安排专业人员进行安全监控管理。

施工完成后,应及时对安全专项施工方案进行总结。

## 5. 编制脚手架工程安全专项施工方案

(1) 编制专项施工方案的范围

对于达到一定规模、危险性较大的分部、分项工程,应单独编制安全专项施工方案。1)搭设高度24m及以上的落地式钢管脚手架工程。2)附着式整体和分片提升脚手架工程。3)悬挑式脚手架工程。4)吊篮脚手架工程。5)自制卸料平台、移动操作平台工程。6)新型及异型脚手架工程。

对于超过一定规模、危险性较大的分部、分项工程:1)搭设高度50m及以上落地式钢管脚手架工程。2)提升高度150m及以上附着式整体和分片提升脚手架工程。3)架体高度20m及以上悬挑式脚手架工程。应单独编制安全专项施工方案并进行专家论证。

(2) 安全施工方案编制的要求

1) 工程概况:危险性较大的分部分项工程概况、施工平面布置、施工要求和技术保证条件。

2) 编制依据:相关法律、法规、规范性文件、标准、规范及图纸(国标图集)、施工组织设计等。

3) 施工计划:包括施工进度计划、材料与设备计划。

4) 施工工艺技术:技术参数、工艺流程、施工方法、检查验收、立管平面布置图、脚手架剖面图、剪刀布置图、架体拉结构造等。

5) 施工安全保证措施:组织保障、技术措施、应急预案、监测监控、监测点平面图、位移控制值等。

6) 劳动力计划:专职安全生产管理人员、特种作业人员等。

7) 计算书及相关图纸:施工荷载或风荷载作用脚手架体的强度、刚度和稳定性的设计计算,架体基础承载力验算,必要的计算简图等。

(3) 安全施工方案编制的原则

安全专项施工方案的编制,必须考虑现场的实际情况、施工特点及周围作业环境,要有针对性和可操作性。

(4) 安全施工方案的审批

1) 安全施工方案审核

专项方案应当由施工单位技术部门组织本单位施工技术、安全、质量等部门的专业技术人员进行审核。经审核合格的,由施工单位技术负责人签字。实行施工总承包的,专项方案应当由总承包单位技术负责人及相关专业承包单位技术负责人签字。

不需专家论证的专项方案，经施工单位审核合格后报监理单位，由项目总监理工程师审核签字。

2）专家论证审查

超过一定规模的危险性较大的分部分项工程专项方案应当由施工单位组织召开专家论证会。实行施工总承包的，由施工总承包单位组织召开专家论证会。

专项方案经论证后，专家组应当提交论证报告，对论证的内容提出明确的意见，并在论证报告上签字。该报告作为专项方案修改完善的指导意见。

施工单位应当根据论证报告修改完善专项方案，并经施工单位技术负责人、项目总监理工程师、建设单位项目负责人签字后，方可组织实施。

实行施工总承包的，应当由施工总承包单位、相关专业承包单位技术负责人签字。

(5) 安全施工方案的实施

施工过程中，必须严格遵照安全专项施工方案组织施工，做到：1）施工前，应严格执行安全技术交底制度，进行分级交底；相应的施工设备设施搭建、安装完成后，要组织验收，合格后才能投入使用。2）施工中，对安全施工方案要求的监测项目（如基坑边坡水平位移、垂直位移等），要落实监测，及时反馈信息；对危险性较大的作业，还应安排专业人员进行安全监控管理。

施工完成后，应及时对安全专项施工方案进行总结。

## 6. 编制其他危险性较大的分部分项工程专项施工方案

(1) 编制专项施工方案的范围

1）建筑物、构筑物拆除工程。2）采用爆破拆除的工程。3）建筑幕墙安装工程；4）钢结构、网架和索膜结构安装工程。5）人工挖扩孔桩工程。6）地下暗挖、顶管及水下作业工程。7）预应力工程。8）采用新技术、新工艺、新材料、新设备及尚无相关技术标准的危险性较大的分部分项工程。9）现场临时用电工程。10）现场外电防护工程；地下供电、供气、通风、管线及毗邻建筑物防护工程。

超过一定规模的其他危险性较大的工程：1）采用爆破拆除的工程。2）码头、桥梁、高架、烟囱、水塔或拆除中容易引起有毒有害气（液）体或粉尘扩散、易燃易爆事故发生的特殊建、构筑物的拆除工程。3）可能影响行人、交通、电力设施、通信设施或其他建、构筑物安全的拆除工程。4）文物保护建筑、优秀历史建筑或历史文化风貌区控制范围的拆除工程。5）施工高度50m及以上的建筑幕墙安装工程。6）跨度大于36m及以上的钢结构安装工程；跨度大于60m及以上的网架和索膜结构安装工程。7）开挖深度超过16m的人工挖孔桩工程。8）地下暗挖工程、顶管工程、水下作业工程。9）采用新技术、新工艺、新材料、新设备及尚无相关技术标准的危险性较大的分部分项工程。

(2) 安全施工方案编制的要求

1）工程概况：危险性较大的分部分项工程概况、施工平面布置、施工要求和技术保证条件。

2）编制依据：相关法律、法规、规范性文件、图纸（国标图集）、施工组织设计等。

3）施工计划：包括施工进度计划、材料与设备计划。

4) 施工工艺技术：技术参数、工艺流程、施工方法、检查验收等。
5) 施工安全保证措施：组织保障、技术措施、应急预案、监测监控等。
6) 劳动力计划：专职安全生产管理人员、特种作业人员等。
7) 计算书及相关图纸。

(3) 安全施工方案编制的原则

安全专项施工方案的编制，必须考虑现场的实际情况、施工特点及周围作业环境，做事要有针对性。凡施工过程中可能发生的危险因素及建筑物周围外部环境的不利因素等，都必须从技术上采取具体有效的安全防护措施。

(4) 安全施工方案的审批

1) 编制审核

专项方案应当由施工单位技术部门组织本单位施工技术、安全、质量等部门的专业技术人员进行审核。经审核合格的，由施工单位技术负责人签字。实行施工总承包的，专项方案应当由总承包单位技术负责人及相关专业承包单位技术负责人签字；经施工单位审核合格后报监理单位，由项目总监理工程师审核签字。

2) 专家论证审查

属于《危险性较大的分部分项工程安全管理办法》所规定范围的超过一定规模的危险性较大的分部分项工程专项施工方案应当由施工单位组织召开专家论证会。实行施工总承包的，由施工总承包单位组织召开专家论证会。论证会参会人员由下列人员组成：专家组成员；建设单位项目负责人或技术负责人；监理单位项目总监理工程师及相关人员；施工单位分管安全的负责人、技术负责人、项目负责人、项目技术负责人、专项方案编制人员、项目专职安全生产管理人员；勘察、设计单位项目技术负责人及相关人员。专家组成员应当由5名及以上符合相关专业要求的专家组成。本项目参建各方的人员不得以专家身份参加专家论证会。施工单位应当根据论证报告修改完善专项方案，并经施工单位技术负责人、项目总监理工程师、建设单位项目负责人签字后，方可组织实施。

实行施工总承包的，应当由施工总承包单位、相关专业承包单位技术负责人签字。

(5) 安全施工方案的实施

施工过程中，必须严格遵照安全专项施工方案组织施工，做到：1) 施工前，应严格执行安全技术交底制度，进行分级交底；相应的施工设备设施搭建、安装完成后，要组织验收，合格后才能投入使用。2) 施工中，对安全施工方案要求的监测项目（如标高、垂直度等），要落实监测，及时反馈信息；对危险性较大的作业，还应安排专业人员进行安全监控管理。

施工完成后，应及时对安全专项施工方案进行总结。

# 十二、安全技术交底文件的编制与实施

## （一）编制分项工程安全技术交底文件

### 1. 安全技术交底的法律依据

根据《建设工程安全生产管理条例》（中华人民共和国国务院令第 393 号）第二十七条规定建设工程施工前，施工单位负责项目管理的技术人员应当对有关安全施工的技术要求向施工作业班组、作业人员作出详细说明，并由双方签字确认。

### 2. 安全技术交底的意义与特点

安全技术交底作为具体指导施工的依据，应具有针对性、完整性、可行性、预见性、告诫性、全员性等特点。

针对性：顾名思义要强调本工程的该项工作，以及针对该项工作的施工任务和特点进行交底。

完整性：交底的完整性，尤其要求工程技术人员要全面掌握施工图纸及规范要求，交底是否完整能够体现出技术部门对图纸的熟悉程度，是否真正掌握工程的重点、难点及细部的主要施工方法及应对措施。

可行性：编写的技术交底应不笼统，不教条，确实能解决实际问题，具有可操作性。尤其是工程的重点、难点及细部做法的具体做法，以及如何克服质量通病的措施，都要切实可行。

预见性：是提前性，不要工作完成了再交底，那就失去了交底的具体意义，同时应多琢磨，集思广益，将可发生的问题预先考虑好，并提出切实可行的解决方法，将问题消灭在萌芽状态。

告诫性：编制交底时，应将施工任务该怎么干，不该怎么干，达到的目标是什么，如若违反了或达不到该如何处理的内容写进去，使技术交底具有一定的约束性，保证它的严肃性。

全员性：交底要施工班组人员全部签字学习，不能代签。

### 3. 安全技术交底的作用

（1）细化、优化施工方案，从施工技术方案选择上保证施工安全，让施工管理、技术人员从施工方案编制、审核上就将安全放到第一的位置。

（2）让一线作业人员了解和掌握该作业项目的安全技术操作规程和注意事项，减少因违章操作而导致事故的可能。

(3) 项目施工中的重要环节，必须先行组织交底后方可开工。

### 4. 安全技术交底的文件编制原则

在编制施工组织设计时，应当根据工程特点制定相应的安全技术措施。

安全技术措施要针对工程特点、施工工艺、作业条件以及队伍素质等，按施工部位列出施工的危险点，对照各危险点制定具体的防护措施和安全作业注意事项，并将各种防护设施的用料计划一并纳入施工组织设计，安全技术措施必须经上级主管领导审批，并经专业部门会签。在施工组织设计的基础上编制单独的安全专项施工技术方案，然后在此基础上，再进行安全交底。

### 5. 安全技术交底的编制范围

(1) 施工单位应根据建设工程项目的特点，依据建设工程安全生产的法律、法规和标准，建立安全技术交底文件的编制、审查和批准制度。

(2) 安全技术交底文件应有针对性，由专业技术人员编写，技术负责人审查，施工单位负责人批准；编写、审查、批准人员应当在安全技术交底文件上签字。

(3) 工程项目施工前，必须进行安全技术交底，被交底人员应当在文件上签字，并在施工中接受安全管理人员的监督检查。

房屋建筑和市政基础设施工程，编制安全技术交底的分部分项工程见表12-1～表12-3所列。

建筑工程分部（分项）工程安全技术交底清单　　　　表12-1

| 工程名称 | |
| --- | --- |
| 序号 | 安全技术交底名称 |
| 1 | 土方开挖分部工程安全技术交底 |
| 2 | 基坑支护分部工程安全技术交底 |
| 3 | 桩基施工分部工程安全技术交底 |
| 4 | 降水工程分部工程安全技术交底 |
| 5 | 模板工程分部工程安全技术交底 |
| 6 | 脚手架工程分部工程安全技术交底 |
| 7 | 钢筋工程分部工程安全技术交底 |
| 8 | 混凝土工程分部工程安全技术交底 |
| 9 | 临时用电分部工程安全技术交底 |
| 10 | 建筑装饰装修工程分部工程安全技术交底 |
| 11 | 建筑屋面工程分部工程安全技术交底 |
| 12 | 建筑幕墙工程分部工程安全技术交底 |
| 13 | 临建设施分部工程安全技术交底 |
| 14 | 预应力工程分部工程安全技术交底 |
| 15 | 拆除工程分部工程安全技术交底 |
| 16 | 爆破工程分部工程安全技术交底 |
| 17 | 建筑起重机械分部工程安全技术交底（塔吊、施工升降机、物料提升机、施工电梯等） |
| 18 | 机械设备分部工程安全技术交底 |
| 19 | 吊装分部工程安全技术交底 |
| 20 | 洞口与临边防护分部工程安全技术交底 |
| 21 | 其他分部工程安全技术交底 |

**道路及排水工程安全技术交底清单** 表12-2

| 工程名称 | | |
|---|---|---|
| 项目 | 安全技术交底名称 | |
| 路基施工 | 土石方开挖施工安全技术交底 | |
| | 土方回填施工安全技术交底 | |
| 基层施工 | 基层施工安全技术交底 | |
| 面层施工 | 水泥混凝土面层施工安全技术交底 | |
| | 沥青混凝土面层施工安全技术交底 | |
| 附属构筑物施工 | 侧平石砌筑施工安全技术交底 | |
| | 人行道铺设施工安全技术交底 | |
| | 挡土墙施工安全技术交底 | |
| | 护坡施工安全技术交底 | |
| | 其他构筑物施工安全技术交底 | |
| 基坑支护 | 基坑开挖、支护安装工程施工安全技术交底 | |
| | 基坑支护拆除工程施工安全技术交底 | |
| 降水施工 | 井点降水工程施工安全技术交底 | |
| | 其他降水工程施工安全技术交底 | |
| 钢筋工程 | 钢筋加工制作安全技术交底 | |
| | 钢筋绑扎安全技术交底 | |
| | 动火作业安全技术交底 | |
| 模板施工 | 模板安装工程施工安全技术交底 | |
| | 模板拆除工程施工安全技术交底 | |
| 管道、井施工 | 管材安装施工安全技术交底 | |
| | 检查井、雨水口施工安全技术交底 | |
| | 顶管施工安全技术交底 | |
| 临时用电 | 配电线路敷设安全技术交底 | |
| | 配电箱和开关箱安装安全技术交底 | |
| 洞口、临边 | 洞口作业安全技术交底 | |
| | 临边作业安全技术交底 | |
| | 其他作业安全技术交底 | |
| 道路、排水工程施工机械 | 土石方机械使用安全技术交底 | |
| | 钢板桩机械使用安全技术交底 | |
| | 基层、路面机械使用安全技术交底 | |
| | 吊装机械使用安全技术交底 | |
| | 其他施工机械使用安全技术交底 | |
| 道路、排水工程施工机具 | 混凝土泵送设备使用安全技术交底 | |
| | 木工机械使用安全技术交底 | |
| | 钢筋机械使用安全技术交底 | |
| | 小型夯实机械使用安全技术交底 | |
| | 焊接设备使用安全技术交底 | |
| | 搅拌机使用安全技术交底 | |
| | 顶管设备使用安全技术交底 | |
| | 降水设备使用安全技术交底 | |
| | 其他设备使用安全技术交底 | |
| 消防 | 动火作业安全技术交底 | |
| 其他 | | |

桥涵工程安全技术交底清单　　　　　　　　表 12-3

| 工程名称 | |
|---|---|
| 项　目 | 安全技术交底名称 |
| 土方工程 | 土石方开挖施工安全技术交底 |
| | 土方回填施工安全技术交底 |
| 围堰工程 | 围堰施工安全技术交底 |
| | 围堰拆除安全技术交底 |
| 降水工程 | 井点降水工程施工安全技术交底 |
| | 其他降水施工安全技术交底 |
| 基坑支护 | 基坑支护安装工程施工安全技术交底 |
| | 基坑支护拆除工程施工安全技术交底 |
| 基础工程 | 灌注桩工程施工安全技术交底 |
| | 沉井基础施工安全技术交底 |
| | 扩大基础工程施工安全技术交底 |
| | 其他基础工程施工安全技术交底 |
| 钢筋工程 | 钢筋加工制作安全技术交底 |
| | 钢筋绑扎安全技术交底 |
| | 动火作业安全技术交底 |
| 模板工程 | 模板安装工程施工安全技术交底 |
| | 模板拆除工程施工安全技术交底 |
| 脚手架 | 脚手架搭设工程安全技术交底 |
| | 脚手架拆除工程安全技术交底 |
| | 操作平台安全技术交底 |
| | 其他脚手架工程安全技术交底 |
| 桥梁下部、上部结构 | 墩身、台身施工安全技术交底 |
| | 梁、板施工安全技术交底 |
| | 箱涵施工安全技术交底 |
| | 其他施工安全技术交底 |
| 预应力 | 预应力张拉施工安全技术交底 |
| | 孔道注浆施工安全技术交底 |
| 吊装工程 | 吊装施工安全技术交底 |
| 桥面系工程 | 侧平石砌筑施工安全技术交底 |
| | 水泥混凝土桥面铺装施工安全技术交底 |
| | 沥青混凝土桥面铺装施工安全技术交底 |
| | 人行道铺装施工安全技术交底 |
| | 变形装置施工安全技术交底 |
| | 栏杆安装施工安全技术交底 |
| | 其他施工安全技术交底 |
| 附属构筑物 | 挡土墙施工安全技术交底 |
| | 护坡施工安全技术交底 |
| | 护底施工安全技术交底 |
| | 其他施工安全技术交底 |

续表

| 工程名称 | |
|---|---|
| 项目 | 安全技术交底名称 |
| 临时用电 | 配电线路敷设安全技术交底 |
| | 配电箱和开关箱安装安全技术交底 |
| 洞口、临边 | 洞口作业安全技术交底 |
| | 临边作业安全技术交底 |
| | 其他作业安全技术交底 |
| 桥涵工程机械 | 各种打桩机械使用安全技术交底 |
| | 土石方机械使用安全技术交底 |
| | 钢板桩机械使用安全技术交底 |
| | 基层、路面机械使用安全技术交底 |
| | 吊装机械使用安全技术交底 |
| | 其他机械使用安全技术交底 |
| 桥涵工程机具 | 混凝土泵送设备使用安全技术交底 |
| | 木工机械使用安全技术交底 |
| | 钢筋机械使用安全技术交底 |
| | 焊接设备使用安全技术交底 |
| | 搅拌机使用安全技术交底 |
| | 顶进设备使用安全技术交底 |
| | 降水设备使用安全技术交底 |
| | 张拉设备使用安全技术交底 |
| | 其他设备使用安全技术交底 |
| 消 防 | 动火作业安全技术交底 |
| 其 他 | |

## 6. 安全技术交底表样

安全技术交底见表 12-4 所列。

**安全技术交底（表样）** 表 12-4

编号：

| 施工单位名称 | | 工程名称 | |
|---|---|---|---|
| 分部分项工程名称 | | | |
| 交底内容： | | | |
| 交底人 | | 接受人 | | 交底日期 | |
| 作业人员签名 | | | |

注：交底一式两份，交底人、接受人各一份。

### 7. 安全技术交底的主要内容要求

安全技术交底的主要内容要求见表 12-5 所列。

安全技术交底　　　　　　表 12-5

| 施工单位名称 | | 工程名称 | |
| --- | --- | --- | --- |
| 分部分项工程名称 | | | |
| 交底内容：<br>1. 分项工程概况<br>　　施工部位、范围及其施工的主要内容。<br>2. 施工进度要求和相关施工项目的配合计划<br>　　(1) 对班组有工期要求的，提出工期要求。<br>　　(2) 其他专业或相关单位对工期的要求。<br>　　(3) 相关专业配合的要求。<br>3. 工艺与工序技术要求（重点）<br>　　(1) 施工工艺要求、项目统一要求、企业内部要求。<br>　　(2) 厂家产品说明书与要求。<br>　　(3) 图纸要求、规范要求、招标文件要求不统一，互相矛盾如何确定，要明确。<br>　　(4) 工序的安排合理，强调先后顺序。<br>　　(5) 新材料、新工艺交底要细，要培训。<br>　　(6) 重点、难点及细部的主要施工方法及应对措施。<br>4. 质量验收标准与质量通病控制措施（重点）<br>　　(1) 本分部分项工程应达到的质量标准，强制性标准要有。<br>　　(2) 施工过程中发现质量问题如何处理。<br>5. 物资供应计划<br>　　包括材料、工机具的准备情况。<br>6. 检验和试验工作安排<br>　　(1) 对一些材料必须进行第三方检测后才能使用的，要说明是否检测。<br>　　(2) 本单位施工过程中以及施工结束后需进行哪些检测。<br>7. 应做好的记录内容及要求<br>　　(1) 施工完成后应填写的表格，如隐蔽验收等。<br>　　(2) 音像资料内容安排和其质量要求。有些施工过程必须做好音像资料记录，档案馆有要求。如：隐蔽验收、混凝土浇筑前、吊装过程等。<br>8. 其他注意事项<br>　　上文中未提到的内容。 | | | |
| 交底人 | | 接受人 | | 交底日期 | |
| 作业人员签名 | | | |

注：交底一式两份，交底人、接受人各一份。

## （二）监督实施安全技术交底

建设项目中，分部（分项）工程在施工前，项目部应按批准的施工组织设计或专项安全技术措施方案，向有关人员进行安全技术交底。安全技术交底主要包括两方面的内容：一是在施工方案的基础上进行的，按照施工方案的要求，对施工方案进行的细化和补充；二是对操作者的安全注意事项的说明，保证作业人员的人身安全。交底内容不能过于简单、千篇一律、口号化，应按分部（分项）工程和针对作业条件的变化具体进行。

安全技术交底工作，项目部负责人在生产作业前对直接生产作业人员进行该作业的安全操作规程和注意事项的培训，并通过书面文件方式予以确认。是施工负责人向施工作业人员进行职责落实的法律要求，要严肃认真地进行，不能流于形式。

安全技术交底工作在正式作业前进行，不但口头讲解，同时应有书面文字材料，所有参加交底的人员必须履行签字手续，交底人、班组、现场安全员三方各留一份。

## 1. 安全技术交底的规定

安全技术交底是安全技术措施实施的重要环节。施工企业必须制定安全技术分级交底职责管理要求、职责权限和工作程序，以及分解落实、监督检查的规定。

## 2. 方案交底、验收和检查

各层次技术负责人应会同方案编制人员对方案的实施进行上级对下级的技术交底，并提出方案中所涉及的设施安装和验收的方法和标准。项目技术负责人和方案编制人员必须参与方案实施的验收和检查。

## 3. 安全监控管理

专项安全技术方案实施过程中的危险性较大的作业行为必须列入危险作业管理范围，作业前，必须办理作业申请，明确安全监控人员，实施监控，并有监控记录。

安全监控人员必须经过岗位安全培训。

## 4. 安全技术交底的有效落实

专项施工项目及企业内部规定的重点施工工程开工前，企业的技术负责人及安全管理机构，应向参加施工的施工管理人员进行安全技术方案交底。

各分部分项工程、关键工序、专项方案实施前，项目技术负责人、安全员应会同项目施工员将安全技术措施向参加施工的施工管理人员进行交底。

总承包单位向分包单位，分包单位工程项目的安全技术人员向作业班组进行安全技术措施交底。

安全员及相关管理员应对新进场的工人实施作业人员工种交底。

作业班组应对作业人员进行班前交底。

交底应细致全面、讲求实效，不能流于形式。

## 5. 安全技术交底的手续

所有安全技术交底除口头交底外，还必须有书面交底记录，交底双方应履行签名手续，交底双方各有一套书面交底。

书面交底记录应在交底方和接受交底方备案，交底应经技术、施工、安全等有关人员审核。

# 十三、施工现场危险源的辨识与安全隐患的处置意见

## （一）基本知识和概念

### 1. 安全与危险

安全与危险是相对的概念。

危险是指材料、物品、系统、工艺过程、设施或场所对人发生的不期望的后果超过了人们的心理承受能力。

危险是指某一系统、产品或设备或操作的内部和外部的一种潜在的状态，其发生可能造成人员伤害、职业病、财产损失、作业环境破坏的状态。

安全是指不受威胁，没有危险、危害、损失。人类的整体与生存环境资源的和谐相处，互相不伤害，不存在危险的隐患，免除了不可接受的损害风险的状态。安全是在人类生产过程中，将系统的运行状态对人类的生命、财产、环境可能产生的损害控制在人类能接受水平以下的状态。

安全是人、物、环境，不受到威胁和破坏的一种良好状态。

### 2. 危险源

危险源是指可能导致死亡、伤害、职业病、财产损失、工作环境破坏或这些情况组合的根源或状态。

### 3. 重大危险源

我国国家标准《危险化学品重大危险源辨识》GB 18218—2009 中将"重大危险源"定义为长期地或临时地生产、加工、搬运、使用或贮存危险物质，且危险物质的数量等于或超过临界量的单元。单元是指一个（套）生产装置、设施或场所，或同属一个工厂的且边缘距离小于 500m 的几个（套）生产装置、设施或场所。临界量指对于某种或某类危险物质规定的数量，若单元中的物质数量等于或超过该数量，则该单元定为重大危险源。

### 4. 事故与事故隐患

事故是指造成人员死亡、伤害、职业病、财产损失或者其他损失的意外事件。

事故隐患泛指生产系统中可导致事故发生的人的不安全行为、物的不安全状态和管理上的缺陷。

### 5. 危险源控制的依据

我国于 2000 年颁布了国家标准《重大危险源辨识》GB 18218—2000，作为重大危险源辨识的依据。随后《安全生产法》、《危险化学品管理条例》等法律、法规都对重大危险源的安全管理与监控提出了明确要求。

国家安全生产监督管理局（国家煤矿安全监察局）提出了《关于开展重大危险源监督管理工作的指导意见》（安监管协调字［2004］56 号），并拟出台《重大危险源安全监督管理规定》。

## （二）危险源的控制和监控管理

### 1. 两类危险源

根据危险源在安全事故发生发展过程中的机理，一般把危险源划分为两大类，即第一类危险源和第二类危险源。

（1）第一类危险源

能量和危险物质的存在是危害产生的最根本原因，通常把可能发生意外释放的能量或危害物质称作第一类危险源。此类危险源是事故发生的物理本质，一般来说，系统具有的能量越大，存在的危险物质越多，则其潜在的危险性和危害性也就越大。

（2）第二类危险源

造成约束、限制能量和危险物质措施失控的各种不安全因素称为第二类危险源。该类危险源主要体现在设备故障或缺陷、人为失误和管理缺失等几个方面。

（3）危险源与事故

事故的发生是两类危险源共同作用的结果。第一类危险源是事故发生的前提，第二类危险源的出现是第一类危险源导致事故的必要条件。

### 2. 危险源的辨识

危险源辨识是安全管理的基础工作，主要目的就是从组织的活动中识别出可能造成人员伤害或疾病、财产损失、环境破坏的危险或危害因素，并判定其可能导致的事故类别和导致事故发生的直接原因的过程。

我国于 2000 年提出了适合我国国情的国家标准《重大危险源辨识》GB 18218—2000，此标准于 2001 年 4 月 1 日起实施。重大危险源申报登记范围根据《安全生产法》和《危险化学品重大危险源辨识》的规定，以及实际工作的需要，重大危险源申报登记的类型如下：储罐区、库区、生产厂所、压力管道、锅炉、压力容器、煤矿、金属非金属地下矿山、尾矿库。

（1）危险源的类型

为做好危险源的辨识工作，可以把危险源按工作活动的专业进行分类，如机械类、电器类、辐射类、物质类、高坠类、火灾类和爆炸类等。

（2）危险源辨识的方法

危险源辨识的方法很多，常用的方法有专家调查法、头脑风暴法、德尔菲法、现场调查法、工作任务分析法、安全检查表法、危险与可操作性研究法、事件树分析法和故障树分析法等。

（3）施工现场采用危险源提问表时的设问范围

1）在平地上滑倒（跌倒）；2）人员从高处坠落（包括从地平处坠入深坑）；3）工具、材料等从高处坠落；4）头顶以上空间不足；5）用手举起搬运工具、材料等有关的危险源；6）与装配、试车、操作、维护、改造、修理和拆除等有关的装置、机械的危险源；7）车辆危险源，包括场地运输和公路运输；8）火灾和爆炸；9）临近高压线路和起重设备伸出界外；10）吸入的物质；11）可伤害眼睛的物质或试剂；12）可通过皮肤接触和吸收而造成伤害的物质；13）可通过摄入（如通过口腔进入体内）而造成伤害的物质；14）有害能量（如电、辐射、噪声以及振动等）；15）由于经常性的重复动作而造成的与工作有关的上肢损伤；16）不适的热环境（如过热等）；17）照度；18）易滑、不平坦的场地（地面）；19）不合适的楼梯护栏和扶手；20）合同方人员的活动。

（4）危险源辨识的管理要求

可能导致死亡、伤害、职业病、财产损失、工作环境破坏或上述情况的组合所形成的根源或状态为危险源。

各施工企业应根据本企业的施工特点，依据承包工程的类型、特征、规模及自身管理水平等情况，辨识出危险源，列出清单，并对危险源进行一一评价，将其中导致事故发生的可能性较大，且事故发生会造成严重后果的危险源定义为重大危险源，如可能出现高处坠落、物体打击、坍塌、触电、中毒以及其他群体伤害事故的状态。同时施工企业应建立管理档案，其内容包括危险源与不利环境因素识别、评价结果和清单。对重大危险源可能出现伤害的范围、性质和时效性，制定消除和控制的措施，且纳入企业安全管理制度、员工安全教育培训、安全操作规程或安全技术措施中。不同的施工企业应有不同的重大危险源，同一个企业随承包工程性质的改变，或管理水平的变化，也会引起重大危险源的数量和内容的改变，因此企业对重大危险源的识别应及时更新。

（5）危险源辨识评价

如未进行危险源识别、评价，或未对重大危险源进行控制策划、建档，就应该给予扣分。

## 3. 熟悉重大危险源控制系统的组成

重大危险源控制的目的，不仅是要预防重大事故的发生，而且要做到一旦发生事故，能将事故危害限制到最低程度。重大危险源控制系统主要由以下几个部分组成：

（1）重大危险源的辨识

防止重大工业事故发生的第一步，是辨识或确认高危险性的工业设施（危险源）。由政府管理部门和权威机构在物质毒性、燃烧、爆炸特性基础上，制定出危险物质及其临界量标准。通过危险物质及其临界量标准，可以确定哪些是可能发生事故的潜在危险源。在我国，此标准即《危险化学品重大危险源辨识》GB 18218—2009。

(2) 重大危险源的评价

根据危险物质及其临界量标准进行重大危险源辨识和确认后，就应对其进行风险分析评价。一般来说，重大危险源的风险分析评价包括以下几个方面：辨识各类危险因素及其原因与机制；依次评价已辨识的危险事件发生的概率；评价危险事件的后果；进行风险评价，即评价危险事件发生概率和发生后果的联合作用；风险控制，即将上述评价结果与安全目标值进行比较，检查风险值是否达到了可接受水平，否则需要进一步采取措施，降低危险水平。

易燃、易爆、有毒重大危险源评价方法，是在国家八五科技攻关课题《易燃、易爆、有毒重大危险源辨识评价技术研究》中提出的。它在大量重大火灾、爆炸、毒物泄露中毒事故资料的统计分析基础上，从物质危险性、工艺危险性入手，分析重大事故发生的可能性的大小以及事故的影响范围、伤亡人数、经济损失，综合评价重大危险源的危险性，并提出应采取的预防、控制措施。

(3) 重大危险源的管理

企业应对施工现场的安全生产负重要责任。在对重大危险源进行辨识和评价后，应针对每一个重大危险源制定出一套严格的安全管理制度，通过技术措施（包括化学品的选择，设施的设计、建造、运转、维修以及有计划的检查）和组织措施（包括对人员的培训与指导，提供保证其安全的设备，工作人员水平、培训与指导，提供保证其安全的设备，工作人员水平、工作时间、职责的设定，以及对外部合同工和现场临时工的管理），对重大危险源进行严格控制和管理。

安全监督管理部门应建立重大危险源分级监督管理体系，建立重大危险源宏观监控信息网络，实施重大危险源的宏观监控与管理，最终建立和健全重大危险源的管理制度和监控手段。

生产经营单位应对重大危险源建立适时的监控预警系统。应用系统论、控制论、信息论的原理和方法，结合自动监测与传感器技术、计算机仿真、计算机通信等现代高新技术，对危险源对象的安全状况进行实时监控，严密监视那些可能使危险源对象的安全状态向事故临界状态转化的各种参数变化趋势，及时给出预警信息或应急控制指令，把事故隐患消灭在萌芽状态。应用现代信息技术进行监控，比如重大危险源实时监控预警技术、危险源数据采集系统和计算机监控系统等。

(4) 重大危险源的安全报告

重大危险源安全报告企业应在规定的期限内，对已辨识和评价的重大危险源向政府主管部门提交安全报告。如属新建的有重大危害性的设施，则应在其投入运转之前提交安全报告。安全报告应详细说明重大危险源的情况，可能引发事故的危险因素以及前提条件，安全操作和预防失误的控制措施，现场事故应急救援预案等。

(5) 事故应急救援预案

事故应急救援预案是重大危险源控制系统的重要组成部分。企业应负责指定现场事故应急救援预案，并且定期检验和评估现场事故应急救援预案和程序的有效程度，以及在必要时予以修订。场外事故应急救援预案，由政府主管部门根据企业提供的安全报告和有关资料制定。事故应急救援预案的目的是抑制突发事件，减少事故对工人、居民和环境的危害。因此，事故应急救援预案应提出详尽、实用、明确和有效的技术措施与组织措施。政府主管部门应保证发生事故将要采取的安全措施和正确做法的有关资料，散发给可能受事故影响的公众，并保证公众充分了解发生重大事故时的安全措施，一旦发生重大事故，应尽快报警。每隔适当的时间应修订和重新散发事故应急救援预案宣传材料。

重大危险源的应急预案管理要求：

1) 对可能出现高处坠落、物体打击、坍塌、触电、中毒以及其他群体伤害事故的重大危险源，应制定应急预案。

2) 预案必须包括：有针对性的安全技术措施、监控措施、检测方法、应急人员的组织、应急材料、器具、设备的配备等。预案应有较强的针对性和实用性，力求细致全面，操作简单易行。

3) 企业和工程项目均应编制应急预案。企业应根据承包工程的类型、共性特征，规定企业内部具有通用性、指导性的应急预案的各项基本要求；工程项目应按企业内部应急预案的要求，编制符合工程项目个性特点的、具体的、细化的应急预案，指导施工现场的具体操作。工程项目的应急预案应上报企业审批。

4) 重大危险源的监察

主管部门必须派出经过培训的、合格的技术人员定期对重大危险源进行监察、调查、评估和咨询。

## （三）危险源事故、违章作业的防范和处置

建筑工程施工应结合工程项目实际情况，对施工活动及外部产品采购、分包人服务提供过程中存在的危险源进行系统辨识和安全风险评价，确定重大风险因素，制定并实施安全措施计划、安全专项施工方案，对人的不安全行为、物的不安全状态、环境的不利因素以及管理上的缺陷进行有效控制，对事故隐患及时进行处置。

安全事故防范的主要措施如下：

### 1. 落实安全责任、实施责任管理

建立、完善以项目经理为第一责任人的安全生产领导组织，承担组织、领导安全生产的责任；建立各级人员的安全生产责任制度，明确各级人员的安全责任，抓责任落实、制度落实。

### 2. 安全教育与训练

管理与操作人员应具备安全生产的基本条件与素质；经过安全教育培训，考试合格后方可上岗作业；特种作业（电工作业，起重机械作业，电、气焊作业，登高架设作业等）人员，必须经专门培训、考试合格并取得特种作业上岗证，方可独立进行特种作业。

### 3. 安全检查

安全检查是发现危险源的重要途径，是消除事故隐患，防止事故伤害，改善劳动条件

的重要方法。

### 4. 作业标准化

按科学的作业标准，规范各岗位、各工种作业人员的行为，是控制人的不安全行为、防范安全事故的有效措施。

### 5. 生产技术与安全技术的统一

生产技术与安全技术在保证生产顺利进行、实现效益这一共同基点上是统一的，体现出"管生产必须同时管安全"的管理原则和安全生产责任制的落实。

### 6. 施工现场文明施工管理

施工现场文明施工管理是消除危险源、防范安全事故必不可少的内容，现场文明施工管理包括现场管理（包括现场保卫工作管理）、料具管理、环保管理、卫生管理这四项内容。

### 7. 正确对待事故的调查与处理

安全事故是违背人们意愿且又不希望发生的事件，一旦发生安全事故，应采取严肃、认真、科学、积极的态度，不隐瞒、不虚报，保护现场，抢救伤员，进而分析原因，制定避免发生同类事故的措施。

### 8. 危险源辨识与监控管理

主要包括下列内容：

（1）项目部应建立危险源识别和重大危险源管理制度。

（2）施工单位应按有关规定对工程项目进行危险源的识别和评价，可以采用经验、作业条件危险性等多种评价法对危险源进行评价，如经验法可采用危险源辨识与风险评价表进行评价（表13-1）。

（3）项目部按照危险源识别与风险评价表中确定的重大危险源，整理列出重大危险源清单（表13-2），并由项目负责人批准发布。

（4）项目部按有关规定填报重大危险源，由施工单位报安全生产监督管理机构。

危险源辨识与风险评价表　　　　　　表 13-1

| 工程名称 | | | | | | | | |
|---|---|---|---|---|---|---|---|---|
| 序号 | 作业活动 | 危险源 | 可能导致的事故 | 经验风险评价 | | | 重大危险因素 | |
| | | | | 可能性 | 伤害程度 | 风险种类 | 是 | 否 |
| | | | | | | | | |
| | | | | | | | | |
| | | | | | | | | |
| | | | | | | | | |

项目负责人：　　　　项目技术负责人：　　　　　　年　月　日

重大危险源清单  表 13-2

| 工程名称 | | | | | |
|---|---|---|---|---|---|
| 序号 | 重大危险源 | 出现部位 | 出现时间 | 监控人 | 控制措施 | 备注 |
| | | | | | | |
| | | | | | | |
| | | | | | | |
| | | | | | | |
| | | | | | | |

项目负责人：　　　　项目技术负责人：　　　　安全资料管理人员：　　　　年　月　日

## （四）事故与事故隐患

### 1. 事故与事故隐患异同

（1）相同之处

1）都是在人们的行动（如生产或社会活动）过程中的不安全行为。

2）都涉及人、物和系统环境。

3）都对人们的行动（如生产或社会活动）产生了一定的影响力。

（2）不同之处

1）事故是在行动（如生产或社会活动）的动态过程中发生的，事故隐患是在行动（如生产或社会活动）的静态过程中积聚和发展的。

2）事故的发生是潜在能量激发的结果，事故隐患就是其潜在能量尚未激发或还未形成激发状态。

3）事故已导致或多或少、或大或小的财物经济损失或人员伤害，有一定的甚至相当大的破坏力；而事故隐患则还没有产生这样的损失、伤害和破坏性。

4）事故具有突然性和偶然性的特点，一旦构成事故发生的条件，其速度极快，不易阻止，后果亦难以预料；事故隐患具有隐蔽性，不构成条件（即激发潜能）不会酿成事故，而且有可能发现，采取有效措施能暂时控制以至消除事故的形成。

由此可见，及早地对事故隐患加以超前性的诊断或辨识，然后进行针对性治理，予以消除。或者采取预防对策措施，遏制其向事故方面的转化，对维持人们的正常的行动（如生产或社会活动），就显得更有实际意义，这对我们从事风险施工较大的建筑行业而言，是尤为重要的。

### 2. 事故防范的策略

（1）管理方面

1）设立事故原因分析委员会。如果发生事故，即产生了责任问题。与处理事故委员会不同，在彻底分析与责任无关的事故原因、弄清问题的关键的同时，应该设立一个详细了解事故原因、把广泛预防事故作为研究课题的委员会。

2）配备专门工作人员。为了达到安全的目的，必须广泛考虑安全条件，需要能够认识关键问题的专业工作人员，特别是能够发现差错的、具备深刻观察力的工作人员。

3）意见汇总制度。现阶段汇总有关安全、危险的意见是很有必要的。发生事故一般人会认为是没有想到的事，但事故发生的可能性还是可以通过分析预测的。在发生事故的可能性较小的情况下，就会被人为疏忽，大多数人也会认为这样的事故从来没有发生过，也不会发生而被忽视。通过系统收集材料，从专业工作人员的角度加以研究和分析，就可以事前预防事故的发生。

4）对待操作规程的态度。并不是制定一个好的规章制度就可以万事大吉了，重要的是要遵守并执行规章制度。

5）为了把作业次序记在脑海里，让每位施工作业者完全了解问题的关键和行动，花点功夫是必要的。必须考虑示意图提问题，使参与者都高度紧张，正确地传递信息。

6）操作顺序性。操作次序如与安全、危险有关联的话要重新考虑操作顺序。

7）禁止凭自己的想象进行操作。有些事故在规范化操作时不易发生，而在非规范化操作或凭自己的想象进行操作时，经常会发生。如果在进行某项作业前，先把作业顺序、工作状况等情况，清楚地记在脑中，就能顺利地工作。在不了解情况的时候，盲目操作，发生事故的可能性也就增大了。作业在中断后重新开工时，容易发生事故。理由是相同的。所以在重新开工前，应该先回忆一下上次的工作情况，这样可以预防事故。

（2）设备方面

预防事故就是不让未预料到的事情发生，换言之，事先能考虑到可能出现的差错及可能发生的事端，并且对此采取预防措施：

1）实现安全装置的可能性。尽管采用保险装置的系统方法有很多困难，但还是有必要加以探索，通过输电线触电事故分析有以下几种可能性：①强制性地在物理上隔绝与带电线接近的空间接触装置；②一碰上带电线就会发出听觉和触觉警报的装置；③无论是带电线还是不带电线，都应有明显的标记，例如变色笔及电子音波。

2）状态的统一性。即隔离绳代表什么意义的问题。谋求作业区内状态的统一性，防止引起错觉。

3）提供正确的信息。即表示新线、旧线的标志牌。

4）可行的物理性隔离。设置悬壁式隔离柱，排除引起错觉的信息，除红色、蓝色是表示危险、安全外还应考虑使用其他记号。

（3）行为方面

1）危险预知训练。在考虑某种危险状态的同时，还要掌握人们心理上和行动上的潜在危险，以及与状态和行动有关的潜在危险。

2）小群体活动。小群体活动具有形成与预知危险训练一样形式的可能性。固定人员每次以同样的想法交换意见，会有碍创造性的发展。通过第一项的教育训练，让有关人员学习新的知识，从新的角度看问题，搞活小组活动，使事故预防得到推进。

3）要培养能深入关心人们的心理和行为的操作员。人们在某种条件下会有某种心情，也常常有某种行动，而且会产生某种错误。培养对别人的深刻认识和对别人有强烈责任心的操作员，是预防事故的关键。关心别人是应该的，但同时应该联系自己、分析自己的心理和行为，客观地看待自己，只有这样才能提高自我控制能力，也就能更好地关心别人，为别人考虑，在作业条件设定方面，也可以做得很好。还有，预防事故在人类行为上与培养具有敏锐观察问题能力的人密切相关。

4）联系事故防止的对策，对问题进行分析，使各人对危险的感受性得到提高。但是如果弃而不用，再有用的资料也会变成一堆废纸。

### 3. 事故危险因素与危害因素的分类

对危险因素与危害因素进行分类，是为了便于进行危险因素与危害因素的辨识和分析。危险因素与危害因素的分类方法有许多种，这里简单介绍按导致事故、危害的直接原因进行分类的方法和参照事故类别、职业病类别进行分类的方法。

（1）按导致事故和职业危害的直接原因进行分类

根据《生产过程危险和危害因素分类与代码》的规定对生产过程中的危险因素与危害因素进行了分类。此种分类方法所列危险、危害因素具体、详细、科学合理，适用于各企业在规划、设计和组织生产时，对危险、危害因素的辨识和分析。

（2）物理性危险因素与危害因素

1）设备、设施缺陷（强度不够、刚度不够、稳定性差、密封不良、应力集中、外形缺陷、外露运动件、制动器缺陷、控制器缺陷、设备设施其他缺陷）；

2）防护缺陷（无防护、防护装置和设施缺陷、防护不当、支撑不当、防护距离不够、其他防护缺陷）；

3）电危害（带电部位裸露、漏电、雷电、静电、电火花、其他电危害）；

4）噪声危害（机械性噪声、电磁性噪声、流体动力性噪声、其他噪声）；

5）振动危害（机械性振动、电磁性振动、流体动力性振动、其他振动）；

6）电磁辐射；

7）运动物危害（固体抛射物、液体飞溅物、反弹物、岩土滑动、堆料垛滑动、气流卷动、冲击地压、其他运动物危害）；

8）明火；

9）能造成灼伤的高温物质（高温气体、高温固体、高温液体、其他高温物质）；

10）能造成冻伤的低温物质（低温气体、低温固体、低温流体、其他低温物质）；

11）粉尘与气溶胶（不包括爆炸性、有毒性粉尘与气溶胶）；

12）作业环境不良（基础下沉、安全过道缺陷、采光照明不良、有害光照、通风不良、缺氧、空气质量不良、给水排水不良、涌水、强迫体位、气温过高、气温过低、气压过高、气压过低、高温高湿、自然灾害、其他作业环境不良）；

13）信号缺陷（无信号设施、信号选用不当、信号位置不当、信号不清、信号显示不准、其他信号缺陷）；

14）标志缺陷（无标志、标志不清楚、标志不规范、标志选用不当、标志位置缺陷、其他标志缺陷）；

15）其他物理性危险因素与危害因素。

（3）化学性危险因素与危害因素

1）易燃易爆性物质（易燃易爆性气体、易燃易爆性液体、易燃易爆性固体、易燃易爆性粉尘与气溶胶、其他易燃易爆性物质）；

2）自燃性物质；

3）有毒物质（有毒气体、有毒液体、有毒固体、有毒粉尘与气溶胶、其他有毒物质）；

4）腐蚀性物质（腐蚀性气体、腐蚀性液体、腐蚀性固体、其他腐蚀性物质）；

5）其他化学性危险因素与危害因素。

(4) 生物性危险因素与危害因素

1）致病微生物（细菌、病毒、其他致病微生物）；

2）传染病媒介物；

3）致害动物；

4）致害植物；

5）其他生物性危险因素与危害因素。

(5) 心理、生理性危险因素与危害因素

1）负荷超限（体力负荷超限、听力负荷超限、视力负荷超限、其他负荷超限）；

2）健康状况异常；

3）从事禁忌作业；

4）心理异常（情绪异常、冒险心理、过度紧张、其他心理异常）；

5）辨识功能缺陷（感知延迟、辨识错误、其他辨识功能缺陷）；

6）其他心理、生理性危险因素与危害因素。

(6) 行为性危险因素与危害因素

1）指挥错误（指挥失误、违章指挥、其他指挥错误）；

2）操作失误（误操作、违章作业、其他操作失误）；

3）监护失误；

4）其他错误；

5）其他行为性危险因素与危害因素。

(7) 其他危险因素与危害因素。

参照事故类别和职业病类别进行分类，参照《企业伤亡事故分类》，综合考虑起因物、引起事故的先发的诱导性原因、致害物、伤害方式等，将危险因素分为以下几类：

1）物体打击，是指物体在重力或其他外力的作用下产生运动，打击人体造成人身伤亡事故，不包括因机械设备、车辆、起重机械、坍塌等引发的物体打击；

2）车辆伤害，是指企业机动车辆在行驶中引起的人体坠落和物体倒塌、飞落、挤压伤亡事故，不包括起重设备提升、牵引车辆和车辆停驶时发生的事故；

3）机械伤害，是指机械设备运动（静止）部件、工具、加工件直接与人体接触引起的夹击、碰撞、剪切、卷入、绞、碾、割、刺等伤害，不包括车辆、起重机械引起的机械伤害；

4）起重伤害，是指各种起重作业（包括起重机安装、检修、试验）中发生的挤压、坠落、物体打击和触电；

5）触电，包括雷击伤亡事故；

6）淹溺，包括高处坠落淹溺，不包括矿山、井下透水淹溺；

7）灼烫，是指火焰烧伤、高温物体烫伤、化学灼伤（酸、碱、盐、有机物引起的体内外灼伤）、物理灼伤（光、放射性物质引起的体内外灼伤），不包括电灼伤和火灾引起的烧伤；

8）火灾；

9）高处坠落，是指在高处作业中发生坠落造成的伤亡事故，不包括触电坠落事故；

10）坍塌，是指物体在外力或重力作用下，超过自身的强度极限或因结构稳定性破坏而造成的事故，如挖沟时的土石塌方、脚手架坍塌、堆置物倒塌等，不适用于矿山冒顶片帮和车辆、起重机械、爆破引起的坍塌；

11）放炮，是指爆破作业中发生的伤亡事故；

12）火药爆炸，是指火药、炸药及其制品在生产、加工、运输、贮存中发生的爆炸事故；

13）化学性爆炸，是指可燃性气体、粉尘等与空气混合形成爆炸性混合物接触引爆能源时发生的爆炸事故（包括气体分解、喷雾爆炸）；

14）物理性爆炸，包括锅炉爆炸、容器超压爆炸、轮胎爆炸等；

15）中毒和窒息，包括中毒、缺氧窒息、中毒性窒息；

16）其他伤害，是指除上述以外的危险因素，如摔、扭、挫、擦、刺、割伤和非机动车碰撞、轧伤等（矿山、井下、坑道作业还有冒顶片帮、透水、瓦斯爆炸等危险因素）。

参照卫生部、原劳动部、总工会等颁发的《职业病范围和职业病患者处理办法的规定》，危害因素又可分为生产性粉尘、毒物、噪声与振动、高温、低温、辐射（电离辐射、非电离辐射）、其他危害因素类。

# 十四、项目文明工地绿色施工管理

施工现场的文明施工与绿色施工是安全生产的重要组成部分。文明施工与绿色施工是现代化施工的一个重要标志,是施工企业的一项基础性管理工作。修改后颁布的《建筑施工安全检查标准》JGJ 59—2011 增加了文明施工检查评分的内容,把文明施工和绿色施工作为考核安全目标的重要内容之一。《建筑施工现场环境与卫生标准》JGJ 146—2004、《建筑工程绿色施工评价标准》GB/T 50640—2010 也有明确规定,因此做好文明施工与绿色施工的管理工作是专职安全管理人员的一项最基本的工作。

## (一) 理解"文明施工"和"绿色施工"的概念与重要性

### 1. 文明施工、绿色施工的重要意义

改革开放以来,随着城市建设规模空前大发展,建筑业的管理水平也得到很大的提高。文明施工、绿色施工在 20 世纪 80 年代中期抓施工现场安全标准化管理的基础上,得到了逐步深化和长足发展,重点体现了以人为本的思想。施工现场的文明施工与绿色施工是以安全生产为突破口,以质量为基础、以科技进步节能环保为重点狠抓"窗口"达标,把静态的工地和动态的管理有机结合起来,突破了传统的管理模式,注入新的内容,使施工现场纳入现代企业制度的管理。

文明施工与绿色施工主要是指工程建设实施阶段中,进行有序、规范、标准、整洁、环保节能、科学的建设施工生产活动。

绿色施工是指工程建设中,在保证质量、安全等基本要求的前提下,通过科学管理和技术进步,最大限度地节约资源与减少对环境负面影响的施工活动,实现环境保护、节能与能源利用、节材与材料资源利用、节水与水资源利用、节地与土地资源保护(简称四节一保护)。

其重要意义在于:

(1) 是改善人的劳动条件,体现"以人为本"的思想,适应新的环境,提高施工效益,消除施工给城市环境带来的污染,提高人的文明程度和自身素质,确保安全生产、工程质量的有效途径。

(2) 是施工企业落实社会主义精神、物质文明两个建设的最佳结合点,是广大建设者几十年的心血结晶。

(3) 是文明城市建设的一个必不可少的重要组成部分,文明城市的大环境客观上要求建筑工地必须成为城市的新景观。

(4) 文明施工、绿色施工对施工现场贯彻"安全第一、预防为主"的指导方针,坚持

"管生产必须管安全"的原则起到保证作用。

（5）文明施工以各项工作标准规范施工现场行为，是建筑业施工方式的重大改变；文明施工以文明工地建设为抓手，通过管理出效益，改变了建筑业过去靠延长劳动时间增加效益的做法，是经济增长方式的一个重大转变。

（6）文明施工与绿色施工是企业无形资产原始积累的需要，是在市场经济条件下企业参与市场竞争的需要。创建文明工地投入了必要的人力物力，这种投入不是浪费，而是为了确保在施工过程中的安全与卫生所采取的必要措施。这种投入与产出是成正比的，是为了在产出的过程中体现出企业的信誉、质量、进度，其本身就能带来直接的经济效益，提高了建筑业在社会上的知名度，为促进生产发展，增强市场竞争能力起到积极的推动作用。文明施工已经成为企业的一个有效的无形资产，已被广大建设者认可，对建筑业的发展发挥其应有的作用。

（7）为了更好地同国际接轨，文明施工参照了《环境管理体系　要求及使用指南》GB/T 24001—2004、《职业健康安全管理体系　要求》GB/T 28001—2011 以及国际劳工组织第 167 号《施工安全与卫生公约》，以保障劳动者的安全与健康为前提，文明施工创建了一个安全、有序的作业场所以及卫生、舒适的休息环境，从而带动其他工作，是"以人为本"思想的重要体现。

## 2. 文明施工、绿色施工在建设施工中的重要地位

经住房和城乡建设部修改后颁布的中华人民共和国行业标准《建筑施工安全检查标准》JGJ 59—2011 中，增加了文明施工检查评分这一内容。它对文明施工检查的标准、规范提出了要求，现场文明施工包括现场围挡、封闭管理、施工场地、材料堆放、现场宿舍、现场防火、治安综合治理、现场标牌、生活设施、保健急救、社区服务这 11 项内容，把文明施工作为考核安全目标的重要内容之一。《建筑施工安全检查标准》JGJ 59—2011 对全国各地建筑业文明施工的经验，进行了总结归纳，按照 167 号国际劳工公约《施工安全与卫生公约》的要求，制定了文明施工标准，施工现场不但应该做到安全生产不发生事故，同时还应做到文明施工，整洁有序，把过去建筑施工以"脏、乱、差"为主要特征的工地，改变成为城市文明新的"窗口"。针对建筑存在的管理问题，文明施工检查评分表中将现场围挡、封闭管理、施工场地、材料堆放、现场宿舍、现场防火列为保证项目作为检查重点。同时对必要的生活卫生设施如食堂、厕所、饮水、保健急救和施工现场标牌、治安综合治理、社区服务等项也纳入文明施工的重要工作，列为检查表的一般项目，说明国家对建设单位的文明施工非常重视，其在建设工程施工现场中占据重要的地位。

为了更好地推动这项工作，全国各地人民政府建设和管理委员会总结了改革开放以来的建设工程中文明施工的经验，使建筑工地成为"两个文明"建设的重要窗口。例如：上海市建设和管理委员会在 2003 年 2 月 21 日重新颁布了《上海市文明工地（场站）管理规定》。从组织上、内容上、对象上、措施上、工作方法上加大了文明施工的管理力度，使文明施工更加规范化、标准化、正常化、科学化管理。该管理规定七章二十八条，从总则、领导机构、日常管理机构、工作实施机构、称号设置和公布机关、申报、推荐、检查与评选、检查评选的条件和标准、表彰和奖励、附则等详尽地表达了创建文明工地的有关

情况,对下一步上海建设工程施工中的文明施工提出了高标准、严要求,把上海的文明施工推向更高的层次,为上海建设系统社会主义两个文明建设作出新的贡献。

**3. 文明施工、绿色施工是企业综合实力科学管理的体现**

文明施工、绿色施工纳入对施工企业的安全生产评价、资质考核、文明单位评选内容之一。也实测出该施工企业的综合能力、管理水准、员工的总体素质。建设系统各级主管部门,基本上形成了文明施工管理的网络体系,逐步完善了组织保证机制(见图14-1)。

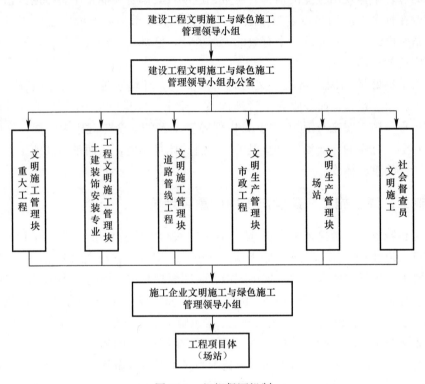

图 14-1 组织保证机制

建设系统还聘选了一批文明施工与绿色施工社会督查号和专业技术人员,参与建设工程和后方场站文明施工(生产)的日常监督检查工作,并且将他们反映的情况作为年终评选建设工程文明工地、后方文明场站的重要依据。通过社会力量的外部监督,来提升建设工地和后方场站在市民心目中的地位,从而扩大了文明施工(生产)的影响。

凡需参加文明工地(场站)评选活动的在建工地和施工企业的生产场站,由各施工企业自愿申报。各专业文明施工管理块格局各自的管理需要和施工特点,对所推荐的工地(场站),按有关评分标准中综合管理、安全管理、质量管理、环境保护、节能管理、宣传教育、卫生防疫、资料管理等内容实行全数评选检查。省、市建设工程文明施工管理领导小组审核并报同级建设和管理委员会批准、命名和公布年度文明工地(场站)。凡取得省、市级年度文明工地(场站)荣誉称号的企业,在工程招投标各有形市场中进行公布,并在安全生产管理考核中给予加分鼓励。各区、县文明施工管理领导小组参照有关文明工地

（场站）管理规定评选出区、县一级文明工地，在对施工企业的考评、考核中同样加分。同时，一些企业集团总公司也评选出自己系统的文明工地。从而形成了一个条与块相结合的文明施工（生产）评比的新局面，进一步推动了建设系统文明施工（生产）管理工作，使创建文明工地、场站的活动得到了健康持续的发展。

## （二）对施工现场文明施工和绿色施工进行评价

### 1. 文明施工、绿色施工一般规定的评价

建设工程工地应按《建筑施工安全检查标准》JGJ 59—2011 的规定做到：

（1）现场围挡

1）施工现场必须采用封闭围挡，高度不得小于 1.8m。建筑多层、高层建筑的，还应设置安全防护措施。在市区主要路段和市容景观道路及机场、码头、车站广场设置的围挡其高度不得低于 2.5m，在其他路段设置的围挡，其高度不得低于 1.8m。

2）围挡使用的材料应保证围栏稳固、整洁、美观。市政工程项目工地，可按工程进度进行分段设置围栏，或按规定使用统一的连续性护栏设施。施工单位不得在工地围栏外堆放建筑材料、垃圾和工程渣土。在经临时批准时占用的区域，应严格按批准的占地范围和使用性质存放、堆卸建筑材料或机具设备，临时区域四周应设置高于 1m 的围栏。

3）在有条件的工地，四周围墙、宿舍外墙等地方，必须张挂、书写环保节能、安全文化等反映企业精神、时代风貌的醒目宣传标语。

（2）封闭管理

1）施工现场进出口应设置大门，门头按规定设置企业标志（施工现场工地的门头、大门，各企业须统一标准，施工企业可根据各自的特色，标明集团、企业的规范简称）。

2）门口要有大门和门卫并制定门卫制度。来访人员应进行登记，禁止外来人员随意出入；进出料要有收发手续。

3）进入施工现场的工作人员按规定佩戴工作标识卡。

（3）施工场地

1）施工现场的主要道路必须进行硬化处理，土方应集中堆放。裸露的场地和集中堆放的土方应采取覆盖、固化或绿化等措施。

2）道路应保持畅通。

3）建筑工地应设置排水沟或下水道，排水应保持通畅。

4）制定防止泥浆、污水、废水外流以及堵塞下水道和排水河道的措施。实行二级沉淀、三级排放。

5）工地地面应平整，不得有积水。

6）工地应按要求设置吸烟处，有烟缸或水盆，禁止流动吸烟。

7）工地内长期裸露的土质区域，南方地区四季要有绿化布置，北方地区温暖季节有绿化布置，绿化实行地栽。

（4）材料堆放

1）建筑材料、构件、料具应按平面布局堆放。

2) 料堆要堆放整齐并按规定挂置名称、品种、规格、数量、进货日期等标牌以及状态标识：①已检合格；②待检；③不合格。

3) 工作面每日应做到工完料尽场地清。

4) 建筑垃圾应在指定场所堆放整齐并标出名称、品种，做到及时清运。

5) 易燃易爆物品应设置危险品仓库，并做到分类存放。

(5) 现场住宿

1) 工地宿舍要符合文明施工的要求，在建建筑物内不得兼作宿舍。

2) 施工作业区域必须有醒目的警示标志且与非施工区域（生活、办公区域）严格分隔。生活区应保持整齐、整洁、有序、文明，并符合安全消防、防台（风）防汛、卫生防疫、环境保护等方面的规定。

3) 宿舍内应保证有必要的生活空间，室内净高不得小于 2.4m，通道宽度不得小于 0.9m，每间宿舍居住人员不得超过 16 人。

4) 施工现场宿舍必须设置可开启式窗户，宿舍内的床铺不得超过 2 层，严禁使用通铺。

5) 宿舍内应设置生活用品专柜，有条件的宿舍宜设置生活用品储藏室。

6) 宿舍内应设置垃圾桶，宿舍外宜设置鞋柜或鞋架，生活区内应提供为作业人员晾衣物的场地。

7) 冬季，北方严寒地区的宿舍应有保暖和防止煤气中毒措施；夏季，宿舍应有消暑和防蚊虫叮咬措施。

8) 宿舍不得留宿外来人员，特殊情况必须经有关领导及行政主管部门批准方可留宿，并报保卫人员备查。

(6) 现场防火

1) 制定防火安全措施及管理措施，施工区域和生活、办公区域应配备足够数量的灭火器材。

2) 根据消防要求，在不同场所合理配置种类合适的灭火器材。严格管理易燃、易爆物品，设置专门仓库存放。

3) 高层建筑应按规定设置消防水源并能满足消防要求，即：高度 24m 以上的工程须有水泵、水管与工程总体相适应，有专人管理，落实防火制度和措施。

4) 施工现场需动用明火作业的，如：电焊、气焊、气割、熬炼沥青等，必须严格执行三级动火审批手续并落实动火监护和防火措施。按施工区域、层次划分动火等级，动火必须具有"二证一器一监护"，即：焊工证、动火证、灭火器、监护人。

5) 在防火安全工作中，要建立防火安全组织、义务消防队和防火档案，明确项目负责人、管理人员及各操作岗位的防火安全职责。

(7) 治安综合治理

1) 生活区应按精神文明建设的要求设置学习和娱乐场所，配备电视机、报刊杂志和文体活动用品。

2) 建立健全治安保卫制度，责任分解到人。

3) 落实治安防范措施，杜绝失窃偷盗、斗殴赌博等违法乱纪事件。

4) 要加强治安综合治理，做到目标管理、制度落实、责任到人。施工现场治安防范措施有力、重点要害部位防范设施到位。与施工现场的外包队伍须签订治安综合治理协议书，加强法制教育。

（8）施工现场标牌

1）施工现场入口处的醒目位置，应当公示"五牌一图"（工程概况牌、管理人员名单及监督电话牌、消防保卫牌、安全生产牌、文明施工牌、施工现场总平面图）。招牌书写字迹要工整规范，内容要简明实用。标志牌规格：宽1.2m、高0.9m，标牌底边距地高为1.2m。

2）《建筑施工安全检查标准》对"五牌"的具体内容未作具体规定，各单位可结合本地区、本企业、本工程的特点进行设置。如有的地区又增加了卫生须知牌、卫生包干图、夜间施工的安民告示牌等。

3）在施工现场的明显处，应有必要的安全内容标语。

4）施工现场应设置"两栏一报"，即宣传栏、读报栏和黑板报，及时反映工地内外各类动态。按文明施工的要求，宣传教育用字须规范，不使用繁体字和不规范的词句。

（9）生活设施

1）卫生设施

① 施工现场应设置水冲式或移动式厕所，厕所地面应硬化，门窗应齐全。蹲位之间应设置隔板，隔板高度不宜低于0.9m。

② 厕所大小应根据作业人员的数量设置。高层建筑施工高度超过8层以后，每隔四层宜设置临时厕所。厕所应设专人负责清扫、消毒，化粪池应及时清掏。

③ 淋浴间内应设置满足需要的淋浴喷头，可设置储衣柜或挂衣架。

④ 盥洗设施应设置满足作业人员使用的盥洗池，并应使用节水龙头。

2）食堂

① 食堂必须有卫生许可证，炊事人员必须持身体健康证上岗。

② 食堂应设置在远离厕所、垃圾站、有毒有害场所等污染源的地方。

③ 食堂应设置独立的制作间、储藏间，门扇下方应设不低于0.2m的防鼠挡板。

④ 制作间灶台及周边应贴瓷砖，所贴瓷砖高度不宜小于1.5m，地面应做硬化和防滑处理。

⑤ 粮食存放台距墙和地面应大于0.2m。

⑥ 食堂应配备必要的排风设施和冷藏设施。

⑦ 食堂的燃气罐应单独设置存放间，存放间应通风良好并严禁存放其他物品。

⑧ 食堂制作间的炊具宜存放在封闭的橱柜内，刀、盆、案板等炊具应生熟分开。食品应有遮盖，遮盖物品应有正反面标识。各种佐料和副食应存放在密闭器皿内，并应有标识。

⑨ 食堂外应设置密闭式泔水桶，并应及时清运。

3）其他

① 落实卫生责任制及各项卫生管理制度。

② 生活区应设置开水炉、电热水器或饮用水保温桶；施工区应配置流动保温水桶。

③ 生活垃圾应有专人管理，及时清理、清运；应分类盛放在有盖的容器内，严禁与建

筑垃圾混放。

④ 文体活动室应配备电视机、书报、杂志等文体活动设施、用品。

(10) 保健急救

1) 工地应按规定设置医务室或配备符合要求的急救箱。医务人员对生活卫生要起到监督作用，定期检查食堂饮食等卫生情况。

2) 落实急救措施和急救器材（如担架、绷带、止血带、夹板等）。

3) 培训急救人员，掌握急救知识，进行现场急救演练。

4) 适时开展卫生防病宣传教育，保障施工人员健康。

(11) 社区服务

1) 制定防止粉尘飞扬和降低噪声的方案或措施。

2) 夜间施工除张挂安民告示牌外，还应按当地有关部门的规定，执行许可证制度。

3) 现场严禁焚烧有毒有害物质。

4) 切实落实各类施工不扰民措施，消除泥浆、噪声、粉尘等影响周边环境的因素。

## 2. 建筑工程文明施工、绿色施工费用管理规定

2005 年 9 月 1 日开始施行的《建筑工程安全防护、文明施工措施费用及使用管理规定》（建办〔2005〕89 号）要求：

(1) 费用管理

1) 费用构成及用途

① 安全防护、文明施工措施费用，是指按照国家现行的建筑施工安全、施工现场环境与卫生标准和有关规定，购置和更新施工安全防护用具及设施、改善安全生产条件和作业环境所需要的费用。建设单位对建筑工程安全防护、文明施工措施有其他要求的，所发生费用一并计入安全防护、文明施工措施费。

② 安全防护、文明施工措施费是由《建筑安装工程费用项目组成》（建标〔2003〕206 号）中措施费所含的文明施工费、环境保护费、临时设施费、安全施工费组成的。

③ 其中安全施工费由临边、洞口、交叉、高处作业安全防护费，危险性较大工程安全措施费及其他费用组成。

2) 费用计取

① 建设单位、设计单位在编制工程概（预）算时，应当合理确定工程安全防护、文明施工措施费。

② 招标文件单独列出安全防护、文明施工措施项目清单。

③ 投标方应当对工程安全防护、文明施工措施项目单独报价，其报价不得低于依据工程所在地工程造价管理机构测定费率计算所需费用总额的 90%。

④ 建设单位与施工单位应当在施工合同中明确安全防护、文明施工措施项目总费用，以及费用预付、支付计划、使用要求、调整方式等条款。

(2) 使用管理

1) 施工单位应当确保安全防护、文明施工措施费专款专用，在财务管理中单独列出安全防护、文明施工措施项目费用清单备查。施工单位安全生产管理机构和专职安全生产

管理人员负责对建筑工程安全防护、文明施工措施的组织实施进行现场监督检查,并有权向建设主管部门反映情况。

2) 总承包单位与分包单位应当在分包合同中明确安全防护、文明施工措施费用由总承包单位统一管理。安全防护、文明施工措施由分包单位实施的,由分包单位提出专项安全防护措施及施工方案,经总承包单位批准后及时支付所需费用。总承包单位不按该规定和合同约定支付费用,造成分包单位不能及时落实安全防护措施导致发生事故的,由总承包单位负主要责任。

(3) 监督管理

1) 建设单位申请领取建筑工程施工许可证时,应当将施工合同约定的安全防护、文明施工措施费用支付计划作为保证工程安全的具体措施提交建设行政主管部门,未提交的,建设行政主管部门不予核发施工许可证。

2) 工程监理单位应当对施工单位落实安全防护、文明施工措施情况进行现场监理。发现施工单位未落实施工组织设计及专项施工方案中安全防护和文明施工措施的,有权责令其立即整改;对拒不整改或未按期限要求完成整改的,应当及时向建设单位和建设行政主管部门报告,必要时责令其暂停施工。

3) 建设行政主管部门应当按照现行标准规范对施工现场安全防护、文明施工措施落实情况进行监督检查,并对建设单位支付及施工单位使用安全防护、文明施工措施费用情况进行监督。

4) 安全防护、文明施工措施项目见表14-1。

**安全防护、文明施工措施项目** 表14-1

| 类别 | 项目名称 | 具体要求 |
| --- | --- | --- |
| 文明施工与环境保护 | 安全警示标志牌 | 在易发伤亡事故(或危险)处设置明显的、符合国家标准要求的安全警示标志牌 |
| | 现场围挡 | (1) 现场采用封闭围挡,高度不小于1.8m;<br>(2) 围挡材料可采用彩色定型钢板,砖、混凝土砌块等墙体 |
| | 五板一图 | 在进门处悬挂工程概况、管理人员名单及监督电话、安全生产、文明施工、消防保卫五板、施工现场总平面图 |
| | 企业标志 | 现场出入的大门应设有本企业标识 |
| | 场容场貌 | (1) 道路通畅;<br>(2) 排水沟、排水设施通畅;<br>(3) 工地地面硬化处理;<br>(4) 绿化 |
| | 材料堆放 | (1) 材料、构件、料具等堆放时,悬挂有名称、品种、规格等的标牌;<br>(2) 水泥和其他易飞扬的细颗粒建筑材料应密闭存放或采取覆盖等措施;<br>(3) 易燃、易爆和有毒、有害物品应分类存放 |
| | 现场防火 | 消防器材配置合理,符合消防要求 |
| | 垃圾清运 | 施工现场应设置密闭式垃圾站,施工垃圾、生活垃圾应分类存放。施工垃圾必须采用相应容器或管道运输 |

续表

| 类别 | 项目名称 | | 具体要求 |
|---|---|---|---|
| 临时设施 | | 现场办公、生活设施 | (1) 施工现场办公、生活区与作业区分开设置，保持安全距离；<br>(2) 工地办公室、现场宿舍、食堂、厕所、饮水、休息场所符合卫生和安全要求 |
| | 施工现场临时用电 | 配电线路 | (1) 按照 TN-S 系统要求配备五芯电缆、四芯电缆和三芯电缆；<br>(2) 按要求架设临时用电线路的电杆、横担、瓷夹、瓷瓶等，或电缆埋地的地沟；<br>(3) 对靠近施工现场的外电线路，设置木质、塑料等绝缘体的防护设施 |
| | | 配电箱、开关箱 | (1) 按三级配电要求，配备总配电箱、分配电箱、开关箱三类标准电箱。开关箱应符合一机、一箱、一闸、一漏。三类电箱中的各类电器应是合格品；<br>(2) 按两级保护的要求，选取符合容量要求和质量合格的总配电电箱和开关箱中的漏电保护器 |
| | | 接地保护装置 | 施工现场保护零线的重复接地应不少于三处 |
| 安全施工 | 临边、洞口、交叉、高处作业防护 | 楼板、屋面、阳台灯临边防护 | 用密目式安全立网全封闭，作业层另加两边防护栏杆和18cm高的踢脚板 |
| | | 通道口防护 | 设防护棚，防护棚应为不小于5cm厚的木板或两道相距50cm的竹笆。两侧应沿栏杆架用密目式安全网封闭 |
| | | 预留洞口防护 | 用木板全封闭；短边超过1.5m长的洞口，除封闭外四周还应设有防护栏杆 |
| | | 电梯井口防护 | 设置定型化、工具化、标准化的防护门；在电梯井内每隔两层（不大于10m）设置一道安全平网 |
| | | 楼梯边防护 | 设1.2m高的定型化、工具化、标准化的防护栏杆，18cm高的踢脚板 |
| | | 垂直方向交叉作业防护 | 设置防护隔离棚或其他设施 |
| | | 高空作业防护 | 有悬挂安全带的悬索或其他设施；有操作平台；有上下的梯子或其他形式的通道 |
| 其他 | | | 由各地自定 |

## 3. 建筑工程文明施工、绿色施工关于环境保护的规定

1991年12月5日建设部令第15号发布实施的《建设工程施工现场管理规定》第三十一条明确规定：施工单位应当遵守国家有关环境保护的法律规定，采取措施控制施工现场的各种粉尘、废气、废水、固体废弃物以及噪声、振动对环境的污染和危害。

（1）防止大气污染

1）产生大气污染的施工环节

① 扬尘污染，应当重点控制的施工环节有：

A. 搅拌桩、灌注桩施工的水泥扬尘；

B. 土方施工过程及土方堆放的扬尘；

C. 建筑材料（砂、石、黏土砖、塑料泡沫、膨胀珍珠岩粉等）堆放的扬尘；

D. 脚手架清理、拆除过程的扬尘；

E. 混凝土、砂浆拌制过程的水泥扬尘；

F. 木工机械作业的木屑扬尘；

G. 道路清扫扬尘；

H. 运输车辆扬尘；

I. 砖槽、石切割加工作业扬尘；

J. 建筑垃圾清扫扬尘；

K. 生活垃圾清扫扬尘。

② 空气污染主要发生在：

A. 某些防水涂料施工过程；

B. 化学加固施工过程；

C. 油漆涂料施工过程；

D. 施工现场的机械设备、车辆的尾气排放；

E. 工地擅自焚烧对空气有污染的废弃物。

2）防止大气污染的主要措施

① 施工现场的主要道路必须进行硬化处理，土方应集中堆放。裸露的场地和集中堆放的土方应采取覆盖、固化或绿化等措施。

② 使用密目式安全网对在建建筑物、构筑物进行封闭，防止施工过程扬尘；拆除既有建筑物时，应采用隔离、洒水等措施防止扬尘，并应在规定期限内将废弃物清理完毕。

③ 从事土方、渣土和施工垃圾运输应采用密闭式运输车辆或采取覆盖措施；施工现场出入口处应采取保证车辆清洁的措施。

④ 施工现场应根据风力和大气湿度的具体情况，进行土方回填、转运作业。

⑤ 水泥和其他易飞扬的细颗粒建筑材料应密闭存放，砂石等散料应采取覆盖措施。

⑥ 施工现场混凝土搅拌场所应采取封闭、降尘措施。

⑦ 建筑物内施工垃圾的清运，必须采用相应容器或管道运输，严禁凌空抛掷。

⑧ 施工现场应设置密闭式垃圾站，施工垃圾、生活垃圾应分类存放，并及时清运出场。

⑨ 城区、旅游景点、疗养区、重点文物保护地及人口密集区的施工现场应使用清洁能源。

⑩ 施工现场的机械设备、车辆的尾气排放应符合国家环保排放标准要求。

⑪ 施工现场严禁焚烧各类废弃物。

（2）防止水污染

1）产生水污染的施工环节

① 桩基施工、基坑护壁施工过程的泥浆；

② 混凝土（砂浆）搅拌机械、模板、工具的清洗产生的水泥浆污水；

③ 现浇水磨石施工的水泥浆；

④ 油料、化学溶剂泄露；

⑤ 生活污水。

2) 水污染的防止

① 施工现场应设置排水沟及沉淀池，现场废水不得直接排入市政污水管网和河流；

② 现场存放的油料、化学溶剂等应设有专门库房，地面应进行防渗漏处理；

③ 食堂应设置隔油地，并应及时清理；

④ 厕所的化粪池应进行抗渗处理；

⑤ 食堂、盥洗室、淋浴间的下水管线应设置隔离网，并应与市政污水管线连接，保证排水通畅。

（3）防止施工噪声污染

施工现场应按照现行国家标准《建筑施工场界环境噪声排放标准》GB 12523—2011 制定降噪措施，并应对施工现场的噪声值进行监测和记录。

施工现场的强噪声设备宜设置在远离居民区的一侧。

对因生产工艺要求或其他特殊需要，确需在晚 10 时至次日 6 时期间进行强噪声工作的，施工前建设单位和施工单位应到有关部门提出申请，经批准后方可进行夜间施工，并公告附近居民。

夜间运输材料的车辆进入施工现场，严禁鸣笛，装卸材料应做到轻拿轻放，对产生噪声和振动的施工机械、机具的使用，应当采取消声、吸声、隔声等有效措施控制和降低噪声。

（4）防止施工照明污染

夜间施工严格按照建设行政主管部门和有关部门的规定执行，对施工照明器具的种类、灯光亮度加以严格控制，特别是在城市市区居民区内，减少施工照明对城市居民的危害。

（5）防止施工固体废弃物的污染

施工车辆运输砂石、土方、渣土和建筑垃圾，采取密封、覆盖措施，避免泄露、遗撒，并按指定地点倾卸，防止固体废物污染环境。

## 4. 对违反文明施工、绿色施工行为的处理

建设工程未能按文明施工规定和要求进行施工，发生重大死亡、环境污染事故或使居民财产受到损失，造成社会恶劣影响等，应按规定给予一定的处罚。如施工单位在施工中造成下水道和其他地下管线堵塞或损坏的，应立即疏浚或修复；对工地周围的单位和居民财产造成损失的，应承担经济赔偿责任。

各主管机关和有关部门应按照各自的职能，依据法规、规章的规定，对违反文明施工规定的单位和责任人进行处罚。文明施工社会督查员检查工地时，发现问题或隐患，应立即开具整改单、指令书或罚款单，施工现场工地必须立即整改。如建设工程工地未按规定要求设置围栏、安全防护设施和其他临时设施的，应责令限期改正，并分别对施工单位负责人和有关责任人依法进行处罚。

对违法文明施工管理规定情节严重的，在规定期限内仍不改正的施工单位，建设行政主管部门可对其作出降低资质等级或注销资质证书的处理。

在建设工程中，凡未正式领到施工执照而擅自动工的，或不按照施工执照的要求和核准的施工图纸施工的，或没有按照经过审查和认可的施工组织设计（或施工方案）而进行施工的，均属违章建筑。对违章建筑，各级城建管理部门有权责令其停工，并责令违章单位负责照章罚款，限期拆除，情节严重者要追究其法律责任。但紧急抢险工程可先施工后补照，以确保人民生命和财产的安全。

**5. 建筑工程文明施工、绿色施工工地创建的评价**

（1）确定文明工地管理目标

工程建设项目部创建文明工地，管理目标一般应包括：

1）安全管理目标

① 负伤事故频率、死亡事故控制指标；

② 火灾、设备、管线以及传染病传播、食物中毒等重大事故控制指标；

③ 标准化管理达标情况。

2）环境管理目标

① 文明工地达标情况；

② 重大环境污染事件控制指标；

③ 扬尘污染物控制指标；

④ 废水排放控制指标；

⑤ 噪声控制指标；

⑥ 固体废弃物处置情况；

⑦ 社会相关方投诉的处理情况。

3）制定文明工地管理目标时，应综合考虑的因素

① 项目自身的危险源与不利环境因素识别、评价和意见；

② 适用法律法规、标准规范和其他要求识别结果；

③ 可供选择的技术方案；

④ 经营和管理上的要求；

⑤ 社会相关方（社区、居民、毗邻单位等）的要求和意见。

（2）建立创建文明工地的组织机构

工程项目经理部要建立以项目经理为第一责任人的文明工地责任体系，健全文明工地管理组织机构。

1）工程项目部文明工地领导小组，由项目经理、副经理、工程师以及安全、技术、施工等主要部门（岗位）负责人组成。

2）文明工地工作小组，主要有：

① 综合管理工作小组；

② 安全管理工作小组；

③ 质量管理工作小组；

④ 环境保护工作小组；

⑤ 卫生防疫工作小组；

⑥ 防台（风）防汛工作小组等。

各地可以根据当地气候、环境等因素建立相关工作小组。

(3) 制定创建文明工地的规划措施要求

1) 规划措施

文明施工规划措施应与施工组织设计同时按规定进行审批。主要规划措施包括：

① 施工现场平面布置与划分；

② 环境保护方案；

③ 交通组织方案；

④ 卫生防疫措施；

⑤ 现场防火措施；

⑥ 综合管理；

⑦ 社区服务；

⑧ 应急预案。

2) 实施要求

工程项目部在开工后，应严格按照文明施工方案（措施）进行施工，并对施工现场管理实施控制。

工程项目部应将有关文明施工的承诺张榜公示，向社会作出遵守文明施工规定的承诺，公布并告知开、竣工日期，投诉和监督电话，自觉接受社会各界的监督。

工程项目部要强化民工教育，提高民工安全生产和文明施工的素质。利用横幅、标语、黑板报等形式，加强有关文明施工的法律、法规、规程、标准的宣传工作，使得文明施工深入人心。

工程项目部在对施工人员进行安全技术交底时，必须将文明施工的有关要求同时进行交底，并在施工作业时督促其遵守相关规定，高标准、严要求地做好文明工地创建工作。

(4) 加强创建过程的控制与检查

对创建文明工地的规划措施的执行情况，项目部要严格执行日常巡查和定期检查制度，检查工作要从工程开工做起，直到竣工交验为止。

工程项目部每月检查应不少于四次。检查按照国家标准、行业《建筑施工安全检查标准》JGJ 59—2011、地方和企业有关规定，对施工现场的安全防护措施、环境保护措施、文明施工责任制以及各项管理制度、现场防火措施等落实情况进行重点检查。

在检查中发现的一般安全隐患和严重违反文明施工的现象，要按"三定"（定人、定期限、定措施）原则予以整改；对各类重大安全隐患和严重违反文明施工的问题，项目部必须认真地进行原因分析，制定纠正和预防措施，并对实施情况进行跟踪验证。

(5) 文明工地的评选

施工企业内部的文明工地评选，应参照有关文明工地检查评分标准以及本企业有关文明工地评选规定进行。

参加省、市级文明工地的评选，应按照建设行政主管部门的有关规定，实行预申报与推荐相结合、定期检查与不定期抽查相结合的方式进行评选。

申报文明工地的工程，其书面推荐资料应包括：

1）工程中标通知书；
2）施工现场安全生产保证体系审核认证通过证书；
3）安全标准化管理工地结构阶段复检合格审批单；
4）文明工地推荐表。

参加文明工地评选的工地，不得在工作时间内停工待检，不得违反有关廉洁自律规定。

# 十五、安全事故的救援及处理

## （一）建筑安全事故的分类

### 1. 按事故的原因及性质分类

从建筑活动的特点及事故的原因和性质来看，建筑安全事故可以分为四类，即生产事故、质量事故、技术事故和环境事故。

（1）生产事故

生产事故主要是指在建筑产品的生产、维修、拆除过程中，操作人员违反有关施工操作规程等而直接导致的安全事故。这种事故一般都是在施工作业过程中出现的，事故发生的次数比较频繁，是建筑安全事故的主要类型之一。目前我国对建筑安全生产的管理主要是针对生产事故。

（2）质量事故

质量事故主要是指由于设计不符合规范或施工达不到要求等原因而导致建筑结构实体或使用功能存在瑕疵，进而引起安全事故的发生。在设计不符合规范标准方面，主要是一些没有相应资质的单位或个人私自出图和设计本身存在安全隐患。在施工达不到设计要求方面，一是施工过程违反有关操作规程留下的隐患；二是由于有关施工主体偷工减料的行为而导致的安全隐患。质量事故可能发生在施工作业过程中，也可能发生在建筑实体的使用过程中。特别是在建筑实体的使用过程中，质量事故带来的危害是极其严重的，如果在外加灾害（如地震、火灾）发生的情况下，其危害后果是不堪设想的。质量事故也是建筑安全事故的主要类型之一。

（3）技术事故

技术事故主要是指由于工程技术原因而导致的安全事故，技术事故的结果通常是毁灭性的。技术是安全的保证，曾被确信无疑的技术可能会在突然之间出现问题，起初微不足道的瑕疵可能导致灾难性的后果，很多时候正是由于一些不经意的技术失误才导致了严重的事故。在工程技术领域，人类历史上曾发生过多次技术灾难，包括人类和平利用核能过程中的俄罗斯切尔诺贝利核事故、美国宇航史上最严重的一次事故——"挑战者"号爆炸事故等。在工程建设领域，这方面惨痛失败的教训同样也是深刻的，如1981年7月17日美国密苏里州发生的海厄特摄政通道垮塌事故。技术事故的发生，可能发生在施工生产阶段，也可能发生在使用阶段。

（4）环境事故

环境事故主要是指建筑实体在施工或使用的过程中，由于使用环境或周边环境原因而导致的安全事故。使用环境原因主要是对建筑实体的使用不当，比如荷载超标、静荷载设计而动荷载使用以及使用高污染建筑材料或放射性材料等。对于使用高污染建筑材料或放射性材料的建筑物，一是给施工人员造成职业病危害，二是对使用者的身体带来伤害。周边环境原因主要是一些自然灾害方面的，比如山体滑坡等。在一些地质灾害频发的地区，应该特别注意环境事故的发生。环境事故的发生，我们往往归咎于自然灾害，其实是缺乏对环境事故的预判和防治能力。

**2. 按事故类别分类**

按事故类别分，可以分为14类，即物体打击、车辆伤害、机械伤害、起重伤害、触电、灼烫、火灾、高处坠落、坍塌、透水、爆炸、中毒、窒息、其他伤害。

**3. 按事故严重程度分类**

可以分为轻伤事故、重伤事故和死亡事故三类。

根据生产安全事故（以下简称事故）造成的人员伤亡或者直接经济损失，事故一般分为以下等级：

（1）特别重大事故，是指造成30人以上死亡，或者100人以上重伤（包括急性工业中毒，下同），或者1亿元以上直接经济损失的事故。

（2）重大事故，是指造成10人以上30人以下死亡，或者50人以上100人以下重伤，或者5000万元以上1亿元以下直接经济损失的事故。

（3）较大事故，是指造成3人以上10人以下死亡，或者10人以上50人以下重伤，或者1000万元以上5000万元以下直接经济损失的事故。

（4）一般事故，是指造成3人以下死亡，或者10人以下重伤，或者1000万元以下直接经济损失的事故。

国务院安全生产监督管理部门可以会同国务院有关部门，制定事故等级划分的补充性规定。

本条第一款所称的"以上"包括本数，所称的"以下"不包括本数。

## （二）事故应急救援预案

（1）县级以上人民政府建设行政主管部门应当根据本级人民政府的要求，制定本行政区域内建设工程特大生产安全事故应急救援预案。

（2）制定本单位生产安全事故应急救援预案，建立应急救援组织或者配备应急救援人员，配备必要的应急救援器材、设备，并定期组织演练。

（3）根据建设工程施工的特点、范围，对施工现场易发生重大事故的部位、环节进行监控，制定施工现场生产安全事故应急救援预案。实行施工总承包的，由总承包单位统一组织编制建设工程生产安全事故应急救援预案，工程总承包单位和分包单位按照应急救援预案，各自建立应急救援组织或者配备应急救援人员，配备救援器材、设备，并定期组织演练。

## (三) 事 故 报 告

(1) 事故发生后，事故现场有关人员应当立即向本单位负责人报告；单位负责人接到报告后，应当于1小时内向事故发生地县级以上人民政府安全生产监督管理部门和负有安全生产监督管理职责的有关部门报告。

情况紧急时，事故现场有关人员可以直接向事故发生地县级以上人民政府安全生产监督管理部门和负有安全生产监督管理职责的有关部门报告。

(2) 安全生产监督管理部门和负有安全生产监督管理职责的有关部门接到事故报告后，应当依照下列规定上报事故情况，并通知公安机关、劳动保障行政部门、工会和人民检察院：

1) 特别重大事故、重大事故逐级上报至国务院安全生产监督管理部门和负有安全生产监督管理职责的有关部门。

2) 较大事故逐级上报至省、自治区、直辖市人民政府安全生产监督管理部门和负有安全生产监督管理职责的有关部门。

3) 一般事故上报至设区的市级人民政府安全生产监督管理部门和负有安全生产监督管理职责的有关部门。

安全生产监督管理部门和负有安全生产监督管理职责的有关部门依照前款规定上报事故情况，应当同时报告本级人民政府。国务院安全生产监督管理部门和负有安全生产监督管理职责的有关部门以及省级人民政府接到发生特别重大事故、重大事故的报告后，应当立即报告国务院。

必要时，安全生产监督管理部门和负有安全生产监督管理职责的有关部门可以越级上报事故情况。

(3) 安全生产监督管理部门和负有安全生产监督管理职责的有关部门逐级上报事故情况，每级上报的时间不得超过2小时。

(4) 报告事故应当包括下列内容：

1) 事故发生单位概况；

2) 事故发生的时间、地点以及事故现场情况；

3) 事故的简要经过；

4) 事故已经造成或者可能造成的伤亡人数（包括下落不明的人数）和初步估计的直接经济损失；

5) 已经采取的措施；

6) 其他应当报告的情况。

## (四) 事故现场的保护

事故发生后，事故发生单位应当立即采取有效措施，首先抢救伤员和排除险情，制止事故蔓延扩大，稳定施工人员情绪。要做到有组织、有指挥。同时，要严格保护事故现场，因抢救伤员、疏导交通、排除险情等原因，需要移动现场物件时，应当作出标志，绘制现场简图并做出书面记录，妥善保存现场重要痕迹、物证，有条件的可以拍照或摄像。

一次死亡3人以上的事故，要按住房和城乡建设部有关规定，立即组织摄像和召开现场会，教育全体职工。

事故现场是提供有关物证的主要场所，是调查事故原因不可缺少的客观条件。因此，要求现场各种物件的位置、颜色、形状及其物理化学性质等尽可能地保持原来状态，必须采取一切必要的和可能的措施严加保护，防止人为或自然因素的破坏。

清理事故现场，应在调查组确认无可取证，并充分记录及经有关部门同意后，方能进行。任何人不得借口恢复生产，擅自清理现场，掩盖事故真相。

## （五）组织事故调查组

接到事故报告后，事故发生单位负责人除应立即赶赴现场帮助组织抢救外，还应及时着手事故的调查工作。

轻伤、重伤事故，由企业负责人或由其指定人员组织生产、技术、安全等有关人员以及工会成员参加的事故调查组，进行调查。

重大死亡事故，由事故发生地的市、县级以上的建设行政主管部门组织事故调查组，进行调查。调查组成员由建设行政主管部门、事故发生单位的主管部门和国家安全生产监督部门、工会、公安等有关部门的人员组成，并可邀请检察机关派员参加，必要时，调查组可以聘请有关方面的专家协助进行技术鉴定、事故分析和财产损失的评估工作。

事故调查组成员应符合下列条件：（1）具有事故调查所需的某一方面的专长；（2）与所发生的事故没有直接的利害关系。

## （六）事故的调查处理

（1）特别重大事故由国务院或者国务院授权有关部门组织事故调查组进行调查。

重大事故、较大事故、一般事故分别由事故发生地省级人民政府、设区的市级人民政府、县级人民政府负责调查。省级人民政府、设区的市级人民政府、县级人民政府可以直接组织事故调查组进行调查，也可以授权或者委托有关部门组织事故调查组进行调查。

未造成人员伤亡的一般事故，县级人民政府也可以委托事故发生单位组织事故调查组进行调查。

（2）上级人民政府认为必要时，可以调查由下级人民政府负责调查的事故。

自事故发生之日起30日内（道路交通事故、火灾事故自发生之日起7日内），因事故伤亡人数变化导致事故等级发生变化，依照本条例规定应当由上级人民政府负责调查的，上级人民政府可以另行组织事故调查组进行调查。

（3）特别重大事故以下等级事故，事故发生地与事故发生单位不在同一个县级以上行政区域的，由事故发生地人民政府负责调查，事故发生单位所在地人民政府应当派人参加。

(4) 事故调查组的组成应当遵循精简、效能的原则。

根据事故的具体情况，事故调查组由有关人民政府、安全生产监督管理部门、负有安全生产监督管理职责的有关部门、监察机关、公安机关以及工会派人组成，并应当邀请人民检察院派人参加。事故调查组可以聘请有关专家参与调查。

(5) 事故调查组成员应当具有事故调查所需要的知识和专长，并与所调查的事故没有直接利害关系。

(6) 事故调查组组长由负责事故调查的人民政府指定。事故调查组组长主持事故调查组的工作。

(7) 事故调查组履行下列职责：
1) 查明事故发生的经过、原因、人员伤亡情况及直接经济损失；
2) 认定事故的性质和事故责任；
3) 提出对事故责任者的处理建议；
4) 总结事故教训，提出防范和整改措施；
5) 提交事故调查报告。

(8) 事故调查组有权向有关单位和个人了解与事故有关的情况，并要求其提供相关文件、资料，有关单位和个人不得拒绝。

事故发生单位的负责人和有关人员在事故调查期间不得擅离职守，并应当随时接受事故调查组的询问，如实提供有关情况。

事故调查中发现涉嫌犯罪的，事故调查组应当及时将有关材料或者其复印件移交司法机关处理。

(9) 事故调查中需要进行技术鉴定的，事故调查组应当委托具有国家规定资质的单位进行技术鉴定。必要时，事故调查组可以直接组织专家进行技术鉴定。技术鉴定所需时间不计入事故调查期限。

(10) 事故调查组成员在事故调查工作中应当诚信公正、恪尽职守，遵守事故调查组的纪律，保守事故调查的秘密。

未经事故调查组组长允许，事故调查组成员不得擅自发布有关事故的信息。

(11) 事故调查组应当自事故发生之日起60日内提交事故调查报告；特殊情况下，经负责事故调查的人民政府批准，提交事故调查报告的期限可以适当延长，但延长的期限最长不超过60日。

(12) 事故调查报告应当包括下列内容：
1) 事故发生单位概况；
2) 事故发生经过和事故救援情况；
3) 事故造成的人员伤亡和直接经济损失；
4) 事故发生的原因和事故性质；
5) 事故责任的认定以及对事故责任者的处理建议；
6) 事故防范和整改措施。

事故调查报告应当附具有关证据材料。事故调查组成员应当在事故调查报告上签名。

(13) 事故调查报告报送负责事故调查的人民政府后，事故调查工作即告结束。事故调查的有关资料应当归档保存。

(14) 现场勘查

事故发生后，调查组必须尽早到现场进行勘查。现场勘查是技术性很强的工作，涉及广泛的科技知识和实践经验，对事故现场的勘查应该做到及时、全面、细致、客观。

现场勘察的主要内容有：

1) 作出笔录：①发生事故的时间、地点、气候等；②现场勘查人员姓名、单位、职务、联系电话等；③现场勘查起止时间、勘查过程；④设备、设施损坏或异常情况及事故前后的位置；⑤能量逸散所造成的破坏情况、状态、程度等；⑥事故发生前的劳动组合、现场人员的位置和行动。

2) 现场拍照或摄像：①方位拍摄，要能反映事故现场在周围环境中的位置；②全面拍摄，要能反映事故现场各部分之间的联系；③中心拍摄，要能反映事故现场中心情况；④细目拍摄，揭示事故直接原因的痕迹物、致害物等。

3) 绘制事故图。根据事故类别和规模以及调查工作的需要应绘制出下列示意图：①建筑物平面图、剖面图；②发生事故时人员位置及疏散（活动）图；③破坏物立体图或展开图；④涉及范围图；⑤设备或工、器具构造图等。

4) 事故事实材料和证人材料搜集：①受害人和肇事者姓名、年龄、文化程度、工龄等；②出事当天受害人和肇事者的工作情况，过去的事故记录；③个人防护措施、健康状况及与事故致因有关的细节或因素；④对证人的口述材料应经本人签字认可，并应认真考证其真实程度。

(15) 分析事故原因

明确责任者通过充分地调查，查明事故经过，弄清造成事故的各种因素，包括人、物、环境、生产管理和技术管理等方面的问题，经过认真、客观、全面、细致、准确地分析，确定事故的性质和责任。

事故调查分析的目的，是通过认真分析事故原因，从中接受教训，采取相应措施，防止类似事故重复发生，这也是事故调查分析的宗旨。

事故分析步骤，首先整理和仔细阅读调查材料，按以下七项内容进行分析：受伤部位、受伤性质、起因物、致害物、伤害方式、不安全状态、不安全行为。

然后确定事故的直接原因、间接原因和事故责任者。分析事故原因时，应根据调查所确认的事实，从直接原因入手，逐步深入到间接原因，通过对直接原因和间接原因的分析，确定事故的直接责任者和领导责任者，再根据其在事故发生过程中的作用，确定主要责任者。

事故的性质通常分为三类：

1) 责任事故，就是由于人的过失造成的事故。

2) 非责任事故，即由于人们不能预见或不可抗拒的自然条件变化所造成的事故，或是在技术改造、发明创造、科学试验活动中，由于科学技术条件的限制而发生的无法预料的事故。但是，对于能够预见并可采取措施加以避免的伤亡事故，或没有经过认真研究解决技术问题而造成的事故，不能包括在内。

3) 破坏性事故，即为达到既定的目的而故意造成的事故。对已确定为破坏性事故的，应由公安机关和企业保卫部门认真追查破案，依法处理。

（16）提出处理意见

写出调查报告根据对事故原因的分析，对已确定的事故直接责任者和领导责任者，根据事故后果和事故责任人应负的责任提出处理意见。同时，应制定防范措施并加以落实，防止类似事故重复发生，切实做到"四不放过"，即：事故的原因分析不清不放过，事故责任者和群众没有受到教育不放过，没有防范措施不放过，事故的责任者没受到处罚不放过。

调查组应着重把事故的经过、原因、责任分析和处理意见以及本次事故教训和改进工作的建议等写成文字报告，经调查组全体人员签字后报批。如调查组内部意见有分歧，应在弄清事实的基础上，对照政策法规反复研究，统一认识。对于个别成员仍持有不同意见的，允许保留，并在签字时写明自己的意见。对此可上报上级有关部门处理直至报请同级人民政府裁决，但不得超过事故处理工作的时限。

（17）事故的处理结案

调查组在调查工作结束后十日内，应当将调查报告送批准组成调查组的人民政府和建设行政主管部门以及调查组其他成员部门。经组成调查组的部门同意，调查组调查工作即告结束。

如果是一次死亡3人以上的事故，待事故调查结束后，应按建设部原监理司1995年14号文规定，事故发生地区要派人员在规定的时间内到建设部汇报。

建设部安全监督员按规定参与3级以上重大事故的调查处理工作，并负责对事故结案和整改措施等落实工作进行监督。

事故处理完毕后，事故发生单位应当尽快写出详细的处理报告，并按规定逐级上报。

对造成重大伤亡事故的责任者，由其所在单位或上级主管部门给予行政处分；构成犯罪的，由司法机关依法追究刑事责任。

对造成重大伤亡事故承担直接责任的有关单位，由其上级主管部门或当地建设行政主管部门，根据调查组的建议，责令其限期改善工程建设技术安全措施，并依据有关法规予以处罚。

对于连续两年发生死亡3人以上的事故，或发生一次死亡3人以上的重大死亡事故，万人死亡率超过平均水平一倍以上的单位，要按照《国务院关于特大安全事故行政责任追究的规定》（国务院令第302号）规定，追究有关领导和事故直接责任者的责任，给予必要的行政、经济处罚，并对企业处以通报批评、停产整顿、停止投标、降低资质、吊销营业执照等处罚。

按照国务院75号令规定，事故处理应当在90日内结案，特殊情况不得超过180日。

事故处理结案后，应将事故资料归档保存，其中包括：1) 职工伤亡事故登记表；2) 职工死亡、重伤事故调查报告及批复；3) 现场调查记录、图纸、照片；4) 技术鉴定和试验报告；5) 物证、人证材料；6) 直接和间接经济损失材料；7) 事故责任者自述材料；8) 医疗部门对伤亡人员的诊断书；9) 发生事故时工艺条件、操作情况和设计资料；10) 有关事故的通报、简报及文件；11) 注明参加调查组的人员姓名、职务、单位。

# 十六、编制、收集、整理施工安全资料

## (一) 对项目安全资料进行搜集、分类和归档

**1. 建筑施工安全资料归类的一般做法**

建筑施工安全资料管理,是专职安全员的业务工作之一,相关资料的搜集、整理、归档,按照《建设工程施工现场安全资料管理规程》CECS 266—2009 规定,做法如下:

(1) 施工现场安全管理资料整理应以单位工程分别进行整理和组卷。

(2) 施工现场安全管理资料整理组卷应按资料形成的参与单位组卷。一卷为建设单位形成的资料;二卷为监理单位形成的资料;三卷为施工单位形成的资料;各分包单位形成的资料单独组成为第三卷内的独立卷。

(3) 每卷资料的排列顺序为封面、目录、资料及封底。封面应包括工程名称、案卷名称、编制单位、编制人员及编制日期。案卷页号应以独立卷为单位顺序编写。

**2. 熟悉施工安全资料归档的管理**

(1) 安全资料管理

1) 项目设专职或兼职安全资料员;安全资料员持证上岗,以保证资料管理责任的落实;安全资料员应及时收集、整理安全资料,督促建档工作,促进企业安全管理上台阶。

2) 资料的整理应做到现场实物与记录相符,行为与记录相吻合,以更好地反映出安全管理的全貌及全过程。

3) 建立定期、不定期的安全资料的检查与审核制度,及时查找问题,及时整改。

4) 安全资料实行按岗位职责分工编写,及时归档,定期装订成册的管理办法。

5) 建立借阅台账,及时登记,及时追回,收回时做好检查工作,检查是否有损坏、丢失现象发生。

(2) 安全资料保管

1) 安全资料按篇及编号分别装订成册,装入档案盒内。

2) 安全资料集中存放于资料柜内,加锁,由专人负责管理,以防丢失、损坏。

3) 工程竣工后,安全资料上交公司档案室储存、保管、备查。

**3. 掌握建筑施工项目安全生产资料归档分类**

(1) 安全生产制度类

1) 安全生产责任制

① 各级各类人员安全生产责任制;

② 各级部门安全生产责任制；
③ 各工种安全技术规程；
④ 施工现场安全管理组织体系（含专兼职安全员的配备）；
⑤ 各类经济承包合同（有安全生产指标）；
⑥ 安全生产责任制度考核奖惩资料。
2）安全管理制度
① 安全生产教育培训制度；
② 消防安全责任制度；
③ 安全施工检查制度；
④ 安全工作例会制度；
⑤ 安全技术交底制度；
⑥ 班前安全活动制度；
⑦ 安全奖惩制度；
⑧ 安全用电管理制度；
⑨ 尘毒、射线防护管理制度；
⑩ 机械、工器具安全管理制度；
⑪ 车辆交通安全管理制度；
⑫ 文明施工及环境保护管理制度；
⑬ 安全设施管理制度；
⑭ 生活卫生监督管理制度；
⑮ 加班加点控制管理制度；
⑯ 女工特殊保护管理制度；
⑰ 分包工程安全管理制度；
⑱ 治安保卫制度；
⑲ 事故调查、处理、统计报告；
⑳ 安全防护装备管理制度；
㉑ 防火、防爆安全管理制度；
㉒ 事故应急救援预案。
(2) 安全生产目标管理类
1）项目安全生产目标（伤亡控制指标、安全达标目标、文明施工目标）；
2）安全生产目标责任分解资料；
3）项目安全管理、安全达标计划；
4）安全生产目标责任考核办法及考核奖惩资料。
(3) 施工组织设计类
1）施工组织设计（有安全措施、按规定经审批）；
2）降噪声、防污染措施，计算书；
3）脚手架施工方案（按实际采用的脚手架，附设计计算书）；
4）脚手架搭设交底记录；

5) 脚手架分段验收记录；
6) 卸料平台设计图、计算书、记录；
7) 基础施工支护方案及基坑深度超过 5m 的专项支护设计表；
8) 施工机械进场验收记录；
9) 对毗邻建筑物、重要管线和道路的沉降观测记录；
10) 模板工程施工方案；
11) 现浇混凝土模板的支撑系统设计；
12) 模板工程分段验收记录；
13) 安全网准用证；
14) 临时用电施工组织设计；
15) 电气设备的试、检验凭单和调试；
16) 接地电阻测定记录；
17) 电工维修工作记录；
18) 龙门架、井字架设计计算书；
19) 龙门架、井字架生产准用证；
20) 龙门架、井字架拆装施工方案；
21) 龙门架、井字架验收单；
22) 外用电梯装拆施工方案；
23) 塔吊合格证、产品生产许可证、安全准用证；
24) 塔吊装拆施工队伍的资质证书；
25) 塔吊安装、拆卸施工方案、安全技术交底、基础隐蔽记录；
26) 塔吊安装验收单；
27) 起重吊装作业方案；
28) 起重机准用证，安全投入情况台账；
29) 起重扒杆设计计算书；
30) 起重机验收单；
31) 平刨安装验收单；
32) 电锯安装验收单；
33) 钢筋机械安装验收单；
34) 电焊机安装验收单；
35) 搅拌机安装验收单；
36) 翻斗车准用证；
37) 主要安全设施、设备、劳保用品。

(4) 分部分项工程安全技术交底类
1) 分部分项工程安全技术交底原始记录；
2) 各工种安全技术交底记录；
3) 采用新工艺、新技术、新材料的安全交底书和安全操作规定；
4) 临时用电技术交底。

(5) 安全检查类

1) 安全检查制度；

2) 安全检查记录；

3) 上级主管部门的安全检查通报或整改通知；

4) 公司的安全检查通报或整改通知（反馈单）；

5) 项目经理部的安全检查记录及整改措施；

6) 项目经理部的安全检查评分汇总表及各分项检查评分表；

7) 事故隐患处理表；

8) 违章及罚款登记台账（含罚款通知单）；

9) 安全例会记录；

10) 项目施工安全日记。

(6) 安全教育类

1) 安全教育制度；

2) 安全教育记录；

3) 新入场人员三级安全教育卡；

4) 触电、中毒、外伤等的现场急救方法和消防器材的使用方法教育记录；

5) 应急救援预案演练记录；

6) 施工管理人员年度培训教育记录；

7) 专职安全员年度培训考核记录。

(7) 班前安全活动类

1) 班前安全活动制度；

2) 班前安全活动记录。

(8) 特种作业持证上岗类

1) 项目经理、安全员资格证书，安全培训合格证；

2) 特种作业人员（电工、焊工、架子工、起重工等）资格证；

3) 机操工上岗证；

4) 分包单位安全资质审查表、职工体检表。

(9) 工伤事故处理类

1) 各类事故及惩处登记台账；

2) 工伤事故调查分析报告；

3) 工伤事故档案。

(10) 安全标志类

1) 施工现场安全标志布置总平面图；

2) 分阶段现场安全标志布置平面图；

3) 消防设施布置图。

以上资料目录，集中了施工现场主要和基本的资料，但不是全部的资料目录，各工地还应当根据本工程施工特点，补充相关的书面资料。如：施工项目的工程概况类资料，企业的资质证书类资料，关于安全生产的法律、法规、部门规章、安全技术标准、指导性文件等。同时，随着行业管理的不断完善，管理部门将会出台一些新的管理制度与要求，也应作为施工现场安全管理的必备资料，使安全资料管理更加科学、规范、合理。

## （二）编写安全检查报告和总结

**1. 安全检查的目的与内容**

（1）安全检查的目的

1）了解安全生产的状态，为分析研究、加强安全管理提供信息依据。

2）发现问题、暴露隐患，以便及时采取有效措施，保障安全生产。

3）发现、总结及交流安全生产的成功经验，推动地区乃至行业安全生产水平的提高。

4）利用检查，进一步宣传、贯彻、落实安全生产方针、政策和各项安全生产规章制度。

5）增强领导和群众安全意识，制止违章指挥，纠正违章作业，提高安全生产的自觉性和责任感。

（2）安全检查的内容

查思想、查制度、查机械设备、查安全设施、查安全教育培训、查操作行为、查劳保用品使用、查伤亡事故处理等。

**2. 安全检查报告**

安全生产检查报告的内容一般包含以下几个方面的内容：

（1）工程名称；

（2）工程地址；

（3）施工单位；

（4）监理单位；

（5）工程实体安全概况；

（6）设置安全生产管理机构和配备专职安全管理人员及三类人员经主管部门安全生产考核情况；

（7）特种作业人员持证上岗及安全生产教育培训计划制定和实施情况；

（8）施工现场作业人员意外伤害保险办理情况；

（9）建筑工程安全防护、文明施工措施费用的使用情况、职业危害防治措施制定情况及安全防护用具和安全防护服装的提供及使用管理情况；

（10）施工组织设计和专项施工方案编制、审批、专家论证、备案及实施情况；

（11）企业内部安全生产检查开展和事故隐患整改情况（行为、执行强制性条文、整改复查、验收结果）；

（12）涉及安全的材料进场见证检测及机械设备使用登记情况；

（13）施工过程中履行安全管理职责及安全资料（台账）情况；

（14）生产安全事故应急救援预案的建立与落实情况；

（15）重大危险源的登记、公示与监控情况；

(16) 生产安全事故的统计、报告和调查处理情况；

(17) 工程安全总结意见；

(18) 项目经理，公司技术、安全、生产部门负责人签字；

(19) 项目总监理工程师（建设单位项目负责人）签署意见。

### 3. 安全检查总结

安全生产检查总结的内容大体上分成以下四个部分：

(1) 安全生产检查的概况。主要包括检查的宗旨和指导思想，检查的重点，检查的时间、责任人、参加人员，分几个检查组，检查了哪些单位，以及对检查活动的基本评价等；

(2) 安全生产工作的经验和成绩；

(3) 安全生产工作的问题；

(4) 对今后安全生产工作的意见和建议。